流固耦合动力学仿真方法及工程应用

陈东阳 刘飞飞 肖清 等著

化学工业出版社
·北京·

内 容 简 介

本书详细介绍了流固耦合动力学中的若干工程问题，如水下航行器舵系统、海洋立管、风力机柔塔、旋转弹箭等工程结构的典型流固耦合动力学问题，涉及气动弹性、水弹性、计算流体力学、结构动力学、多体系统动力学等学科知识。本书不仅介绍了基于商业软件ANSYS的常规流固耦合方法，而且涵盖了若干基于多体系统传递矩阵法的流固耦合动力学最新成果。本书理论与实际工程紧密结合，并配有较多的实际工程算例，部分算例还直接提供了商业软件二次开发程序、MATLAB仿真程序。

本书适合力学、海洋工程、兵器科学与技术、航空航天工程、土木工程等专业的高年级本科生、研究生和相关领域的工程技术人员使用。

图书在版编目（CIP）数据

流固耦合动力学仿真方法及工程应用/陈东阳等著. —北京：化学工业出版社，2021.4（2022.10重印）
ISBN 978-7-122-38598-7

Ⅰ.①流… Ⅱ.①陈… Ⅲ.①流体动力学 Ⅳ.①O351.2

中国版本图书馆 CIP 数据核字（2021）第 035020 号

责任编辑：金林茹　　　　　　　　　　装帧设计：王晓宇
责任校对：李　爽

出版发行：化学工业出版社（北京市东城区青年湖南街13号　邮政编码100011）
印　　装：北京科印技术咨询服务有限公司数码印刷分部
710mm×1000mm　1/16　印张15¾　字数292千字　2022年10月北京第1版第5次印刷

购书咨询：010-64518888　　　　　　　　售后服务：010-64518899
网　　址：http://www.cip.com.cn
凡购买本书，如有缺损质量问题，本社销售中心负责调换。

定　　价：99.00元　　　　　　　　　　　　　　　版权所有　违者必究

前言
Preface

现代航空、航天、船舶与海洋工程领域，航行器日益追求高速度、高机动性，工程装备追求轻质量、高性能，这些需求使得航行器以及工程装备呈现出轻结构、大柔性的特点。在流体的作用下，柔性结构会发生弹性变形，而结构变形又会改变流场分布，这种相互耦合作用使得柔性结构出现流固耦合振动，并逐渐达到平衡或者发散状态。一般情况下，振动平衡不会破坏结构，但振动发散会导致结构破坏。概括地讲，流固耦合动力学就是研究流体和结构相互耦合作用而产生的各种动力学问题。

以气体为流体介质的流固耦合问题被称为气动弹性问题；以水为流体介质的流固耦合问题被称为水弹性问题。许多气动弹性、水弹性问题涉及流体力、弹性力和惯性力，这类问题称为动气动弹性或者动水弹性问题；另外一些气动弹性、水弹性问题只涉及流体力和弹性力，称为静气动弹性或静水弹性问题。随着计算机技术和数值计算方法的不断发展，流固耦合高保真仿真技术也得到了大力发展，但计算代价依然很高，计算非常耗时。因此，建立适用于工程实际的流固耦合快速建模和仿真方法具有重要意义。

本书基于笔者近些年发表的论文，并结合自己在流固耦合动力学领域的科研体会，以水下航行器舵系统、海洋立管、柱体结构、风力机柔塔、旋转弹箭为研究对象，介绍解决这些工程实际问题对应的流固耦合仿真方法。

全书框架的搭建、内容的编排和工程案例的选择由陈东阳完成，并由陈东阳统稿。展志焕（航天三院三部 北京机电工程研究所）参与本书第 2、3 章的编写，为多体系统动力学建模的校核及振动控制建模提供帮助；刘飞飞（北重集团南京研究院）、宋彦明（北重集团南京研究院）、刘俊民（北重集团南京研究院）参与本书第 2、5、7 章的编写；肖清（中国舰船研究设计中心）、方康（中国舰船研究设计中心）、郭为灿（中国舰船研究设计中心）参与本书的第 2、3、4、5 章的编写，同时为本书中舵系统建模提供模型和数据；顾超杰（扬州大学电气与能源动力工程学院）参与本书第 5、6 章的编写。

本书献给已经去世的南京理工大学发射动力学研究所的 Laith K. Abbas 教授。感谢国家自然科学基金（12002301）、江苏省自然科学基金（BK20190871）、北重集团南京研究院、扬州大学学科建设经费（流体动力与能源高效转化利用）的资助。

鉴于笔者水平有限，书中难免存在不当之处，恳请读者批评指正。

著者

目录
Contents

第1章
流固耦合工程问题概论 / 1

1.1 流固耦合工程问题发展现状 / 4
1.2 水下航行器舵系统水弹性振动发展现状 / 6
1.3 海洋立管涡激振动发展现状 / 8
1.4 风力机柔塔横风向涡激振动发展现状 / 11
1.5 旋转弹箭流固耦合发展现状 / 13
1.6 柔性结构流固耦合研究存在的问题及解决方法 / 16

第2章
流固耦合问题的基本理论与方法 / 19

2.1 引言 / 19
2.2 多体系统动力学求解方法 / 20
    2.2.1 多体系统传递矩阵法基本理论 / 20
    2.2.2 有限元法（FEM）基本理论 / 26
2.3 流体载荷求解方法 / 30
    2.3.1 Theodorsen 非定常流体理论 / 30
    2.3.2 Van der Pol（范德波尔）尾流振子模型 / 33
    2.3.3 计算流体力学（CFD）理论 / 36
2.4 流固耦合问题研究的基本方法 / 43
2.5 本章小结 / 45

第3章
水下航行器舵系统振动特性仿真与分析 / 46

3.1 引言 / 46
3.2 基于 MSTMM 的舵系统建模 / 46
    3.2.1 弯扭耦合梁建模 / 47

3.2.2　舵系统动力学模型 / 51
3.3　舵系统动力学参数确定方法 / 62
3.3.1　舵系统 FEM 建模 / 62
3.3.2　基于 FEM 的模型验证分析 / 63
3.3.3　基于 FEM 舵系统网格无关性验证 / 65
3.3.4　舵系统弯曲、扭转刚度参数获取 / 69
3.4　基于 MSTMM 的舵系统振动特性仿真 / 70
3.5　本章小结 / 75

第4章
水下航行器舵系统水弹性仿真与分析　76

4.1　引言 / 76
4.2　基于 MSTMM 的舵系统水弹性计算 / 77
4.2.1　基于 MSTMM 的舵系统线性颤振模型频域分析 / 77
4.2.2　基于 MSTMM 的舵系统线性颤振模型时域分析 / 80
4.2.3　模型验证 / 81
4.2.4　基于 MSTMM 的舵系统水弹性计算 / 87
4.3　结构参数和间隙非线性对舵系统水弹性的影响规律 / 90
4.3.1　基于 MSTMM 的舵系统二元颤振模型建模方法和参数获取 / 90
4.3.2　舵系统的二元颤振模型建模 / 94
4.3.3　舵系统二元颤振模型建模合理性验证 / 98
4.3.4　计算结果分析 / 106
4.4　本章小结 / 113

第5章
柱体结构涡激振动仿真与分析　114

5.1　引言 / 114
5.2　二维弹性支撑柱体涡激振动动力学模型 / 115
5.2.1　基于 Van der Pol 尾流振子模型的弹性支撑柱体 VIV 模型 / 116
5.2.2　基于 CFD 模型的弹性支撑柱体 VIV 建模与二次开发 / 119
5.3　二维弹性支撑柱体 VIV 机理 / 125
5.3.1　基于 Van der Pol 模型的弹性支撑柱体 VIV 模型计算结果 / 125
5.3.2　基于 CFD 模型的弹性支撑柱体 VIV 模型计算结果 / 126
5.4　三维柔性柱体涡激振动 / 132
5.4.1　三维 RTP 立管涡激振动 / 133
5.4.2　三维风力机塔筒涡激振动 / 142

5.5 本章小结 / 155

第6章
柱体结构涡激振动抑制方法及仿真
157

6.1 引言 / 157
6.2 安装 NES 的二维弹性支撑柱体涡激振动减振 / 158
    6.2.1 NES 简介 / 158
    6.2.2 基于 Van der Pol 尾流振子模型的 R-NES 减振 / 159
    6.2.3 基于 CFD 模型的 T-NES 减振 / 170
    6.2.4 基于 Van der Pol 尾流振子模型的 T-NES 涡振控制 / 180
6.3 安装螺旋列板的三维海洋立管涡激振动减振 / 187
    6.3.1 基于 CFD/FEM 双向耦合的立管涡激振动模型验证 / 187
    6.3.2 安装有螺旋列板的立管涡激振动响应 / 191
6.4 本章小结 / 195

第7章
弹箭单双向流固耦合仿真与分析
196

7.1 引言 / 196
7.2 旋转弹箭空气动力学计算 / 197
    7.2.1 M910 和 F4 旋转弹箭计算参数 / 197
    7.2.2 计算流场设置 / 199
    7.2.3 气动特性计算公式 / 202
    7.2.4 M910 和 F4 旋转弹箭气动特性分析 / 203
7.3 火箭弹静气动弹性仿真计算 / 210
    7.3.1 弹箭法向力分布数值计算 / 210
    7.3.2 静气动弹性计算 / 212
7.4 火箭弹静气动热弹性仿真计算 / 225
    7.4.1 静气动热弹性单向耦合计算方法 / 225
    7.4.2 火箭弹静气动加热数值计算 / 227
    7.4.3 火箭弹静气动热弹性分析 / 231
7.5 本章小结 / 233

参考文献   **234**

第1章
流固耦合工程问题概论

多物理场耦合是一个系统中由两个或两个以上的物理场发生相互耦合作用而产生的一种现象，它在工程实际中广泛存在。常见的多物理场耦合问题有流-电-磁耦合、流-热-固耦合、热-电-结构耦合、电-热耦合、热-结构耦合、流-固耦合、声-结构耦合等。图1.1所示为航天领域的高速飞行器，它们易受到气动、热、结构三场的耦合作用。

(a) X-51超燃冲压巡航导弹　　　　　　(b) 猎鹰HTV-2号飞行器

图1.1　航天领域的高速飞行器

本书介绍的柔性结构流固耦合动力学问题正是多物理场耦合研究中的关键问题之一。随着现代计算机技术的高速发展，流固耦合分析已经逐步运用到航空航天工程、兵器工程、船舶与海洋工程、生物医学工程、结构工程等领域。如图1.2所示，飞行器的气动弹性设计问题、风力发电机的气动弹性导致叶片断裂问题、引起塔克马海峡大桥破坏的气动弹性颤振问题、高层建筑的气动弹性设计问题等，均需要进行流固耦合分析。

流固耦合动力学研究流体和结构相互耦合作用而产生的各种力学问题。以气体为流体介质的流固耦合问题称为气动弹性问题；以水为流体介质的流固耦合问题称为水弹性问题。许多气动弹性、水弹性问题涉及流体力、弹性力和惯

(a) 飞行器的气动弹性设计问题

(b) 风力发电机的气动弹性问题

(c) 塔克马海峡大桥的气动弹性颤振问题

(d) 高层建筑的气动弹性设计问题

图 1.2 不同领域的流固耦合问题

性力，这类问题称为动气动弹性或者动水弹性问题；另外一些气动弹性、水弹性问题只涉及流体力和弹性力，称为静气动弹性或静水弹性问题。流固耦合仿真已经逐步成为解决工程上许多关键问题的必要手段。

在流体的作用下，流场中的结构会发生弹性变形，这种结构的弹性变形又对流场分布产生影响，从而使流体和结构形成一个相互联系、相互作用的复杂系统[1~3]。流固耦合现象会诱发许多工程问题，比如结构静发散、载荷重新分布、颤振、极限环振荡及涡激振动等。特别是船舶与海洋工程领域，对流固耦合问题进行分析至关重要。如图 1.3 所示，高速行驶的水翼船的水翼可能发生颤振导致结构破坏、潜艇舵系统持续的流固耦合振动诱发的水流噪声会导致潜艇的隐蔽性降低、单柱式（Spar）平台上安装螺旋列板来抑制涡激振动、海洋立管的设计涉及的流固耦合问题。

本书针对柔性结构典型的流固耦合动力学问题，以包含结构间隙非线性的水下航行器舵系统、包含流体非线性的海洋立管系统、风力机柔塔系统、旋转弹箭为研究对象，探索工程实用的、高效的建模和仿真方法，研究柔性结构的振动特性、流固耦合动力响应等。不管是水下航行器的舵系统还是海洋立管或

(a) 水翼船水翼颤振问题

(b) 潜艇舵系统的流固耦合振动问题

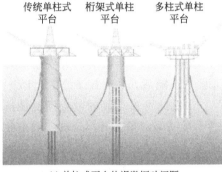
(c) 单柱式平台的涡激振动问题

(d) 海洋立管的流固耦合问题

图1.3 船舶与海洋工程领域中的部分流固耦合问题

旋转弹箭，这些柔性结构的设计与开发都离不开流固耦合仿真与分析。特别是包含间隙非线性的水下航行器舵系统的非线性颤振、包含流体非线性的海洋柔性柱体结构的涡激振动等问题，都是典型的具有强烈非线性的复杂流固耦合问题，也是导致柔性结构疲劳损伤、使用寿命降低的重要因素。因此，对柔性结构流固耦合动力学研究具有重要的科学意义。

流固耦合问题的复杂性和非线性使其成为计算力学中最具挑战的问题之一。流固耦合动力学计算往往需要耗费大量的仿真时间，而且由于目前用于流体仿真的数值模拟方法还不成熟，计算复杂流场中的高度非线性问题时还经常面临计算精度较低，甚至无法得出计算结果的困难。但是，由于工程上往往需求快速计算分析，因此针对不同的流固耦合问题，建立高效的数学模型、提出工程实用的流固耦合快速建模和仿真方法是研究流固耦合问题至关重要的方向之一。鉴于此，在结合商业软件ANSYS仿真分析的基础上，本书还提出了基于多体系统传递矩阵法（MSTMM）的适用于工程流固耦合问题的快速建模与仿真方法，展示了基于MSTMM的最新研究成果。

本书主要针对海洋立管、风力机柔塔涡激振动、水下航行器舵系统线性、非线性水弹性振动、旋转弹箭单双向流固耦合等工程实际问题，分别介绍了基于计算流体力学（CFD）、有限元法（FEM）的高保真仿真方法以及基于多体系统传递矩阵法的工程快速建模与仿真方法。

1.1 流固耦合工程问题发展现状

流固耦合问题具有学科交叉的性质，在学科上涉及动力学、流体力学、计算力学、结构力学等学科的知识。由于流固耦合问题很复杂，因此20世纪前几十年的研究进展速度较慢。1903年，Langley的单翼机进行首次有动力的飞行试验时因机翼断裂而坠入Potomac河中，Brewer在十年后的研究中指出这一事故是典型的静气动弹性静扭转发散问题[4]。随后，Lancheste以及Bairstow和Fage开始研究飞机尾翼颤振问题[5,6]。由此可见，流固耦合问题最早来自飞机工程中的气动弹性问题。气动弹性力学的概念是20世纪30年代由航空工程师首先提出的[7~9]。二战前夕，飞机工业快速发展，急需解决大量的飞机气动弹性问题，因此当时大批科学家和工程师投入到了气动弹性的研究中。气动弹性力学也因此逐渐发展成为力学学科之一[7~9]。早期气动弹性领域的著名科学家有Theodorsen、Garrick、Bisplinghoff、Y. C. Fung以及将随机概念引入气动弹性的Liepman、Y. K. Lin、Davenport等[9]，其中Theodorsen系统地建立了非定常流体理论，为气动弹性不稳定及颤振机理的研究奠定了基础[9]。1940年，Tacoma大桥在仅18m/s的风速下发生颤振而倒塌，该事件使得气动弹性问题研究不再局限于航空领域，也使人们认识到了流固耦合问题研究的重要性。20世纪50年代中期，Watkins等提出计算亚声速三维谐振非定常空气动力学的核函数方法，使得三维亚声速非定常气动力理论可以用于工程中[10]。20世纪60年代末，Albano等人提出了计算三维亚声速谐振荡非定常空气动力的偶极子网格法[11~13]。20世纪70年代开始，随着计算机技术与数值计算方法的快速发展，流固耦合研究迈上了一个新的台阶，相继建立和发展了小扰动方程、全位势方程、Euler/N-S（Navier-Stokes）方程及计算方法[14,15]。我国的气动弹性研究起步较晚，管德先生在20世纪90年代出版了《非定常空气动力计算》《飞机气动弹性力学手册》等重要专著，为我国的气动弹性研究奠定了基础[16]。

1980年，美国机械工程师学会（ASME）出版的权威力学刊物《应用力学评论》提出"流固耦合"这一词条，之前只有"气动弹性""颤振"等词条。

随着工程技术和计算机技术的高速发展，流固耦合分析逐步运用到了更多的工程领域。从美国 ASME 应用力学部召开的历年流固耦合研讨会也可以看出，流固耦合问题涉及很多工程领域。比如飞行器的气动弹性问题、水下航行器或海洋工程装备的水弹性分析、心血管的流固耦合分析、管道中的水锤效应、充液容器罐的晃动、沉浸结构的暂态运动、声-固耦合问题、高层建筑和桥梁的涡激振动问题、机械工程中的机械气动弹性问题等[17]，均是流固耦合问题。在流固耦合研究领域，一大半的研究与飞机、桥梁、高层建筑的气动弹性相关。在水动力学研究领域，随着船舶与海洋工程、水力机械等领域的快速发展，人们对于水中工程结构和航行器的性能、安全性等要求不断提高，对水中结构的水弹性研究也逐渐成为热点[17]。不管是气动弹性问题还是水弹性问题，本质上都是流固耦合问题，且涉及的非线性因素较多，其中包括来自结构方面的非线性，如控制面铰链处的间隙非线性或迟滞非线性、大展弦比机翼弯曲变形引起的立方非线性等。机翼在跨声速或大攻角情况下还涉及空气动力学非线性，水流中的钝体结构涉及流体非线性等。这些非线性都给气动弹性、水弹性分析带来了巨大的挑战。经典的气动弹性、水弹性理论是假定结构和作用在结构上的气动力、水动力都是线性的，通过求解一组线性的方程即可。线性的气动弹性计算结果大多数情况下与实验结果是吻合的。然而，当系统存在结构非线性或者流体非线性时，计算结果便经常不准确[8,9,16]。因此，考虑结构非线性和流体非线性的流固耦合问题成为近些年研究的主流趋势。

　　流固耦合问题的研究方法主要包括实测实验、模型实验、数值计算三种方法[18]。实测实验能够获得最为直接、可靠的数据，对理论分析和数值模拟也有重要的指导意义，但一般需要耗费大量的人力、物力和财力。模型实验是在比例缩小或等比模型上进行相应的实验，例如根据一定的相似原理，将舵叶、海洋立管等柔性结构制成物理模型，在实验室中获取相关数据并检查设计缺陷。流固耦合问题常用的数值计算方法主要有经验模型、半经验模型、有限元法、有限体积法等。有些方法的建模、计算极其耗时，根据工程实际问题，选择合适的建模仿真方法是解决工程问题的关键。数值仿真在整个流固耦合研究中起着非常关键的作用，可以更加深刻地理解问题产生的机理，为实验提供指导，模拟风洞、水洞实验无法模拟的条件，节省实验所需的人力、物力和时间。本书主要是对柔性结构流固耦合动力学问题建立数学模型以研究包含结构间隙非线性和流体非线性的柔性结构复杂流固耦合问题，采用数值方法进行研究，并与相关文献实验数据进行对比验证，为工程上类似的流固耦合问题研究提供参考。

1.2 水下航行器舵系统水弹性振动发展现状

水下航行器舵系统的颤振问题是指弹性结构（舵系统）在均匀水流中的自激振动。它是把液体和弹性结构作为一个统一的动力学系统，研究它们之间的相互作用问题，包括弹性力、惯性力和水动力三者的相互作用。在水弹性作用过程中，水动力作用会使弹性结构发生结构变形，同时弹性结构的结构变形又会使流场分布改变，从而改变水动力的大小。这种相互作用的物理性质表现为流体对弹性结构在惯性、阻尼和弹性诸多方面的耦合现象。由于存在惯性耦合，弹性系统会产生附加质量；在有流速场存在的条件下，由于存在阻尼耦合，弹性系统会产生附连阻尼；由于存在弹性耦合，弹性系统会产生附连刚度。附加质量、附连阻尼、附连刚度的大小取决于流场条件及液体与弹性系统的边界连接条件，求解相当复杂。弹性结构如果要在没有外界激励条件下获得振动激励，就只能是从水流中吸取能量。当这个能量大于各种阻尼产生的能耗时，就会发生水动力自激颤振。流固耦合的早期研究集中在飞行器气动弹性研究领域，人们对气动力作用下的飞行器机翼气动弹性问题较为熟悉，也有大量的文献可查阅，而对水下航行器或者船舶的舵系统水弹性问题研究较少。人们往往认为，水下航行器舵系统在高密度的水中，且航行器的速度较低、舵系统刚度较大，不会发生颤振现象。而工程实际中，如水翼艇的水翼、潜艇中的舵翼等动力构件，如果结构参数设计不当，在流场中高速运动时会产生颤振现象导致结构破坏，或发生持续的弱振动现象诱发水噪声降低水下航行器的隐蔽性。从 20 世纪 60 年代开始，美国对舵叶等水翼结构水弹性问题进行了大量的实验和仿真研究，仿真研究大多以自由度的水翼为对象，采用 Theodorsen（泰奥多森）等不可压缩非定常流体理论建立二元颤振模型来计算舵叶的线性颤振边界[1,19,20]。二元颤振模型一般用于气动弹性、水弹性问题的原理分析和验证[21~26]。仿真计算中，舵叶处理为刚体，舵轴处理为柔性体，通过舵轴的弯曲刚度和扭转刚度获得二元颤振模型的计算参数，计算不同的结构参数对舵系统颤振速度的影响规律，为舵系统的结构设计提供一定的参考价值[19]。我国对舵系统水弹性研究起步更晚，2000 年中国船舶科学研究中心张效慈教授等采用俄罗斯二元颤振时域仿真程序对潜艇舵系统进行了颤振研究，但是研究过程中也是将舵叶处理为了刚体，仿真结果表明结构参数匹配不合理有可能导致舵系统发生颤振[27]。但前人在研究中将舵叶处理为刚体，这与实际舵叶结构并不相符。如图 1.4 所示的水下航行器的升降舵，舵叶一般由蒙皮、骨架组成。随着航行器航速的提升、新材料的应用，舵叶的重量越来越轻，柔度也越来越大。因此，将舵叶处理为刚体的做法不再适用。

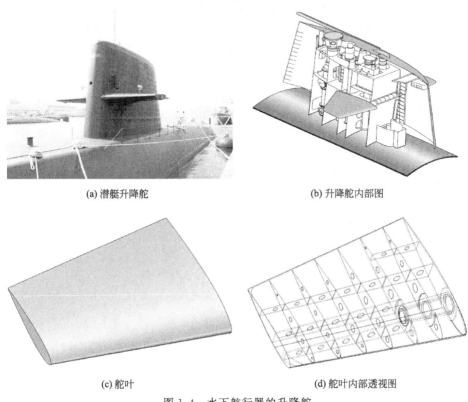

(a) 潜艇升降舵　　　　　　　　(b) 升降舵内部图

(c) 舵叶　　　　　　　　　　(d) 舵叶内部透视图

图 1.4　水下航行器的升降舵

在近代的水弹性研究中，随着计算流体力学（CFD）和计算机的快速发展，许多复杂的水弹性问题得以解决。余志兴等[28,29]运用 Navier-Stokes 方程建立了考虑黏性流动的二维机翼的流固耦合运动，研究了二维机翼的振动响应。刘晓宙等[30]基于余志兴的工作，继续利用二维机翼模型研究二维运动物体的声辐射问题，结果表明：在大攻角时，当机翼涡脱频率和其固有频率接近时，声辐射达到最大。Zhang 等[31]通过结合大涡模拟求解器和有限元求解器，采用双向流固耦合方法研究了三维水轮机叶片的流固耦合振动响应，但是该方法计算量过大，非常耗时，无法满足工程优化设计的需求。Amromin 和 Kovinskaya[32]研究了带空泡二维翼型的振动响应，频谱分析结果显示翼型的振动包含了结构的固有频率以及空泡的脉动频率。Young[33]采用边界元和有限元的耦合求解器模拟了柔性复合材料螺旋桨的空泡流问题。Chae 等[34,35]

对二自由度水翼进行了一系列系统的研究，分析了附加水质量、水动力阻尼等对水翼稳定性的影响。

国内外学者多数采用二元颤振模型或者单个水翼加一根扭簧等简化模型来对舵系统或水翼的水弹性进行理论计算分析。采用二元颤振模型进行计算的关键在于如何获得二元颤振模型的计算参数。在早期的计算中，舵叶往往处理成刚体[1,19]，将舵轴的等效弹簧刚度、等效扭簧刚度作为二元颤振模型中的弹簧和扭簧，从而建立二元颤振模型。在近期的研究中，学者们逐渐将舵叶等水翼结构处理为柔性体，沿展向的所有剖面的翼型都是相同的，并假定每个翼型片条为刚体。水翼的弯曲和扭转变形分别采用二自由度水翼的沉浮和俯仰运动来模拟[25]。对于非均直舵叶，一般取翼展方向70%~75%处的典型截面来建立二元颤振模型，通过二维模型来对弹性升力面建模[36~39]。但是这些参考资料中几乎未提及如何获取水翼、控制面的纯弯、纯扭频率，以及如何将系统模型简化为二元颤振模型。国内外对舵系统水弹性的研究很少涉及间隙非线性对舵系统流固耦合振动的影响。

1.3 海洋立管涡激振动发展现状

在国民经济高速发展的今天，石油和天然气资源的需求量急剧增长，石油和天然气已影响人们生活的方方面面，成为关系国家安全、经济发展的重要战略物资。经过一百多年的开采，陆地油气资源已经日益匮乏，因此向海洋油气资源开发进军已经成为全世界共同的目标。在海洋资源开发中，我国很多的海洋装备都是柱体结构，例如海洋立管、单柱式平台、锚缆、海底管线等[40]。这些柱体结构在海洋洋流作用下均会遇到涡激振动问题，因此对柱体结构涡激振动预测方法和机理进行研究十分必要。

海洋立管是一种最为典型的海洋柔性柱体结构，其涡激振动问题是典型的包含流体非线性的复杂流固耦合问题。作为海洋油气田开发系统最关键的结构之一，海洋立管也是连接海洋平台和水下生产系统的唯一关键结构，中间没有任何支撑。因此，对海洋立管进行研究具有独特的挑战性，要求更强烈的创新和更高的技术含量[41~45]。立管会发生涡激振动以及多立管干涉振动等。其中，涡激振动现象是美国API规范和挪威DNV规范认定的引起立管疲劳损伤的主要因素，当立管固有频率与外界激励力频率接近时，就会发生流固耦合振动"锁定"现象，使振幅显著加大，从而导致立管的疲劳破坏，造成立管失效。立管一旦发生结构破坏，将会产生巨大的经济损失。实际工程中的海洋平台-立管系统，如图1.5所示。立管系统设计的技术难度随着水深的增加越来越大，成本也越来越高。海洋立管没有统一的分类，根据其结构形式和用途大致分为柔性立管、顶张力立管、钻井立管和塔式立管等[41~43]。复合材料柔性立管属于常见的柔性立管种类之一，具有重量轻、强度高、耐腐蚀、绝热性好、阻尼大等性能，慢慢被海洋开发领域所接受并开发使用。复合材料立管具有良好的可设计性，并且可在立管结构加强和完善的同时不对其他方面产生影响。在张力腿平台或者塔式平台上采用复合材料立管，可以大大降低平台的重量，减小海洋平台锚张力、立管顶张力，显著降低开采成本，满足绝大多数海洋油气田的开发需要[46~53]。

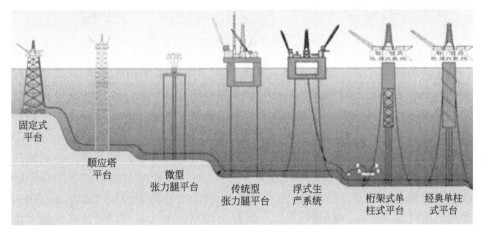

图1.5 海洋平台-立管系统

海洋热塑性增强管（Reinforced Thermoplastic Pipe，RTP）是一种复合材料管道，可用作立管，具有可盘卷（数百米一卷）、海陆施工快捷、重量轻、耐疲劳、保温以及耐腐蚀等性能[47,54~57]。使用RTP立管操作成本低，对系统其他构件的影响相对较小，相比传统的钢制立管有更多的优越性[58,59]。目前国内各种RTP管的生产工艺、装备、材料和铺设条件已初步配套。RTP产品种类繁多，大致有如下几类：预制增强带RTP、多层钢复合RTP、纤维纱缠绕RTP、连续纤维带RTP、钢丝缠绕RTP、丝编织RTP等。我国海洋油气资源丰富，RTP用作海洋立管、海底管线的优势突出，虽然使用RTP管的投资大、技术要求高，但RTP产业发展迅猛，海洋用RTP市场将超过陆用市场[60~62]。

国内对复合材料立管的研究起步较晚，对完全非金属的预制增强带RTP复合材料立管涡激振动的研究更少，适用于工程上快速评估复合材料立管涡激振动性能的方法未见报道。目前，以航天晨光为代表的主要产品是预制增强带 RTP，如图 1.6 所示，主要由热塑性塑料衬管、增强层、热塑性塑料外护套层组成。本书以复合材料预制增强带 RTP 立管的涡激振动问题作为研究对象之一，探索适合工程的复合材料立管的建模方法，并研究其涡激振动响应，为工程上类似的细长柱体结构的流固耦合振动分析提供参考。

图 1.6　预制增强带 RTP 结构示意图

立管涡激振动即立管尾流涡脱落的频率与结构频率接近时发生的自激振动，一直以来是立管结构疲劳破坏的一个主要因素[63~66]，海流速度沿水深变化的非均匀性及流固耦合的复杂性导致涡激振动，长期以来是海洋工程中最具挑战性的问题之一。涡激振动的准确预报依然是一个巨大难题[67]，目前人们尚不能给出海洋柔性柱体结构涡激振动问题精确的理论解，对其中一些非线性现象的认识和机理解释仍然存在诸多争议[68~72]。涡激振动的研究一般有经验模型（常用的有 DNV 模型、LIC 模型、MARINTE 模型、MIT-Triantafyllou 模型、MIT-Vandiver 模型等[73]）、半经验模型（如 Van der Pol 尾流振子模型）[74~78]以及具有高精度的 CFD 等方法[79~85]。一般对海洋柔性柱体结构涡激振动的抑制方式有主动控制和被动控制两种。主动控制主要是通过自适应改变结构的阻尼系统，或者改变结构的固有频率等方式降低结构的振动响应，需要输入大量的能量[86~89]。而被动控制主要是通过安装一些扰流装置达到破坏旋涡结构或者改变涡脱模式的目的，从而减弱激振力。尽管主动控制方法可以在一定程度上抑制涡激振动，但相比被动控制其成本太高，且技术复杂。工程上一般通过在柱体结构表面安装扰流装置抑制旋涡的形成和泄放。但是，采用被动控制方式，即使用扰流装置，往往也会使阻力显著增大，并且还会引起其他形式的振动。尽管如此，适当改变截面的形状对涡激振动的抑制仍是十分有效的，国内外最常用的扰流装置有控制柱[90,91]、螺旋列板[92]和整流罩[93]。非线性能量阱（Nonlinear Energy Sink，NES）也是一种被动控制装置，本质上是一个吸振器，由振子、阻尼器、立方非线性弹簧组成，NES 具有宽频吸振的特性，主要靠共振俘获，将能量从结构传递给振子，并通过阻尼消耗掉能量。近几年，陆续有学者将其用于柱体结构涡激振动抑制研究，但基本都是针对单自由度振动的柱体、低雷诺数（$Re<200$）情况进行研究[94~97]。本书主要基于CFD模型研究NES作用下的弹性支撑二自由度（2DOF）柱体、中等雷诺数范围的涡激振动预测方法和机理。该部分研究内容由笔者在RMIT工程学院做访问学者期间完成。

1.4 风力机柔塔横风向涡激振动发展现状

  风能是一种清洁无污染的可再生能源，风力发电是世界上发展最快的新能源技术。随着风力机机组单机容量和叶轮尺寸的日益增大，风力机塔筒也朝着高耸化发展[98,99]。

  近几年来，高柔塔筒（塔筒固有频率小于风轮额定旋转频率的塔筒简称为柔塔，反之称为传统塔筒）技术的发展与应用颇受行业关注。目前柔塔可以将风力机轮毂托举到110～150m的高度，相对传统塔筒增加的成本较少且能够有效提高机组发电能力。柔塔为圆锥筒型薄壁结构，具有柔性大、阻尼小、重量轻等特点，由强风所引发的柔塔风力机流固耦合振动问题日益突出，每年由塔筒结构破坏甚至倒塔引起的事故时有发生，造成了严重的经济损失。例如，2019年2月22日，新墨西哥州Casa Mesa风能中心的一台运行不到半年的GE 2.5-127风机倒塔［图1.7(a)］；2019年5月21日，俄克拉荷马州格兰特郡Chisholm View 2号风场一台仅运行了两年的GE 2.4MW风机倒塔［图1.7(b)］。根据当地媒体报道，两次事故发生时，附近地区都有强风、大风。强风、大风诱发的柔塔振动、疲劳破坏是引起倒塔事故的重要因素之一[100~102]。

(a) GE 2.5-127风机

(b) GE 2.4MW风机

图1.7 GE风机倒塔事故

风力机结构破坏的成因分布如图1.8所示,由强风和疲劳损伤引起的风力机结构破坏分别占15.1%和13.21%的比例[103]。伯明翰大学工程学院对2000～2016年发生的48起典型风机倒塔事故的研究表明,多数事故是由多重因素共同作用导致的,而其中强风、极端大风引起的风激振动问题是最常见的。柔塔作为风力发电机组的重要承载部件,其变形和振动不仅会降低柔塔自身的结构强度和稳定性,而且会影响整个风力发电机组的安全运行[104]。

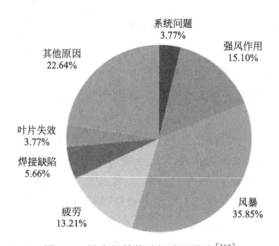

图1.8 风力机结构破坏成因分布[103]

通常情况,风力机柔塔对顺风向荷载的振动响应比横风向荷载要大很多,但当风速在亚临界和过临界工况时,横风向荷载对风力机振动的影响变得尤为重要。具有圆截面的高耸结构横风向振动主要来自尾流旋涡脱落引起的涡激振动(Vortex-Induced Vibration,VIV),涡激振动简称涡振。风力机柔塔在吊装和运输阶段可能发生亚临界涡振"锁定"现象,导致柔塔晃动,不利于机组吊装,工程上一般采用扰流条来抑制柔塔亚临界涡振,在机组吊装完成后拆卸扰流条[105]。在风力机运行工况下,风速引起的风荷载对柔塔影响较小。而停机工况,风速大,这种情况下风速引起的风力机柔塔结构振动问题突出。风速在过临界范围内容易激发出柔塔一阶、二阶甚至更高阶的涡振(涡脱频率与柔塔某阶固有频率接近,可能激发出该阶模态的涡振),将导致几十倍于正常风力的效应,从而引起柔塔寿命急剧降低甚至结构直接破坏[104,105]。北京鉴衡认证中心做过测算,对于140m的柔塔,过临界风速诱发柔塔二阶涡振1min,相当于消耗机组4天寿命,累积涡振30h就会发生疲劳破坏。因此,过临界涡振会对风力发电机组的安全造成巨大隐患。

风绕柔塔的流动可近似为圆柱绕流问题。风绕过柔塔结构会不断出现旋涡脱落，按照雷诺数 Re 的范围，可大致分为三个区域[104]：当 $3\times10^2<Re<3\times10^5$ 时为亚临界区域，旋涡脱落有明显主频率，但风速小、激振力小，工程上已有成熟的规避措施和亚临界涡振控制方法；当 $3\times10^5<Re<3.5\times10^6$ 时为超临界区域，旋涡脱落具有随机性，没有明显的主频率，该区域气动力是随机的，此时的柔塔风激振动响应问题属于小阻尼系统在随机力作用下的响应问题；当 $Re>3.5\times10^6$ 时为过临界区域，旋涡脱落再次出现周期性，具有明显的主频率，在该区域内，当旋涡脱落频率与柔塔某阶固有频率接近时，一旦发生频率"锁定"现象，横风向将产生几十倍于正常风力的效应，快速消耗柔塔的寿命，甚至有可能产生极限载荷，让机组直接发生结构破坏。

本书针对近几年发展并应用的风力机柔塔的涡激振动问题，提出了工程快速建模的动力学仿真方法，为后续研究人员研究柔塔流固耦合动力学提供参考。

1.5 旋转弹箭流固耦合发展现状

超声速飞行旋转弹箭也是本书的研究对象之一，旋转有利于弹体的稳定飞行，可以简易控制，并提高打击密集度。飞行速度范围较大、转速较低的弹箭的气动力设计是弹箭滚转控制的关键，而且这个气动力设计难度也较大。尤其是在跨声速飞行阶段，由于弹箭飞行速度与声速接近，此阶段会发生音爆现象，气流不稳定导致滚转力矩等特性变化较大并且不明确。旋转弹箭的滚转力矩及其滚转阻尼力矩决定了它们的平衡转速的大小，对旋转弹箭的滚转力矩和滚转阻尼进行准确数值计算是很关键的一步，因此对于旋转的弹箭，准确计算其滚转气动特性参数十分必要。

弹箭往往是在有攻角的情况下飞行的，因此弹体周围气流不对称，这也就导致了弹体周围的热流呈不对称分布。国内外很多相关的实验发现，弹箭迎风面会产生严重的气动加热正是由于它们在有攻角的情况下持续飞行造成的。然而零攻角飞行的弹箭的热流密度却相对小很多，即使来流条件一样，有攻角的弹箭迎风面的热流密度也会成倍地加大。所以，准确模拟有攻角情况下飞行弹箭的气动热问题是十分必要的。旋转会导致弹体表面边界层畸变，使对流传热现象变得非常复杂。同时，许多弹箭是旋转飞行的，或者导弹在高超声速再入时也是旋转下落的，因此研究旋转对于气动热的影响是十分必要的。随着

CFD 技术和计算机计算能力的不断进步和提高，集成了高保真 CFD 流动分析工具和高保真 CSD（计算结构力学）结构分析工具等模块的计算机辅助工程（CAE）分析平台在飞行器气动弹性、气动热弹性设计领域得到了迅速发展。本书最后章节将充分利用商用数值模拟平台的便利性与经济性，对超声速旋转弹箭的滚转气动特性、气动热、静气弹、静气热弹进行计算、分析和探索，为相关研究积累数据和经验。

早在 1903 年，Langley 在进行飞行试验时机翼发生断裂，也就是这个时候气动弹性问题开始进入人们的思维范畴，大家发现机翼断裂是由于静气动弹性扭转发散引起的。在第一次世界大战刚爆发的时候，常常发生轰炸机坠毁事故，在这个时期，动气动弹性问题开始进入人们思考的范畴，大家发现，坠毁事故是由于机翼颤振引起的。但是直到 20 世纪 20 年代，人们才真正开始全方位地研究气动弹性问题[8]。20 世纪 30 年代飞行器的飞行速度开始接近声速，也就是飞机速度和声速很接近，这个时候气流很不稳定，出现了很多气动弹性问题。同时，这个时期气动弹性力学以一门独立学科的形式为科研工作者所知。20 世纪 50 年代开始，人们主要着眼于超声速飞行的飞机的后掠机翼和三角形机翼的断裂、结构破坏等问题的研究。研究发现，在超声速情况下，这些机翼断裂主要是由于气动弹性颤振造成的。与此同时，计算机时代的到来为解决气动弹性的计算问题注入了新的活力。伴随航天科技的高速发展，飞行器速度越来越快，黏性的气流冲击飞行器表面，与飞行器表面剧烈摩擦，从而产生气动加热，这就是"热障"问题[106]，再考虑与结构弹性力学耦合的问题，也就形成了气动热弹性问题。20 世纪 60 年代，制约航天航空技术发展的重要原因就是"热障"问题，同时这个时期传热学学科领域中正式提出了"耦合"这个概念[107]。20 世纪 70 年代，随着发动机、载人飞船、卫星热结构等问题的不断解决，气动热力学研究领域增添了包括气动-热-结构的耦合研究等新内容。但是，由于 20 世纪 70 年代的计算机、计算方法比较落后，因此无法将气动-热-结构进行一体化研究，当时人们只能将气动特性、气动热和热结构分开处理。到了 20 世纪 80 年代初期，得益于航天飞机的快速研究发展，科学家们对气动-热-结构进行一体化研究，也就是气动-热-结构耦合，而气动-热-结构的一体化研究很大程度上依赖于计算流体力学的发展，但比计算流体力学更复杂和困难。到 20 世纪 90 年代末期，多物理场耦合正式进入人们的研究范畴，这很大程度上得益于计算机技术的高速发展和计算机并行计算技术的广泛运用，实现了多学科之间的相互耦合。

我国在多物理场耦合领域的研究起步相对较晚，飞行器气动热弹性研究的相关资料也比较少，对于旋转弹箭多物理场耦合问题的研究更少。近些年，吕红庆在飞行器热结构方面进行了一些研究[108]，主要是对高超声速的飞行器进行了一些外形上的设计和气动加热的计算，同时还对飞行器的热防护做了比较全面的计算研究。杨琼梁在高速飞行器的烧蚀、气动弹性、气动伺服弹性等领域都做了一些研究[109]，对于气动弹性问题，他主要运用结构动力学范畴内的方法，分析气动-伺服-弹性的稳定性问题，还研究了不同飞行速度、不同攻角情况下的飞行器的伺服颤振边界。王华毕等人主要对细长火箭弹的气动弹性问题做了一些研究，他们考虑了火箭弹的旋转，通过数值计算分析了由于旋转产生的马格努斯力对火箭弹静和动稳定性的影响[110]。夏刚等人在高超声速飞行器气动加热、结构耦合热传递、气动-热-结构耦合等方面做了一些数值计算，他们分别采用了松耦合和紧耦合两种方法对高超声速圆柱绕流问题进行分析，得到了热传递的瞬态过程[111]。黄唐等人也对圆管绕流进行了研究，采用流场、热、结构一体化的方法进行数值计算[112]。苏大亮在他的博士论文中对高超声速飞行器的热结构问题进行了详细计算，并做了一定的设计，他采用的是有限元法，在计算中得到了高速飞行器的结构温度场分布以及热应力分布[113]。杨荣等人在计算旋转体飞行器流-热-固耦合问题中，考虑了辐射换热的影响[114]。李国曙等人在飞行器机翼的气动弹性和气动热弹性领域也做了相关研究，他们主要分析计算了气动热对静气动弹性的影响[115]。

国外方面，对超声速、高超声速飞行器的气动弹性力学进行研究的科研工作者们大都采用了活塞理论，这种方法基本上都是假设超声速、高超声速气流是没有黏性的，同时还不考虑真实气体的效应，尽管进行了很多简化，但是在一些特定情况下还是得到了足够精确的结果[116~120]。但实际上，科学家们也发现由于气流的黏性会加厚飞行器机体的厚度，这种相对实际厚度的改变必然对飞行器表面的气动载荷分布产生影响，气动载荷和结构之间相互作用特性也必然发生改变，可能对气动弹性稳定性产生一定的影响[121,122]。20 世纪 50 年代开始，随着超声速、高超声速飞行器的发展，主要对 X-30 和 X-15 两个高超声速项目的模型进行实验研究[123,124]。由于颤振边界对与飞行器刚度相关的一些参数很敏感，因此飞行器的气动弹性实验不能采用进行缩比后的几何模型[125]。Thornton 等人[126]对气动-热-结构进行一体化计算分析，通过求解 N-S 方程得到了机翼段处的气动加热和动压结果，计算结果表明在 $Ma=6.6$ 的情况下，机翼段处的变形使空气流产生了压缩波、膨胀波和回流区，这是由动压和气动加热导致的。Shahrzad P 等人[127]对机翼颤振问题进行了比较全面的计算研究，他们采用了中心流形、谐波平衡等方法。Liviu Librescu 等人[128]也对机翼的气动弹性计算问题提出了一套解决方案，对于颤振问题的研究给出了一些判据，还给出了求解颤振速度的解析式，但他们基于的是活塞理论。Yang Z C 等人[129]对机翼气动弹性极限环颤振等进行了比较全面的研究，他们提出一种颤振稳定性判定方法，该方法比较直观，同时他们还研究了混沌运动产生的机理[130]。Doyle Knight[131] 在高超声速飞行器科学研究中总结了一些实验情况，并介绍了计算流体力学在这些领域的运用。Charlese Cockrell 等人[132] 研究了高超声速气动力和热流的计算方法，主要在 Hyper2X 设计计划中对 X243A 飞行器的气动力和气动热进行了计算，分析了飞行的气动特性和热流分布。Wang W L 等人[133] 研究了高超声速气动力和气动加热的实验方法，并且做了相关的数值研究，如湍流模型的选择方法等。超声速、高超声速飞行器的研发是很复杂的工作，难点往往在于复杂外形的气动特性分析以及结构热弹性一体化计算分析。

1.6 柔性结构流固耦合研究存在的问题及解决方法

柔性结构的流固耦合问题主要可以分为线性流固耦合问题、结构非线性流固耦合问题、流体非线性流固耦合问题等。结构非线性主要包括材料非线性、几何非线性、间隙非线性等。流体非线性主要是流体绕过钝体结构引起的流动分离和旋涡产生等现象。本书以包含结构间隙非线性的水下航行器舵系统、包含流体非线性的海洋立管系统以及风力机柔塔系统、旋转弹箭作为研究对象，研究柔性结构典型的流固耦合动力学问题。通常的高保真流固耦合数值模拟方法计算非常耗时，如果研究结构参数对多刚柔体系统流固耦合动力学响应的影响规律，则其计算量将会非常庞大，无法满足工程需求。因此根据不同的流固耦合问题提出相应的工程实用的流固耦合快速建模和仿真方法非常必要。

大多数工程机械和结构在一定程度上都存在振动问题，它们的结构设计通常需要考虑振动特性[134]。为了提高图 1.4 和图 1.5 所示的柔性结构的结构性能，更好地计算出柔性结构的水弹性，就必须准确地计算出柔性结构的固有频率和振型。在工程问题中，如果不能准确计算结构的振型和频率，就很难得到一个具有良好性能的结构系统，并且很难进行下一步的振动控制分析[135]。芮筱亭[136] 教授及其团队建立了多体系统动力学新方法——多体系统传递矩阵法。该方法先后实现了线性多体系统的固有振动特性和动力响应计算及非线性、时变、大运动、受控、一般多体系统动力学研究，无需系统总体动力学方程，程式化程度高，系统矩阵阶次低，可以实现复杂系统的快速建模与快速计算[137~140]。MSTMM 理论为水下航行器舵系统和海洋立管系统以及风力机柔塔系统的振动特性和动力响应的快速计算提供了基础。

对于复杂多刚柔体的水下航行器舵系统，部分学者采用有限元法将舵系统的舵叶处理成柔性系统，将舵系统处理为单个柔性舵叶加一根扭簧的简化模型，计算出系统的振动模态，再结合势流理论或 CFD 理论计算水翼系统的水弹性问题。前人很少从整个舵系统的角度出发建立整个舵系统的动力学模型，并考虑所有部件的影响。采用有限元法对简化系统进行建模，依然存在单元数过多、矩阵阶次高、计算效率低且理论背景复杂、推导过程烦琐等问题。本书基于 MSTMM 推导了考虑轴向振动的弯扭耦合梁模型，对整个舵系统动力学进行快速建模和仿真。二维模型一般用于结构系统水弹性的原理性研究。前人对于舵系统的研究大多基于二元颤振模型，但几乎未提及如何将舵系统建立为二元颤振模型以及如何获取二元颤振模型的重要参数。另外，前人的研究中也很少涉及结构间隙非线性对水下航行器舵系统的影响。本书基于 MSTMM 提出二元颤振模型的建模思路以及采用 MSTMM 计算出二元颤振模型所需的舵系统纯弯、纯扭频率，建立舵系统的二元线性、非线性颤振模型，研究舵系统的结构参数和间隙非线性对舵系统的水弹性的影响规律。

本书研究的柔性结构流固耦合动力学的另一类问题是包含流体非线性的海洋立管系统或者柔塔风力机的流固耦合问题。海洋立管和风力机柔塔的流固耦合问题即具有强烈流体非线性的立管涡激振动问题。涡激振动是一种具有强烈流体非线性的流固耦合现象，对涡激振动的数值计算和机理研究至今依然是海洋工程领域研究的热点和难点。对于海洋柔性柱体的 VIV 计算分析，前人大部分的研究仍然停留在经验性的描述上，其理论尚不成熟，大多使用半经验模型。基于 CFD 高保真计算又避免不了网格畸变，动网格出现负网格问题，计算量较大。本书基于 CFD 模型引入嵌套网格技术并进行 CFD 软件二次开发研究，建立二维弹性支撑柱体的涡激振动仿真系统，可以避免由于柱体运动幅度较大而产生负网格问题，研究海洋柱体结构的涡激振动机理。同时，对比分析了采用 Van der Pol 尾流振子模型计算柱体涡激振动的计算误差和计算效率。由于海洋立管非常细长，采用有限元法对立管进行建模计算量大，且如果改变立管长度、直径等结构参数则需重新进行建模、划分单元、定义复合材料铺层等工作，程式化程度低，且前人的研究中很少考虑立管的刚性接头等细节对涡激振动响应的影响。本书主要基于 MSTMM 和 Van der Pol 尾流振子模型建立海洋立管的流固耦合模型，可以实现快速计算不同立管长度、刚性接头个数、来流分布、顶张力大小等对海洋立管涡激振动的影响规律。同样地，针对风力机柔塔涡激振动问题，基于 MSTMM 建立风力机柔塔涡激振动快速仿真模型，研究了不同结构和流体参数对柔塔涡振的响应规律。

除了快速建模方法，本书也适当地介绍了基于商业软件的高保真数值模拟方法。本书部分章节对光弹体和翼身组合体弹箭的滚转气动特性、卷弧翼火箭弹在旋转情况下的气动特性、气动热、静气动弹性以及静气动热弹性进行了计算分析。该部分计算结果对我国大长细比、高速飞行的旋转弹箭的气动特性以及流固耦合分析具有一定的参考价值，这些重要的计算分析应当在弹箭设计的初始阶段予以考虑。

第2章
流固耦合问题的基本理论与方法

2.1 引言

流固耦合问题在很多技术领域得到了研究,例如涡轮机械设计、海岸海洋工程、高层建筑工程、流体管路输送以及生物医学工程等领域,而这些领域的共同特点就是存在流体和结构的相互作用,不能只考虑流体对结构的作用,而忽略了结构变形对流场的影响。对流固耦合现象进行研究有利于专家、学者、工程人员更好地了解流固耦合现象,避免工程上的流固耦合振动问题,甚至可以利用一些流固耦合振动现象来造福人类。

流固耦合力学是研究流体与结构相互作用的一门新型学科,它是力学学科的一个分支。本书主要研究柔性结构的流固耦合动力学问题,即水弹性问题。为了了解气动弹性与其他学科之间的关系,Collar 对气动弹性问题进行了如图 2.1 所示的分类[8,9,16]。类似地,水弹性也可以用图 2.1 的形式表达。图中有三种类型的力,即气(水)动力、弹性力、惯性力。这三种力分别位于三个圆中,是气动弹性(水弹性)涉及的力的类型。这三种类型的力相互作用产生的力学问题可以从图 2.1 中直观看到。如果三种力同时作用产生的便是动气动弹性(水弹性)问题,

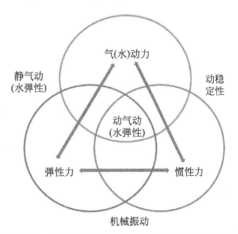

图 2.1 描述气动弹性(水弹性)的力三角形

如果仅是气（水）动力与弹性力相互作用产生的则是静气动弹性（水弹性）问题。

流固耦合的数值求解方法在近三十年得到了较快的发展，并且依然是最热门的主题之一。本章主要针对本书所涉及的流固耦合计算的基本理论与研究方法进行论述。

2.2 多体系统动力学求解方法

多体系统是以一定方式相连接的多个物体组成的系统，如本书所研究的水下航行器的舵系统，用于输送油、气的海洋软管系统等均为多体系统。求解多体系统动力学的方法有很多种，如有限元、边界元等理论实现了结构分析的程式化，为解决复杂结构动力学问题提供了强有力的工具，开发了诸如NAS-TRAN、ANSYS等大型计算机软件。通常的多体系统动力学分析需建立多体系统总体动力学方程，涉及系统矩阵阶次高，计算量大，难以满足工程上快速计算的要求。多体系统传递矩阵法[136]无须建立系统总体动力学方程，矩阵阶次低，计算速度快，易编程，为工程上多体系统动力学分析提供了全新的思路。

2.2.1 多体系统传递矩阵法基本理论

一个复杂的多刚柔体系统可以由刚体、弹性体、集中质量等体元件按照一定的铰接方式连接而成。"铰"是"体"与"体"之间的连接，包括球铰、滑移铰、柱铰、弹性铰、固结铰等。铰不计质量，其质量全部归入相邻的"体"中。这些元件在多刚柔体的连接点上传递力、力矩、位移、角度。在MSTMM中，将多体系统的某一边界点定义为传递末端，称为根，其他边界点称为梢，从梢往根的方向称为传递方向。沿着传递方向，进入元件的连接点称为输入点，用 I 表示。离开元件的连接点称为输出点，用 O 表示。在研究多体系统动力学时，采用相对描述方法建立多体系统各元件的运动学关系。基于MSTMM建立不同的拓扑结构，如链形、树形、闭环等。通常，一条传递路径上面有多个元件。两个元素之间的连接点是前一个元件的输出和后一个元件的输入。在线性多体系统传递矩阵法中，输入点和输出点的位移与坐标 x、y、z，角位移与转角 θ_x、θ_y、θ_z 的正向均为惯性直角坐标系三个坐标轴的正向。如图 2.2(a) 所示，输入点力矩 m_x、m_y、m_z 逆坐标轴正向为正，输入点力 q_x、q_y、q_z 沿坐标轴正向为正。如图 2.2(b) 所示，输出点力矩 m_x、m_y、m_z 沿坐标轴正向为正，输出点力 q_x、q_y、q_z 逆坐标轴正向为正。

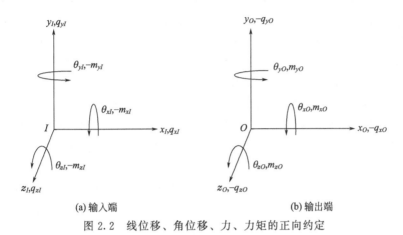

图 2.2　线位移、角位移、力、力矩的正向约定

在线性多体系统传递矩阵法中，用 $r=[x,y,z]^T$ 表示惯性坐标系下任一元件上某点相对于其平衡位置的线位移物理坐标列阵，用 $\theta=[\theta_x,\theta_y,\theta_z]^T$ 表示该点处相对于平衡位置的角位移物理坐标列阵，用 $m=[m_x,m_y,m_z]^T$ 表示该点处的内力矩（不包括阻尼力矩）物理坐标列阵，用 $q=[q_x,q_y,q_z]^T$ 表示该点处的内力（不包括阻尼力）物理坐标列阵。用 $R=[X,Y,Z]^T$ 表示线位移 r 对应的模态坐标列阵，$\Theta=[\Theta_x,\Theta_y,\Theta_z]^T$ 表示角位移 θ 对应的模态坐标列阵，$M=[M_x,M_y,M_z]^T$ 表示内力矩 m 对应的模态坐标列阵，$Q=[Q_x,Q_y,Q_z]^T$ 表示内力 q 对应的模态坐标列阵。也就是说小写字母表示物理坐标，大写字母表示对应的模态坐标。在线性时不变振动系统中，物理坐标可以用模态坐标表示为：

$$r=\sum_{k=1}^{n}R^k q^k(t), \theta=\sum_{k=1}^{n}\Theta^k q^k(t), m=\sum_{k=1}^{n}M^k q^k(t), q=\sum_{k=1}^{n}Q^k q^k(t)$$
(2.1)

式中，k 表示模态阶数；n 表示系统的自由度数；t 表示时间；$q^k(t)$ 表示广义坐标。

用带有下标的小写黑斜体字母 $z_{i,j}$ 代表物理坐标下连接点处的状态矢量 (SV)，对应的模态坐标下的状态矢量用带有下标的大写黑斜体字母 $Z_{i,j}$ 表示，如式(2.2) 所示。

$$z_{i,j}=[x,y,z,\theta_x,\theta_y,\theta_z,m_x,m_y,m_z,q_x,q_y,q_z]^{\mathrm{T}}$$
$$Z_{i,j}=[X,Y,Z,\Theta_x,\Theta_y,\Theta_z,M_x,M_y,M_z,Q_x,Q_y,Q_z]^{\mathrm{T}} \quad (2.2)$$

讨论单个元件时，为叙述和书写方便和直观，用$Z_I(z_I)$和$Z_O(z_O)$分别表示元件输入端和输出端的状态矢量。状态矢量中的位移通常包括线位移和角位移，位置坐标包括位置和转角，力通常包括力和力矩，为书写简洁，在不引起混淆的情况下，一般不再专门说明。用带有下标的大写黑斜体字母U_i表示元件的传递矩阵，其中i表示元件的序号；用大写黑正体字母I_n表示n阶单位矩阵；用大写黑正体数字$0_{m\times n}$表示m行n列的零矩阵。线性多体系统传递矩阵法对任一线性多体系统均可"化整为零"，分割成若干个元件。为了方便地写出系统的总传递方程和总传递矩阵，以图2.3所示的链式系统为例进行分析，该链式振动系统有j个元件和$j+1$个连接点。通常对于单入单出的元件的传递方程（TE）可以写为$Z_O=U_j Z_I$。一旦得到元件的传递矩阵，根据系统结构特性，拼装各元件的传递矩阵可得系统总传递方程和总传递矩阵，如式(2.3)所示。

$$Z_O=TZ_I$$
$$U_{all}Z_{all}=0 \quad (2.3)$$

式中，$T=\prod_{k=0}^{j-1}U_{j-k}$；$Z_{all}^{\mathrm{T}}=[Z_I^{\mathrm{T}} \quad Z_O^{\mathrm{T}}]^{\mathrm{T}}$；$U_{all}=[T \quad -I_{n_s}]$。

这里的U_{all}是系统的总传递矩阵，Z_{all}是系统边界点状态矢量，T表示从系统根边界点到系统梢边界点的路径上所有元件传递矩阵的依序连乘积。

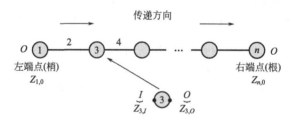

图2.3 传递矩阵法中链式系统的拓扑图

将系统边界条件代入式(2.3)，可得系统特征方程

$$\overline{U}_{all}\overline{Z}_{all}=0 \quad (2.4)$$

式中，$\overline{Z}_{all}$为Z_{all}去掉零元素后得到的列阵；$\overline{U}_{all}$为消去U_{all}中与Z_{all}中零元素对应的列得到的方阵。

从上面的推导过程可见，无论$\overline{U}_{all}$还是U_{all}都只与系统的结构参数和固有频率$\omega_k(k=1,2,\cdots)$有关，对于实际的线性振动系统，方程(2.4)必有非零解，则系统的固有频率对应的矩阵$\overline{U}_{all}$需满足下面的条件

第2章 流固耦合问题的基本理论与方法

$$\det(\overline{\boldsymbol{U}}_{all}) = 0 \quad (2.5)$$

式(2.5)即为系统的特征方程,求解式(2.5)即可得系统的固有频率,求解式(2.4)可得到对应于固有频率 ω_k 的系统边界点状态矢量 $\overline{\boldsymbol{Z}}_{all}$ 和 $\boldsymbol{Z}_{all}$,进而通过元件传递方程得到对应于固有频率 ω_k 的系统全部连接点的状态矢量,即为系统的振型。以上为 MSTMM 中的基本符号约定和最简单的链式系统的振动特性求解方法[136,141]。

多体系统传递矩阵法中常见的拓扑图如图2.4所示,一般多体系统由链式系统、树形系统、闭环系统组成。在 MSTMM 的思想中,处理复杂多体系统动力学问题的宗旨是把复杂多体系统分解成许多可用矩阵形式表达的力学特征元件。把每个元件的传递矩阵视为一个"建筑砌块",将这些"建筑砌块"按系统动力学模型拓扑图及系统总传递方程自动推导定理进行拼装,就可得整个多刚柔体系统的动力学特征[138~143]。多体系统传递矩阵法及其拓扑方法可以大大简化求解过程,近些年已经成功地应用于多项国家重大项目及许多工程设计和基础理论研究中,如应用于图2.5所示的多管火箭发射系统、自行火炮系统、多级运载火箭等中[138,144,145]。

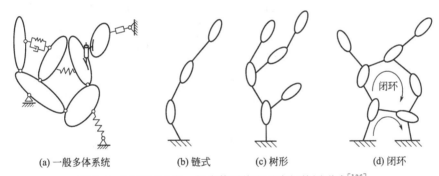

(a) 一般多体系统 (b) 链式 (c) 树形 (d) 闭环

图2.4 MSTMM 中一般多体系统和基本拓扑图形式[136]

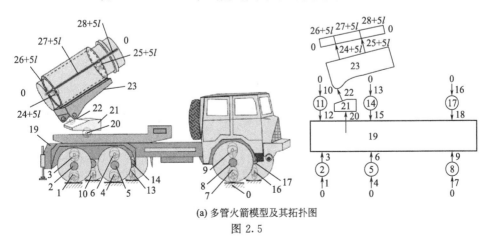

(a) 多管火箭模型及其拓扑图

图2.5

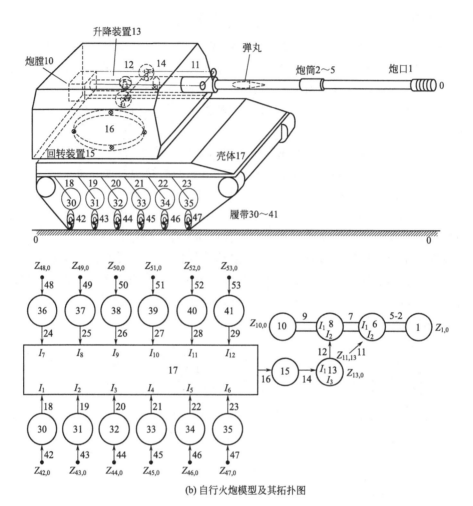

(b) 自行火炮模型及其拓扑图

第 2 章 流固耦合问题的基本理论与方法

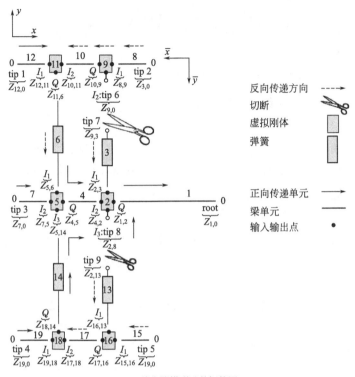

(c) 运载火箭模型及其拓扑图

图 2.5 MSTMM 及其拓扑方法在工程领域的应用[138,144,145]

在 MSTMM 中，用大写黑斜体字母 V 表示系统的增广特征矢量，第 k 阶模态对应的增广特征矢量用 V^k 表示，对应的物理坐标列阵用小写黑斜体字母 v 表示，v 对时间 t 的一阶导数用 v_t 表示，v 对时间 t 的 2 阶导数用 v_{tt} 表示。

无阻尼多刚柔体系统的体动力学方程为：

$$Mv_{tt}+Kv=f \tag{2.6}$$

式中，f 为外力。

用增广特征矢量 V^k 将动力响应物理坐标展开成

$$v=\sum_{k=1}^{n}V^k q^k \tag{2.7}$$

将式(2.7)代入式(2.6)，得到：

$$\sum_{k=1}^{n}MV^k\ddot{q}^k(t)+\sum_{k=1}^{n}KV^k q^k(t)=f \tag{2.8}$$

用增广特征矢量 $V^p(p=1,2,\cdots,n)$ 对式(2.8)两边取内积，并利用增广特征矢量的正交性[136]：

$$\langle \boldsymbol{MV}^k, \boldsymbol{V}^p \rangle = \boldsymbol{\delta}_{k,p} \boldsymbol{M}_p, \langle \boldsymbol{KV}^k, \boldsymbol{V}^p \rangle = \boldsymbol{\delta}_{k,p} \boldsymbol{K}_p \quad (2.9)$$

得

$$\ddot{q}^p(t) + \omega_p^2 q^p(t) = \frac{\langle \boldsymbol{f}, \boldsymbol{V}^p \rangle}{\boldsymbol{M}_p} (p = 1, 2, \cdots n) \quad (2.10)$$

假设该多刚柔体系统的初始条件为

$$v(t)|_{t=0} = v_0, v_t(t)|_{t=0} = \dot{v} \quad (2.11)$$

系统的固有频率 $\omega_p(p=1,2,\cdots,n)$ 及其对应增广特征矢量 $\boldsymbol{V}^p$ 可由式(2.5)求出。通过求解式(2.9)～式(2.11)可以计算出系统的动力响应。

2.2.2 有限元法（FEM）基本理论

有限元法（FEM）是一种有效解决数学物理问题的数值计算近似方法，主要用来解决结构中力与位移的关系，FEM最先应用在航空工程结构力学分析中。

FEM的基本求解思想是基于变分原理和加权余量法，把连续系统分割成有限个互不重叠的单元，在每个单元内选择一些合适的节点作为求解函数的插值点，将微分方程中的变量改写成由各变量或其导数的节点值与所选用的插值函数组成的线性表达式，从而达到对微分方程进行离散求解的目的[146,147]。有限元方法最早应用于结构力学，后来随着计算机技术的高速发展，FEM迅速扩展到流体力学、传热学、电磁学、声学等领域。图2.6为有限元法形成的发展历程[146]。

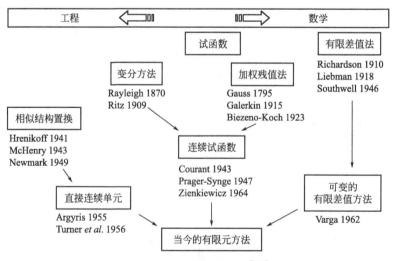

图 2.6 有限元法的形成[146]

有限元方法基于离散逼近的基本策略，可以用较多数量的简单函数的组合来近似代替非常复杂的原函数。常用的两种典型的函数逼近思想为：

① 经典瑞利-里兹思想　基于全域的展开（如采用傅里叶级数展开），如图2.7(a)所示。

② 有限元方法的思想　基于子域的分段函数组合（如采用分段线性函数的连接），如图2.7(b)所示。该思想就是现代力学分析中的有限元方法的思想，其中的分段就是"单元"的概念。

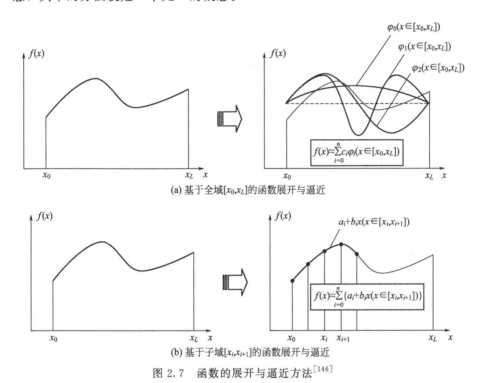

图 2.7　函数的展开与逼近方法[146]

有限元法的基本思想是用离散单元的集合体代替原来的连续体。随着计算机技术的飞速发展，目前已经出现了大量的基于有限元方法原理的优秀软件，如 ANSYS、NASTRAN、ABAQUS、ADINA 等，并在工程实际中发挥了重要作用[148,149]。

有限元分析的最大特点就是标准化和规范化，单元是实现有限元分析标准化和规范化的载体。这些单元就类似于建筑施工中一些标准的预制构件（如梁、楼板等），可以按设计要求搭建出各种各样的复杂结构，如图2.8所示。ANSYS软件中常用的一些单元如图2.9所示[148,149]。

有限元方法求解问题主要分为以下几步：

① 将连续体离散成为单元组合体，即划分网格。

流固耦合动力学仿真方法及工程应用

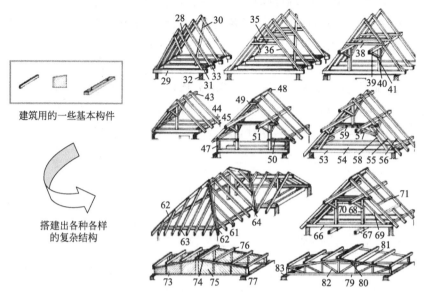

图 2.8 在建筑中采用一些基本构件可以搭建出各种各样的复杂结构[147]

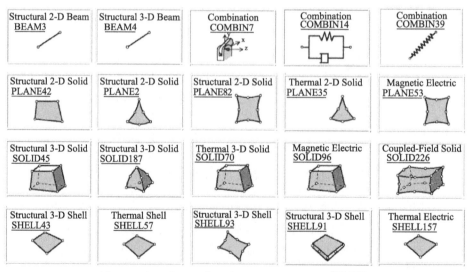

图 2.9 常用的一些典型单元（ANSYS 软件）[148,149]

② 利用弹性力学的平衡方程、几何方程、物理方程和虚功原理得到单元节点力和节点位移之间的力学关系，即建立单元刚度矩阵。

③ 建立整个结构所有节点载荷与节点位移之间的关系（整体结构平衡方程），即建立结构的总体刚度矩阵。

④ 边界条件，即排除结构发生整体刚性位移的可能性。

28

⑤ 求解线性方程组，即方程组有唯一解，即得到结构中各节点的位移，单元内部位移通过插值得到。

基于 FEM 的模态计算方法如下。

对于具有 n 个自由度的系统，其结构动力学方程为：

$$M\ddot{x} + C\dot{x} + Kx = F \tag{2.12}$$

式中，M 为质量矩阵；C 为阻尼矩阵；K 为刚度矩阵；x、$\dot{x}$、$\ddot{x}$ 为节点的位移、速度、加速度矢量；F 为作用在海洋柔体结构表面的流体力，可以由 CFD 势流理论模型、半经验模型计算得到。

当不计阻尼作用，系统作自由振动，即 $C=0$，$F=0$ 时，方程改写为

$$M\ddot{x} + Kx = 0 \tag{2.13}$$

当系统自由振动时，假设所有的质点都作简谐运动，则方程解的形式如下

$$x_i = A^{(i)} \sin(\omega_{ni} t + \varphi_i) \tag{2.14}$$

式中，ω_{ni}、φ_i 分别为第 i 阶振型对应的固有频率和相位角；x_i 为第 i 阶振型的诸位移的列阵；$A^{(i)}$ 为第 i 阶振型中的位移最大值或振幅向量。

将式(2.14)代入式(2.13)，得到

$$(K - \omega_{ni}^2 M) A^{(i)} = 0 \tag{2.15}$$

令

$$K - \omega_{ni}^2 M = H^{(i)} \tag{2.16}$$

方程(2.16)称作特征矩阵。

对于振动系统，方程(2.15)中振幅 $A^{(i)}$ 必有非零解，则必有

$$|K - \omega_{ni}^2 M| = 0 \tag{2.17}$$

由上式可得出不同的 ω_{ni}^2，共有 n 个根，此根即为特征值，开方后即得固有频率 ω_{ni} 的值，系统有多少个自由度，便存在多少个对应的固有频率，而其对应的特征向量 $A^{(i)}$ 便为该固有频率对应的振型。如果质量矩阵 M 是正定的、刚度矩阵 K 是正定或者半正定的，则方程(2.17)的特征值 ω_{ni}^2 全部为正数，特殊情况下会存在重根或者零根，将 n 个固有频率由小到大排列：

$$0 \leqslant \omega_{n1} \leqslant \omega_{n2} \leqslant \cdots \leqslant \omega_{nn} \tag{2.18}$$

本书 FEM 建模的部分主要采用 shell181 壳单元、solid186 实体单元、solid187 实体单元，其中 shell181 还可以用于复合材料铺层建模，壳单元节点有 6 个自由度（DOF），实体单元节点有 3 个自由度（DOF）[45,47]。求解结构的动力学响应可以采用模态叠加法或者直接积分法。对于本书所需解决的海洋工程瞬态动力学问题，运动方程保持为时间的函数，并且可以通过显式或隐式的方法求解。本书有限元计算部分主要基于商业软件 ANSYS 完成。

2.3 流体载荷求解方法

2.3.1 Theodorsen 非定常流体理论

对于经典线性颤振计算方法，其气动力模型基于平板气动力理论建立，而其中 Theodorsen 理论就是一种常用的方法，适用于不可压缩气体，也可以适用于水动力计算，其计算方法简单，计算效率高，在颤振初步设计阶段有非常好的适用性，主要用在二元机翼、水翼和大展弦比机翼的线性、非线性颤振计算中。图 2.10 所示是一个单位展长的二元水翼，水翼的半径长为 b，刚心（弹性轴位置）E 距离翼弦中点为 ab，a 为翼弦中点到刚心的距离占半弦长的百分比，刚心在翼弦中点后时 $a>0$，刚心在翼弦中点前时 $a<0$。水翼的运动用刚心的沉浮位移 h 和水翼绕刚心的俯仰角 α（迎风抬头为正）来描述。Theodorsen 理论的推导极其复杂，这里直接给出频域上 Theodorsen 非定常流体理论的表达式，即在不可压缩流中的二元水翼，当它以角频率 ω 作简谐运动和俯仰运动时，水翼单位展长的升力 L（向上为正）和对刚心的俯仰力矩 T_α（迎风抬头为正）分别为[150]：

$$L = \pi\rho b^2 (\ddot{h} + V\dot{\alpha} - ba\ddot{\alpha}) + 2\pi\rho VbC(k)\left[V\alpha + \dot{h} + b\left(\frac{1}{2} - a\right)\dot{\alpha}\right] \quad (2.19a)$$

$$T_\alpha = \pi\rho b^2\left[ba\ddot{h} - Vb\left(\frac{1}{2} - a\right)\dot{\alpha} - b^2\left(\frac{1}{8} + a^2\right)\ddot{\alpha}\right] + \\ 2\pi\rho Vb^2\left(a + \frac{1}{2}\right)C(k)\left[V\alpha + \dot{h} + b\left(\frac{1}{2} - a\right)\dot{\alpha}\right] \quad (2.19b)$$

式中，V 为来流速度；ρ 为不可压缩流体的密度；$C(k)$ 为 Theodorsen 函数，其值与折合频率 $k = \dfrac{\omega b}{V}$ 有关。$C(k)$ 函数的具体表达式见文献 [150]。

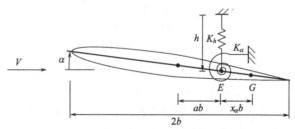

图 2.10 Theodorsen 理论计算非定常气动力

第2章 流固耦合问题的基本理论与方法

任意运动时域水动力的计算对结构非线性水弹性系统的响应计算具有重要意义。首先从做简谐沉浮和俯仰运动的二元水翼所受的水动力出发来建立二元水翼任意运动水动力的表达式。

在处理不可压缩流中水翼做任意运动时所受的非定常水动力时，式(2.19)中的环量部分和非环量部分是可以分开来处理的。式(2.19)中与$C(k)$无关的部分属于非环量部分，代表的是惯性效应，对于非环量部分中的$\dot{\alpha}$项，它虽然是产生环量的基础，但与k无关。式(2.19)中与$C(k)$相关的部分属于环量部分。所以，当水翼做任意沉浮和俯仰运动时，非环量部分的表达式是保持不变的，但对于包含$C(k)$的环量部分则需要进一步处理。

Theodorsen 理论表达式(2.19)中，有环量升力作用在 1/4 弦点，并且对非定常水动力的环量部分起决定作用的只是 3/4 弦长处的下洗：

$$W_{3/4}(t) = -\left[V\alpha + \dot{h} + b\left(\frac{1}{2} - a\right)\dot{\alpha}\right] = -Q_{3/4}(t) \quad (2.20)$$

将 $W_{3/4}(t)$ 看作 $f(\omega)$ 的 Fourier（傅里叶）逆变换：

$$W_{3/4}(t) = -\frac{1}{2\pi}\int_{-\infty}^{\infty} f(\omega)\mathrm{e}^{\mathrm{i}\omega t}\mathrm{d}\omega \quad (2.21)$$

而 $f(\omega)$ 是 $W_{3/4}(t)$ 的 Fourier 正变换：

$$f(\omega) = \int_{-\infty}^{\infty} W_{3/4}(t)\mathrm{e}^{-\mathrm{i}\omega t}\mathrm{d}t \quad (2.22)$$

设由单位幅值的简谐和下洗诱导产生的单位翼展有环量升力幅值为 ΔL_c，则 ΔL_c 可表示为：

$$\Delta L_c = -2\pi\rho V b C(k) \quad (2.23)$$

于是，由 $W_{3/4}(t)$ 诱导的总的升力由 Fourier 逆变换给出：

$$\begin{aligned} L_c &= \frac{1}{2\pi}\int_{-\infty}^{\infty} f(\omega)\Delta L_c \mathrm{e}^{\mathrm{i}\omega t}\mathrm{d}\omega \\ &= -\rho V b \int_{-\infty}^{\infty} C(k)f(\omega)\mathrm{e}^{\mathrm{i}\omega t}\mathrm{d}\omega \end{aligned} \quad (2.24)$$

这样，升力和力矩就可表示为：

$$L = \pi\rho b^2(\ddot{h} + V\dot{\alpha} - ba\ddot{\alpha}) - \rho V b\int_{-\infty}^{\infty} C(k)f(\omega)\mathrm{e}^{\mathrm{i}\omega t}\mathrm{d}\omega \quad (2.25\mathrm{a})$$

$$\begin{aligned} T_\alpha = {}& \pi\rho b^2\left[ba\ddot{h} - Vb\left(\frac{1}{2} - a\right)\dot{\alpha} - b^2\left(\frac{1}{8} + a^2\right)\ddot{\alpha}\right] - \\ & \rho V b^2\left(a + \frac{1}{2}\right)\int_{-\infty}^{\infty} C(k)f(\omega)\mathrm{e}^{\mathrm{i}\omega t}\mathrm{d}\omega \end{aligned} \quad (2.25\mathrm{b})$$

Wagner（瓦格纳）问题考虑的是水翼攻角做阶跃变化的情形。设攻角阶跃变化的幅值为 α_0，则有：

$$\alpha = \begin{cases} 0, & t<0, \\ \alpha_0, & t\geqslant 0, \end{cases} \quad h \equiv 0 \quad (2.26)$$

因此，当 $t \geqslant 0$ 时，有 $\dot{h} = \dot{\alpha} = 0$，根据式(2.21)可知此时在翼型 3/4 弦点的下洗可写为：

$$W_{3/4} = \begin{cases} 0, & t<0 \\ -V\alpha_0, & t\geqslant 0 \end{cases} \quad (2.27)$$

式(2.27)中下洗 $W_{3/4}$ 的 Fourier 变换为：

$$\int_{-\infty}^{\infty} W_{3/4}(t) e^{-i\omega t} dt = -V\alpha_0 \frac{1}{i\omega}, \quad \omega \neq 0 \quad (2.28)$$

所以，下洗 $W_{3/4}$ 是 $-V\alpha_0/i\omega$ 的 Fourier 逆变换，写为：

$$W_{3/4} = \frac{-V\alpha_0}{2\pi} \int_{-\infty}^{\infty} \frac{1}{i\omega} e^{-i\omega t} d\omega, \quad \omega \neq 0 \quad (2.29)$$

根据式(2.28)和式(2.29)得到水翼攻角做幅值为 α_0 的阶跃变化时产生的单位展长上有环量升力为：

$$\begin{aligned} L_{cstep} &= \frac{-V\alpha_0}{2\pi} \int_{-\infty}^{\infty} \frac{1}{i\omega} \Delta L_c e^{i\omega t} d\omega \\ &= \rho V^2 b\alpha_0 \int_{-\infty}^{\infty} \frac{C(k)}{i\omega} e^{i\omega t} d\omega \\ &= \rho V^2 b\alpha_0 \int_{-\infty}^{\infty} \frac{C(k)}{ik} e^{ik\hat{\tau}} dk \end{aligned} \quad (2.30)$$

式中，$\hat{\tau} = \dfrac{Vt}{b}$ 为无量纲时间。

通常将式(2.30)用 Wagner 函数 $\phi_\omega(\hat{\tau})$ 来表示，即：

$$L_{cstep} = 2\pi\rho VbV\alpha_0 \phi_\omega(\hat{\tau}) \quad (2.31)$$

式中，

$$\phi_\omega(\hat{\tau}) = \frac{1}{2\pi} \int_{-\infty}^{\infty} \frac{C(k)}{ik} e^{ik\hat{\tau}} dk \quad (2.32)$$

为 Wagner 函数。为考察 $\phi_\omega(\hat{\tau})$ 的物理意义，将式(2.31)改写为：

$$\frac{L_{norm}}{V\alpha_0} = \phi_\omega(\hat{\tau}) \quad (2.33)$$

式中，$L_{norm} = L_{cstep}/(2\pi\rho Vb)$，表示正则化有环量升力。

由式(2.33)可清楚地看出 ϕ_ω 的物理意义是：水翼 3/4 弦点处的单位阶跃下洗所诱导的正则化有环量升力。

直接计算式(2.33)给出的 Wagner 函数是比较困难的。经推导，式(2.33)还可表示为式(2.34)的形式：

$$\phi_\omega(\hat{\tau}) = \frac{2}{\pi}\int_0^\infty \frac{F(k)}{k}\sin k\hat{\tau}\,\mathrm{d}k = 1 + \frac{2}{\pi}\int_0^\infty \frac{G(k)}{k}\cos k\hat{\tau}\,\mathrm{d}k \quad (2.34)$$

式中，$F(k)$、$G(k)$ 分别是 Theodorsen 函数 $C(k)$ 的实部和虚部。

可根据式(2.34)得到 Wagner 函数的近似表达式：

$$\phi_\omega(\hat{\tau}) = 1 - A_1 \mathrm{e}^{-b_1 \hat{\tau}} - A_2 \mathrm{e}^{-b_2 \hat{\tau}} \quad (2.35)$$

式中，$A_1 = 0.165$；$A_2 = 0.335$；$b_1 = 0.0455$；$b_2 = 0.3$；这个近似表达式的精度在 1% 以内。

Wagner 函数的另一种近似形式为：

$$\phi_\omega(\hat{\tau}) = \frac{\hat{\tau} + 2}{\hat{\tau} + 4} \quad (2.36)$$

式(2.36)可进行简单的 Laplace（拉普拉斯）变换，因此实际应用中多采用式(2.36)给出的 Wagner 函数形式。

如果现在已知水翼 3/4 弦点处单位阶跃下洗与诱导的正则化有环量升力（即 Wagner 函数），则根据叠加原理就可把任意时间函数的下洗 $W_{3/4}(t)$ 诱导产生的非定常水动升力表示为 Duhamel（杜阿梅尔）积分的形式。水翼任意运动所受升力与力矩表达式有以下形式[150]：

$$L = \pi\rho b^2 (\ddot{h} + V\dot{\alpha} - ba\ddot{\alpha}) + \\ 2\pi\rho V b \left[Q_{3/4}(0)\phi_\omega(\hat{\tau}) + \int_0^{\hat{\tau}} \frac{\mathrm{d}Q_{3/4}(\sigma)}{\mathrm{d}\sigma}\phi_\omega(\hat{\tau} - \sigma)\mathrm{d}\sigma \right] \quad (2.37\mathrm{a})$$

$$T_\alpha = \pi\rho b^2 \left[ba\ddot{h} - Vb\left(\frac{1}{2} - a\right)\dot{\alpha} - b^2\left(\frac{1}{8} + a^2\right)\ddot{\alpha} \right] + \\ 2\pi\rho V b^2 \left(a + \frac{1}{2}\right)\left[Q_{3/4}(0)\phi_\omega(\hat{\tau}) + \int_0^{\hat{\tau}} \frac{\mathrm{d}Q_{3/4}(\sigma)}{\mathrm{d}\sigma}\phi_\omega(\hat{\tau} - \sigma)\mathrm{d}\sigma \right]$$

$$(2.37\mathrm{b})$$

2.3.2 Van der Pol（范德波尔）尾流振子模型

当流体流过圆柱体边缘时，流动压力上升，速度减小，边界层发生分离，在柱体的后面会产生旋涡，这种旋涡的出现具有周期性，而且在一定的条件下会形成流体与结构之间的耦合作用。旋涡泄放会产生垂直于来流方向的周期性变化的升力 F_L，进而引起立管发生横向涡激振动（Cross-Flow Vibration）；同样，旋涡泄放还会引起柱体顺流向拖曳力 F_D 周期性变化，引起柱体发生顺流向涡激振动（In-Line Vibration）。每一个单一旋涡的产生和泄放构成 F_D 的一个周期。一般 F_D 的周期为 F_L 的一半，但 F_D 的大小比 F_L 小很多，甚至小一个数量级，因此，拖曳力产生的顺流向结构响应要比脉动升力产生的结构响应小很多。工程上往往只计算横向涡激振动响应，忽略顺流向涡激振动响应。

如图 2.11 所示，流体绕过柱体产生的旋涡的形态和雷诺数（Reynolds Number，用 Re 表示）有关，Re 是黏性力和惯性力之比：

$$Re=\frac{\rho UD}{\mu} \tag{2.38}$$

式中，ρ 是流体密度；U 是来流速度；D 是特征长度，一般是柱体结构的外径；μ 是动力黏性系数。

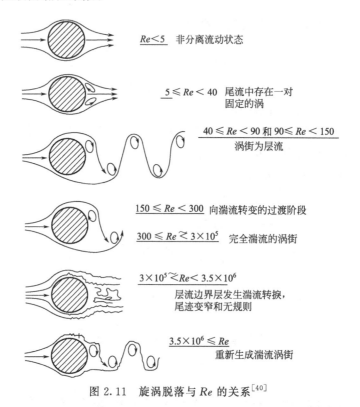

图 2.11　旋涡脱落与 Re 的关系[40]

当 Re 数小于 5 时，流体为理想绕流形式，无分离现象发生。当 $5\leqslant Re<40$ 的，由于圆柱体后端的压力梯度不断增大，使得流体边界层发生分离，并在柱体后端形成一对稳定的小旋涡。当 $40\leqslant Re<150$ 时，旋涡逐渐拉长并交替脱离柱体表面，柱体后面产生周期性交替的层流旋涡。当 $150\leqslant Re<300$ 时，尾流逐渐由层流开始向湍流形式过渡，当 $300\leqslant Re\lesssim 3\times 10^5$ 时，柱体表面边界层也逐渐向湍流状态过渡，周期性交替泄放湍流旋涡，该段区域称为亚临界范围。当 $3\times 10^5\lesssim Re<3.5\times 10^6$ 时，柱体尾流变化进入过渡状态，旋涡泄放没有明确频率，此时柱体曳力会急剧下降。当 $Re\geqslant 3.5\times 10^6$，即达到超临界状态，涡街再次建立起来[40]。在亚临界 Re 范围内，旋涡以一个相当明确的频

率周期性地脱落。本书的 Re 研究范围主要是亚临界范围。

描述圆柱绕流现象的一个重要参数是施特鲁哈尔数（Strouhal Number，用 St 表示），St 代表流体的非定常性质。St 与旋涡脱落的频率 Ω_f 的关系为：

$$St = \frac{\Omega_f D}{U} \tag{2.39}$$

式中，Ω_f 为旋涡脱落的频率，通过对升力系数时间响应做快速傅里叶变换（FFT）得到，因此又叫升力频率；D 为柱体的外径；U 为来流速度。

国外大量实验研究得到 St 与 Re 的关系图，如图 2.12 所示，在亚临界阶段，$St \approx 0.2 \sim 0.23$[151]。

涡激振动研究中经常用到的约化速度 U_r 的定义式：

$$U_r = \frac{U}{f_n D} \tag{2.40}$$

式中，f_n 一般指柱体的湿模态固有频率。

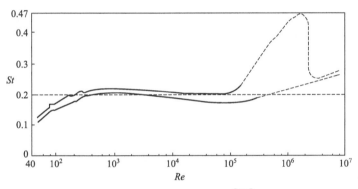

图 2.12 St 与 Re 关系图[151]

在涡激振动研究领域，经常涉及频率"锁定"这个概念。频率锁定现象是涡激振动的主要特点之一，锁定现象即结构的振动频率与旋涡脱落频率一起锁定在结构固有频率 f_n 附近，造成流体与结构之间的非线性流固耦合作用。这是造成柱体结构疲劳损坏的主要因素。当频率锁定发生时，图 2.12 的关系便不再成立，而是在一个较大的流速范围内锁定在结构的自然频率 f_n 附近。涡激振动机理研究一般采用 CFD 方法，但是计算量较大。寻找一种适合于工程的快速计算分析方法十分重要。

工程上，尾流振子模型是用以描述流体与结构耦合作用的一种常用的半经验方法，模型中的系数主要依赖于模型实验和经验。尾流振子是一个抽象的概念，它对应着旋涡交替脱落的尾迹特征，可以用一个隐含流场变量来表示，并对应结构的升力变化[152]。该模型的原理是用一个非线性振荡器来代替相应流体力，通过简单的数学方法模拟流体与结构之间复杂的相互关系。在这一过程中，不考虑流场的详细变化，只用于结构振动稳定后的计算。采用该方法可以快速地解决工程中的涡激振动难题，该方法也被称为唯象模型（Phenomenological Model）[40]。随着尾流振子模型的不断改进及发展，目前其已广泛用于解决二维、三维问题。但尾流振子模型只在模拟振幅较大的动力响应时可取得较好的效果，且该模型只能得到数据曲线图，无法像CFD一样分析流场，具有一定的局限性。

工程上用于涡激振动分析的尾流振子模型有很多种，如Van der Pol尾流振子模型，Iwan尾流振子模型，Blevins尾流振子模型等[86,153,154]。本书采用的是Van der Pol尾流振子模型。根据Van der Pol尾流振子模型，可将某柱体结构的外部激励写成：

$$f(x,t)=f_D(x,t)+f_L(x,t) \tag{2.41}$$

外部激励由旋涡泄放产生的涡激升力和柱体结构横向振动产生的流体拖曳力组成，即Morison公式中的阻尼力项。实际上柱体结构外部激励还包括由于振动产生的附加惯性力，即Morison公式中的惯性力项，这一部分力一般合并到结构动力学方程中去，一般不单独列在外部激励项中。因此，$f(x,t)$中不再包含惯性力项。

式(2.41)中$f_D(x,t)$、$f_L(x,t)$分别为：

$$f_D(x,t)=-\frac{1}{2}C_D\rho DU\frac{\partial y(x,t)}{\partial t},\ f_L(x,t)=\frac{1}{4}C_{L0}\rho DU^2 q_v(x,t) \tag{2.42}$$

式中，ρ是流体密度；D是柱体结构外径；C_{L0}是刚性固定柱体的升力系数；U是流速，可以是均匀来流，也可以是剪切流；C_D是曳力系数。

考虑柔性立管与流体之间的流固耦合影响，用式(2.43)来描述旋涡的尾流特性

$$\ddot{q}_v+\varepsilon\Omega_f(q_v^2-1)\dot{q}_v+\Omega_f^2 q_v=\frac{A\ddot{y}}{D} \tag{2.43}$$

式中，变量q_v可以表示局部脉动的升力系数C_L与固定圆柱升力系数C_{L0}之比，$q_v=2C_L/C_{L0}$；Ω_f是旋涡脱落的圆频率，$\Omega_f=2\pi StU/D$；A和ε是系数，由实验确定；$\ddot{y}$是$y(x,t)$的二阶导数。

2.3.3 计算流体力学（CFD）理论

CFD数值模拟技术能够预测冷/热流体、多相流的流动特性、热传递、化学反应等物理现象，是一门独立的新学科[155,156]。CFD数值模拟可以很好地预测具有复杂几何外形模型的流场结构[157~160]，可以更加深刻地理解问题产生的机理，为实验提供指导，模拟实验无法模拟的条件，节省实验所需的人

力、物力和时间,并对实验结果整理和总结规律起到很好的指导作用。目前,CFD 技术已具备模拟三维黏性流场绕流的能力,为柔性结构提供精确的海洋环境流体响应载荷,成为海洋工程领域研究的重要工具[161,162]。

流体流动通常需要遵守质量、动量、能量等守恒定律,流动是湍流状态,需要添加湍流模型[155,156,163,164]。

(1) 质量守恒方程

质量守恒方程又称为连续性方程:

$$\frac{\partial \rho}{\partial t}+\frac{\partial \rho u}{\partial x}+\frac{\partial \rho v}{\partial y}+\frac{\partial \rho w}{\partial z}=0 \tag{2.44}$$

矢量符号 $\mathrm{div} \boldsymbol{a}=\frac{\partial a_x}{\partial x}+\frac{\partial a_y}{\partial y}+\frac{\partial a_z}{\partial z}$,则式(2.36)的矢量形式为:

$$\frac{\partial \rho}{\partial t}+\mathrm{div}(\rho \boldsymbol{u})=0 \tag{2.45}$$

式中,ρ 为密度;t 为时间;$\boldsymbol{u}$ 为速度矢量。

(2) 动量守恒方程

x、y 和 z 三个方向的动量方程为:

$$\frac{\partial \rho u}{\partial t}+\mathrm{div}(\rho u\boldsymbol{u})=-\frac{\partial p}{\partial x}+\frac{\partial \tau_{xx}}{\partial x}+\frac{\partial \tau_{yx}}{\partial y}+\frac{\partial \tau_{zx}}{\partial z}+F_x \tag{2.46a}$$

$$\frac{\partial \rho v}{\partial t}+\mathrm{div}(\rho v\boldsymbol{u})=-\frac{\partial p}{\partial y}+\frac{\partial \tau_{xy}}{\partial x}+\frac{\partial \tau_{yy}}{\partial y}+\frac{\partial \tau_{zy}}{\partial z}+F_y \tag{2.46b}$$

$$\frac{\partial \rho w}{\partial t}+\mathrm{div}(\rho w\boldsymbol{u})=-\frac{\partial p}{\partial z}+\frac{\partial \tau_{xz}}{\partial x}+\frac{\partial \tau_{yz}}{\partial y}+\frac{\partial \tau_{zz}}{\partial z}+F_z \tag{2.46c}$$

式中,p 为流体微元上的压力;τ_{xx}、τ_{xy} 和 τ_{zz} 为作用在流体微元表面上的黏性应力 τ 的分量;F_x、F_y 和 F_z 为微元体上的体积力。

对于牛顿流体,黏性应力 τ 和流体变形率成比例:

$$\begin{cases} \tau_{xx}=2\mu\dfrac{\partial u}{\partial x}+\lambda\,\mathrm{div}\boldsymbol{u} \\[4pt] \tau_{yy}=2\mu\dfrac{\partial v}{\partial y}+\lambda\,\mathrm{div}\boldsymbol{u} \\[4pt] \tau_{zx}=2\mu\dfrac{\partial w}{\partial z}+\lambda\,\mathrm{div}\boldsymbol{u} \\[4pt] \tau_{xy}=\tau_{yx}=\mu\left(\dfrac{\partial u}{\partial y}+\dfrac{\partial v}{\partial x}\right) \\[4pt] \tau_{xz}=\tau_{zx}=\mu\left(\dfrac{\partial u}{\partial z}+\dfrac{\partial w}{\partial x}\right) \\[4pt] \tau_{yz}=\tau_{zy}=\mu\left(\dfrac{\partial v}{\partial z}+\dfrac{\partial w}{\partial y}\right) \end{cases} \tag{2.47}$$

式中，μ 是动力黏度；λ 是第二黏度，此次取 $\lambda = -2/3$。

将式(2.47)代入式(2.46)，得到：

$$\frac{\partial(\rho u)}{\partial t} + \text{div}(\rho u \boldsymbol{u}) = \text{div}(\mu \cdot \text{grad } u) - \frac{\partial p}{\partial x} + S_x \quad (2.48\text{a})$$

$$\frac{\partial(\rho v)}{\partial t} + \text{div}(\rho v \boldsymbol{u}) = \text{div}(\mu \cdot \text{grad } v) - \frac{\partial p}{\partial y} + S_y \quad (2.48\text{b})$$

$$\frac{\partial(\rho w)}{\partial t} + \text{div}(\rho w \boldsymbol{u}) = \text{div}(\mu \cdot \text{grad } w) - \frac{\partial p}{\partial z} + S_z \quad (2.48\text{c})$$

式中，矢量符号 $\text{grad}() = \frac{\partial()}{\partial x} + \frac{\partial()}{\partial y} + \frac{\partial()}{\partial z}$；$S_x$、$S_y$ 和 S_z 是动量守恒方程的广义源项，$S_x = F_x + s_x$，$S_y = F_y + s_y$，$S_z = F_z + s_z$，其中 s_x、s_y、s_z 是小量，当为黏性系数是常数的不可压缩流体时，$s_x = s_y = s_z = 0$。s_x、s_y、s_z 的表达式如下：

$$s_x = \frac{\partial}{\partial x}\left(\mu \frac{\partial u}{\partial x}\right) + \frac{\partial}{\partial y}\left(\mu \frac{\partial v}{\partial x}\right) + \frac{\partial}{\partial z}\left(\mu \frac{\partial w}{\partial x}\right) + \frac{\partial}{\partial x}(\lambda \text{div}\boldsymbol{u}) \quad (2.49\text{a})$$

$$s_y = \frac{\partial}{\partial x}\left(\mu \frac{\partial u}{\partial y}\right) + \frac{\partial}{\partial y}\left(\mu \frac{\partial v}{\partial y}\right) + \frac{\partial}{\partial z}\left(\mu \frac{\partial w}{\partial y}\right) + \frac{\partial}{\partial y}(\lambda \text{div}\boldsymbol{u}) \quad (2.49\text{b})$$

$$s_z = \frac{\partial}{\partial x}\left(\mu \frac{\partial u}{\partial z}\right) + \frac{\partial}{\partial y}\left(\mu \frac{\partial v}{\partial z}\right) + \frac{\partial}{\partial z}\left(\mu \frac{\partial w}{\partial z}\right) + \frac{\partial}{\partial z}(\lambda \text{div}\boldsymbol{u}) \quad (2.49\text{c})$$

式(2.48)即为动量守恒方程，也称为 Navier-Stokes（纳维-斯托克斯）方程，简写为 N-S 方程。

(3) 能量守恒方程

能量守恒定律也称为热力学第一定律，方程如下：

$$\frac{\partial(\rho T)}{\partial t} + \text{div}(\rho \boldsymbol{u} T) = \text{div}\left[\frac{k}{c_p} \times \text{grad} T\right] + S_T \quad (2.50)$$

式中，c_p 是比热容；T 是热力学温度；k 是传热系数；S_T 是内热源以及黏性耗散项。

综合以上的方程组，可以发现五个方程中有六个未知量，它们分别是 u、v、w、ρ、T、p，因此方程组是不封闭的，需要添加理想气体状态方程，即：

$$p = \rho R T \quad (2.51)$$

式中，R 是气体摩尔常数。

(4) Reynolds N-S 方程

在工程上，一般采用时间平均的方法对 N-S 方程进行处理，就是将两种流动进行叠加来描述湍流的运动，两种流动分别是时间平均后的流动和瞬态的脉动流动，把瞬态脉动部分分离出来，便于处理和研究。这种方法称为 Reynolds 平均法，对场变量的时间平均定义为[155,157]：

$$\overline{\varphi} = \frac{1}{\Delta t}\int_{t}^{t+\Delta t} \varphi(t)\,\mathrm{d}t \tag{2.52}$$

式中,符号"—"代表时间平均。

$$\varphi = \overline{\varphi} + \varphi' \tag{2.53}$$

式中,φ 代表瞬时值,$\overline{\varphi}$ 代表平均值,φ' 代表脉动值。

那么,采用平均值和脉动值之和来代替流动变量的瞬时值,则:

$$\boldsymbol{u} = \overline{\boldsymbol{u}} + \boldsymbol{u}',\, u = \overline{u} + u',\, v = \overline{v} + v',\, w = \overline{w} + w',\, p = \overline{p} + p' \tag{2.54}$$

将式(2.54)代入式(2.45)、式(2.46)、式(2.50),然后对时间做平均,可以得到湍流时均的流动控制方程(除了脉动值的时均值以外,去掉了表示时均值的符号"—"):

质量守恒定律:

$$\frac{\partial \rho}{\partial t} + \mathrm{div}(\rho \boldsymbol{u}) = 0 \tag{2.55}$$

动量守恒定律:

$$\frac{\partial(\rho u)}{\partial t} + \mathrm{div}(\rho u \boldsymbol{u}) = \mathrm{div}(\mu \cdot \mathrm{grad}\, u) - \frac{\partial p}{\partial x} + \left[-\frac{\partial(\overline{\rho u'^2})}{\partial x} - \frac{\partial(\overline{\rho u'v'})}{\partial y} - \frac{\partial(\overline{\rho u'w'})}{\partial z} \right] + S_u$$

$$\frac{\partial(\rho v)}{\partial t} + \mathrm{div}(\rho v \boldsymbol{u}) = \mathrm{div}(\mu \cdot \mathrm{grad}\, v) - \frac{\partial p}{\partial y} + \left[-\frac{\partial(\overline{\rho u'v'})}{\partial x} - \frac{\partial(\overline{\rho v'^2})}{\partial y} - \frac{\partial(\overline{\rho v'w'})}{\partial z} \right] + S_v$$

$$\frac{\partial(\rho w)}{\partial t} + \mathrm{div}(\rho w \boldsymbol{u}) = \mathrm{div}(\mu \cdot \mathrm{grad}\, w) - \frac{\partial p}{\partial z} + \left[-\frac{\partial(\overline{\rho u'w'})}{\partial x} - \frac{\partial(\overline{\rho v'w'})}{\partial y} - \frac{\partial(\overline{\rho w'^2})}{\partial z} \right] + S_w$$

$$\tag{2.56}$$

其他变量的输运方程可以写为:

$$\frac{\partial(\rho \varphi)}{\partial t} + \mathrm{div}(\rho \varphi \boldsymbol{u}) = \mathrm{div}(\varGamma \cdot \mathrm{grad}\varphi) + \left[-\frac{\partial(\overline{\rho u'\varphi'})}{\partial x} - \frac{\partial(\overline{\rho v'\varphi'})}{\partial y} - \frac{\partial(\overline{\rho w'\varphi'})}{\partial z} \right] + S \tag{2.57}$$

式(2.55)称为时均化的连续方程;式(2.56)称为时均化的 N-S 方程,也称为 Reynolds 平均的 N-S 方程;式(2.57)称为场变量 φ 的时均输运方程。

在式(2.55)~式(2.57)中引入张量符号,则:

$$\frac{\partial \rho}{\partial t} + \frac{\partial}{\partial x_i}(\rho u_i) = 0 \tag{2.58}$$

$$\frac{\partial(\rho u_i)}{\partial t} + \frac{\partial}{\partial x_j}(\rho u_i u_j) = -\frac{\partial p}{\partial x_i} + \frac{\partial}{\partial x_j}\left[\mu \frac{\partial \mu_i}{\partial x_j} - \overline{\rho u_i'u_j'} \right] + S_i \tag{2.59}$$

$$\frac{\partial(\rho \varphi)}{\partial t} + \frac{\partial}{\partial x_j}(\rho u_j \varphi) = \frac{\partial}{\partial x_j}\left[\varGamma \frac{\partial \varphi}{\partial x_j} - \overline{\rho u_j'\varphi'} \right] + S \tag{2.60}$$

式中,下标 i 和 j 的取值范围是 $(1,2,3)$。定义 $-\overline{\rho u_i'u_j'}$ 为 Reynolds 应力

项，即：

$$\tau_{ij} = -\rho\overline{u'_i u'_j} = -\rho \begin{bmatrix} \overline{u'u'} & \overline{u'v'} & \overline{u'w'} \\ \overline{v'u'} & \overline{v'v'} & \overline{v'w'} \\ \overline{w'u'} & \overline{w'v'} & \overline{w'w'} \end{bmatrix} \quad (2.61)$$

τ_{ij} 对应六个 Reynolds 应力，即三个正应力和三个切应力。

综合以上公式可以发现，式(2.51)、式(2.58)~式(2.60)构成了方程组，而现在又增加了 6 个 Reynolds 应力项，再加上 6 个未知量 u_x、u_y、u_z、ρ、φ、p，共有 12 个未知量，此时，方程组没有封闭，无法求解，必须增加湍流模型才能使方程组封闭。

湍流数值模拟方法主要有两大类，第一类是直接模拟方法，就是直接求解瞬时的 N-S 方程组；第二类就是非直接数值模拟方法，就是对湍流进行近似和简化，然后再求解。例如，Reynolds 平均方程就是一种典型的方法，根据近似和简化的程度和方法不同，湍流数值模拟的大致分类方法如图 2.13 所示[164]。

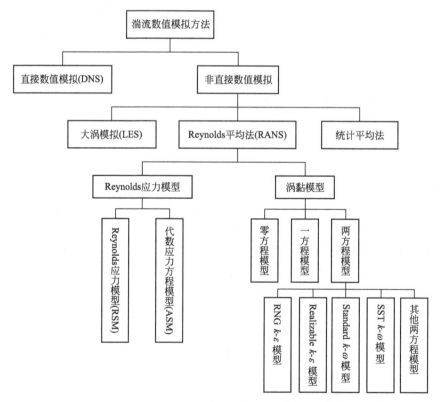

图 2.13 湍流数值模拟方法和对应的湍流模型[164]

直接求解瞬时的 N-S 方程的方法就是直接数值模拟（DNS）法，它不需要对湍流流动做简化和近似，这也是这个方法最大的优点。从理论上来讲，采用 DNS 法可以得到相对最准确的数值模拟结果[155]。但是，直接模拟对计算机要求太高，因为在模拟高 Re 的湍流运动中，湍流包含的是尺度 $10\sim100\mu m$ 的涡，即便是只模拟 $0.1m\times0.1m$ 大小的流动区域，计算的网格的节点数也将达到 $10^9\sim10^{12}$ 个。如果湍流是 10kHz 的脉动频率，那么时间步长则必须取到 $100\mu s$ 以下。DNS 法对计算机的内存和性能要求太高，无法应用于实际工程中的计算。但是随着计算机技术的不断提高，这种直接数值模拟方法也可能适用于实际的工程计算。

大涡模拟方法对计算机的内存以及 CPU 的性能要求依然非常高，但是低于直接数值模拟法[155]。目前在工作站和高端的个人电脑上即可采用 LES 方法工作，这个方法是当前进行 CFD 研究的重要手段，也是 CFD 研究的热点之一。RANS 法也就是对 N-S 方程做时间平均化处理。从式(2.59) 可以看到，方程中和湍流脉动值相关的 Reynolds 应力项 $-\rho\overline{u_i'u_j'}$ 是新的未知量，为了使方程组封闭，必须对 Reynolds 应力进行假设，就是说需要引进湍流模型[156]。一般根据假设和处理方式的不同把湍流模型分为两大类，也就是 Reynolds 应力模型和涡黏模型。其中 Reynolds 应力模型直接用于构建 Reynolds 应力方程，并将其与式(2.51)~式(2.53) 联立求解。而 Reynolds 应力方程是微分形式，如果将该微分形式转变为代数方程形式，则模型变为代数应力方程模型。在应用涡黏模型的方法中，一般 Reynolds 应力项并不直接处理，而是增加湍流黏度或者涡黏系数，湍流黏度的函数由这些湍流应力表示，那么整个计算的关键就是在于求解湍流黏度[165]。

Boussinesq（布西内斯克）在早期针对二维流动的流动特性提出了涡黏性假设，该假设建立了平均速度梯度与 Reynolds 应力之间的关系，也就是湍流黏度和平均速度梯度的乘积用速度脉动的二阶关联量表示，即：

$$-\rho\overline{u_1'u_2'}=\mu_t\frac{\partial u_1}{\partial x_2} \tag{2.62}$$

将其推广到三维流动，有：

$$-\rho\overline{u_i'u_j'}=\mu_t\left(\frac{\partial u_i}{\partial x_j}+\frac{\partial u_j}{\partial x_i}\right)-\frac{2}{3}\left(\rho k+\mu_t\frac{\partial u_i}{\partial x_i}\right)\delta_{ij} \tag{2.63}$$

式中，μ_t 为湍流黏度，它是空间坐标的函数，取决于流动状态，而不是物性参数，下标"t"表示湍流；u_i 为时均速度；δ_{ij} 是 Kronecker delta 符号，当 $i=j$ 时 $\delta_{ij}=1$，当 $i\neq j$ 时 $\delta_{ij}=0$；k 为湍动能，$k=\dfrac{\overline{u_i'u_j'}}{2}=\dfrac{1}{2}(\overline{u'^2}+\overline{v'^2}+\overline{w'^2})$。

引入 Boussinesq 假设后，湍流数值模拟最重要的步骤就是求解湍流黏度

μ_t，而涡黏模型就是把湍流黏度和湍流时均参数联系起来的关系式[156]。根据确定湍流黏度μ_t的微分方程个数，涡黏性模型可以划分成多种类型的模型。其中，两方程涡黏模型在工程上应用最广，本书采用的是两方程SST k-ω湍流模型。

最通用的k-ε湍流模型，在边界层中修正后的壁面函数也很难消除实际特征与计算模型之间的差距，相比SST k-ω在边界层内的模拟能力较弱。文献[164]对几种湍流模型的计算进行了比较分析，Standard k-ω模型和SST k-ω模型对摩阻的数值模拟效果较好。剪切应力传输（Shear Stress Transport k-ω，SST k-ω）模型混合了标准k-ω湍流模型在边界层内能很好地模拟低雷诺数流动和标准k-ε模型在边界层外能很好地模拟完全湍流流动的优势，适用于计算较大速度范围的来流和由于逆压梯度引起的分离问题。该湍流模型包含了修正了的湍流黏性公式，并且考虑了湍流剪切应力产生的效应。考虑了湍流剪切应力的SST k-ω模型不会对涡流黏度过度预测，这是它最大的优点之一[164]。

本书选用的是涡黏模型（EVM）中的SST k-ω湍流模型，k和ω的输运方程如式(2.64)和式(2.65)所示[165]：

$$\frac{d(\rho k)}{dt}=\tau_{ij}\frac{\partial u_i}{\partial x_j}-\beta^*\rho\omega k+\frac{\partial}{\partial x_j}\left[(\mu+\sigma_k\mu_t)\frac{\partial k}{\partial x_j}\right] \quad (2.64)$$

$$\frac{d(\rho\omega)}{dt}=\frac{\gamma\rho}{\mu_t}\tau_{ij}\frac{\partial u_i}{\partial x_j}-\beta\rho\omega^2+\frac{\partial}{\partial x_j}\left[(\mu+\sigma_\omega\mu_t)\frac{\partial \omega}{\partial x_j}\right]+2\rho(1-F_1)\sigma_{\omega 2}\frac{1}{\omega}\times\frac{\partial k}{\partial x_j}\times\frac{\partial \omega}{\partial x_j}$$
$$(2.65)$$

式中，$\tau_{ij}=\mu_t\left(\frac{\partial u_i}{\partial x_j}+\frac{\partial u_j}{\partial x_i}-\frac{2}{3}\times\frac{\partial u_k}{\partial x_k}\delta_{ij}\right)-\frac{2}{3}\rho k\delta_{ij}$。

混合函数F_1：

$$F_1=\tanh(arg_1^4) \quad (2.66)$$

式中，$arg_1=\min\left[\max\left(\frac{\sqrt{k}}{0.09\omega y},\frac{500\upsilon}{y^2\omega}\right),\frac{4\rho\sigma_{\omega 2}k}{CD_{k\omega}y^2}\right]$ $CD_{k\omega}=\max\left(2\rho\sigma_{\omega 2}\frac{1}{\omega}\times\frac{\partial k}{\partial x_j}\times\frac{\partial \omega}{\partial x_j},10^{-20}\right)$。

式中，涡黏系数定义为：

$$\mu_t=\frac{\rho a_1 k}{\max(a_1\omega,\Omega F_2)} \quad (2.67)$$

式中，Ω是涡量的绝对值。

混合函数F_2定义为：

$$F_2=\tanh(arg_2^2) \quad (2.68)$$

式中，$arg_2 = \max\left(\dfrac{2\sqrt{k}}{0.09\omega y}, \dfrac{500\mu}{\rho y^2 \omega}\right)$。

SST 湍流模型中常数通过式(2.69)混合：

$$\phi = F_1 \boldsymbol{\phi}_1 + (1 - F_1) \boldsymbol{\phi}_2 \tag{2.69}$$

式中，集合 $\boldsymbol{\phi}_1$ 代表标准的 k-ω 湍流模型中的常数；集合 $\boldsymbol{\phi}_2$ 代表标准的 k-ε 湍流模型中的常数。

集合 $\boldsymbol{\phi}_1$ 中的常数为：

$\sigma_{k1} = 0.5$，$\sigma_{\omega 1} = 0.5$，$\beta_1 = 0.075$，$\beta^* = 0.09$，$\kappa = 0.41$，$\gamma_1 = (\beta_1/\beta^*) - (\sigma_{\omega 1}\kappa^2/\sqrt{\beta^*})$

集合 $\boldsymbol{\phi}_2$ 中常数为：

$\sigma_{k2} = 1.0$，$\sigma_{\omega 1} = 0.856$，$\beta_2 = 0.0828$，$\beta^* = 0.09$，$\kappa = 0.41$，$\gamma_2 = (\beta_2/\beta^*) - (\sigma_{\omega 2}\kappa^2/\sqrt{\beta^*})$

其他参数见文献[165]。

流体力学计算中，在一定的初始条件和边界条件下求解 Euler 或 N-S 方程组时，它们的解才是唯一的。求解 Euler 和 N-S 方程组的关键问题之一就是边界条件的选择和设置以及离散方式的处理。数值计算和模拟的精度在较大程度上受边界条件处理方法的影响。若处理不当，则很可能导致数值模拟计算发散。有了封闭的方程组，再给出合理的初始条件和边界条件，才能得到方程组的解。本书用到的 CFD 流场边界条件主要为速度入口边界、压力出口边界、滑移壁面、无滑移壁面等。本书采用 CFD 流体力学控制方程的离散方法为有限体积法，采用隐式时间推进。

2.4 流固耦合问题研究的基本方法

流固耦合问题的研究方法可简单分为两种，即分离耦合和直接耦合。主流的 CFD/FEM 方法计算流固耦合问题基本上都采用分离耦合方法。分离耦合又分为单向耦合和双向耦合，一般双向耦合的常见问题即流体结构耦合振动分析。当两种场间相互不重叠、渗透时，两者的耦合作用通过界面力来起作用。双向耦合可以是顺序求解也可以是同时求解。即使是同时求解，本质上依然是分离耦合，即流体和固体分开算，同时在交界面上交换数据。而真正意义上的直接耦合是同时联立流体域和结构域的动力学方程，然后进行求解。目前很难做到 CFD 和 FEM 对于复杂结构同时联立，即使是简单结构的流固耦合问题也很难。如果采用 CFD/FEM 直接耦合的话，计算量也是极其大的。因此，如果是基于 CFD、FEM 等的高精度方法，一般工程上最多只能接受分离耦合的方法。例如，如图 2.14 所示，作者在早先的工作中，对细长火箭弹的静气动弹性问题研究采用的就是双向流固耦合方法。如图 2.14、图 2.15 所示，双向流固耦合分为流体域和结构域两个场，这两个场分别各自计算，通过耦合平台传递两个场上面的数据，然后流体力插值到结构上，结构变形反馈给流场，通过动网格技术重新得到新的流场域，然后进行下一步计算[166~168]。这种双向流固耦合方法在工程上已经逐渐开始应用，但是计算量依然较大，无法实现快速分析计算。一般工程上采用合适的势流理论、经验模型也可以得到符合工程要求的流体力计算结果。而对于多刚柔体结构，芮筱亭[136] 团队创立的多体系统传递矩阵法可以实现多刚柔体结构振动特性、动力响应的快速计算。而且，采用多体系统传递矩阵法和势流理论或经验模型可以直接联立动力学方程，直接耦合求解，无须分离耦合求解。

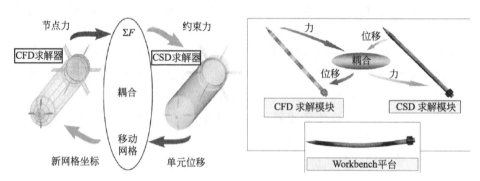

图 2.14　火箭弹双向流固耦合流程图[166~168]

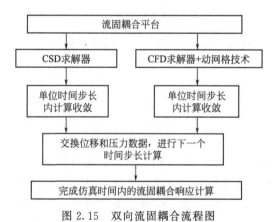

图 2.15　双向流固耦合流程图

不管是分离耦合还是直接耦合，在船舶与海洋工程领域，柔性结构的动力学方程都可以写成式(2.12)的形式。式(2.12)中的 F 随时间而变化，根据具体的物理作用，$F(x,y,z,t)=F_1+F_2+F_3$，其中 F_1、F_2、F_3 分别是来流引起的水动力、海洋柔体结构振动加速度和速度引起的辐射力、结构振动位移引起的回复力。所以 F_2、F_3 可以写为：

$$F_2=-(\overline{M}\ddot{x}+\overline{C}\dot{x}), F_3=-\overline{K}x \qquad (2.70)$$

式中，$\overline{M}$，$\overline{C}$，$\overline{K}$ 分别表示流体附加质量、阻尼和刚度矩阵。因此，水弹性方程可以写为：

$$(M+\overline{M})\ddot{x}+(C+\overline{C})\dot{x}+(K+\overline{K})x=F_1 \qquad (2.71)$$

现代的流固耦合分析方法主要是基于 FEM 对柔性结构系统进行动力学特性分析、基于 CFD/FEM 双向流固耦合的方法对柔性结构进行振动响应分析。这些方法的理论背景和分析流程都非常复杂且计算比较耗时，无法满足工程实际快速计算的需要。多体系统传递矩阵法是描述元件力学状态间传递关系的多体系统动力学新方法。该方法采用积木式建模，方便地实现复杂多体系统的快速建模。该方法无须建立系统总体动力学方程，程式化程度高，系统矩阵阶次低，可以实现线性多体系统的固有振动特性和动力响应快速计算。合适的势流理论模型、半经验模型也可以满足工程上非定常流体计算的需要。建立适合工程的流固耦合力学模型和计算方法至关重要。因此，本书主要基于多体系统传递矩阵法和势流理论模型以及降阶的高保真模型研究水下航行器舵系统动力学特性、线性、非线性颤振和海洋立管的振动特性、涡激振动响应等，并与 FEM、CFD/FEM 双向耦合的方法、国外经典实验的实验数据进行对比验证。

2.5 本章小结

本章对本书用到的流固耦合基本理论和研究方法进行了论述。首先介绍了用于多刚柔体动力学计算的多体系统传递法基本理论、有限元法，用于气动弹性、水弹性流体激励计算的 Theodorsen 非定常流体理论和用于涡激升力计算的尾流振子模型，其次介绍了计算流体力学基本理论，最后给出了本书所用的流固耦合问题的基本研究方法。下一章开始详细介绍柔性结构的流固耦合动力学模型快速建模和仿真方法。

# 第3章
水下航行器舵系统振动特性仿真与分析

3.1 引言

为了研究包含结构间隙非线性的水下航行器舵系统流固耦合问题，首先需要对舵系统振动特性进行准确计算分析，然后才能较好地进一步研究舵系统的水弹性问题。本章对舵系统进行振动特性研究，为第 4 章的舵系统线性、非线性颤振模型建模做铺垫。本章根据水下航行器舵系统的流固耦合动力学特性，提出了基于 MSTMM 的水下航行器舵系统动力学快速建模方法。借鉴现有水下航行器舵系统的几何特点，推导了弯扭耦合梁的传递矩阵，并基于 MSTMM 建立了舵系统的动力学模型。通过与基于有限元法的商业软件 ANSYS 的计算结果进行对比分析，说明了该模型具有较高的计算效率及精度。

3.2 基于 MSTMM 的舵系统建模

水下航行器舵系统是一个复杂的多刚柔体系统，结构如图 3.1 所示。舵系统主要由舵叶、舵轴、舵柄、传动杆、导向拉杆、球铰、柱铰、实施压机组成。其中，球铰在导向装置内部，柱铰在舵柄与导向拉杆的连接处。该舵系统被称为围壳舵,其轴承外表面、导向装置、密封装置、液压缸(位于实施压机内部)与该航行器的围壳直接相连,固定在航行器上。球铰允许导向拉杆上下运动带动舵柄转动,舵柄与舵轴固结在一起,因此也带动舵轴转动。传动杆穿过密封装置,只能上下运动。在轴承的两端以及舵叶之间有定位环装置,以确保舵轴不会左右窜动。当航行器以一定速度在水流中运动时,舵系统的两片舵叶在水流作用下会发生流固耦合振动。本章主要基于 MSTMM 对舵系统进行动力学建模,并进振动特性分析。

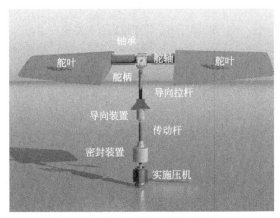

图 3.1　水下航行器舵系统结构

对水下航行器舵系统进行建模需做如下假设:
① 假设轴承、导向装置、密封装置、液压缸的外表面为固定边界;
② 假设舵叶内部的水为附加质量;
③ 忽略舵系统本身的结构阻尼,仅考虑舵叶振动引起的水动力阻尼;
④ 舵叶应变很小,应力应变为线性关系;
⑤ 由于本章舵系统振动特性计算服务于流固耦合计算,因此只关注前几阶与舵叶振动特性相关的模态,不研究舵系统的较高阶模态。

3.2.1　弯扭耦合梁建模

2.2.1 节中介绍了多体系统传递矩阵法的基本理论,常用的梁、杆、刚体、弹簧铰等的传递矩阵可以查阅文献[136]得到。根据舵叶的变形特性,舵叶一般可以简化为一根弯扭耦合梁。图 3.1 所示的舵叶为非等截面水翼,可以将舵叶分成多段等截面不同参数分布的弯扭耦合梁。舵叶主要以弯曲和扭转振动为主,忽略其剪切效应,因此采用欧拉伯努利梁建模。图 3.2 所示为某段等截面舵叶的弯扭耦合梁模型,该段舵叶的长度为 l,x_a 是质心到弹性轴的距离,b 是舵叶弦长的一半,质心在 Z 轴正方向,则 x_a 为正。

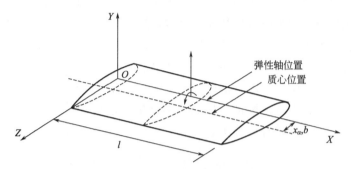

图 3.2 舵叶的弯扭耦合梁建模

弯曲扭转耦合梁的振动微分方程为：

$$EI\frac{\partial^4 y}{\partial x^4}+m\frac{\partial^2 y}{\partial t^2}-mx_ab\frac{\partial^2 \theta_x}{\partial t^2}=0$$
$$GJ\frac{\partial^2 \theta_x}{\partial x^2}+mx_ab\frac{\partial^2 y}{\partial t^2}-I_a\frac{\partial^2 \theta_x}{\partial t^2}=0 \quad (3.1)$$

式中，m 为单位长度质量；I_a 为单位长度转动惯量；EI 为弯曲刚度；GJ 为扭转刚度。

令

$$y(x,t)=Y(x)\sin\omega t, \theta_x(x,t)=\Theta_x(x)\sin(\omega t) \quad (3.2)$$

将式(3.2)代入式(3.1)中，式(3.1)变为：

$$EI\frac{d^4 Y(x)}{dx^4}-m\omega^2 Y(x)+mx_ab\omega^2 \Theta_x(x)=0$$
$$GJ\frac{d^2 \Theta_x(x)}{dx^2}-\omega^2 mx_ab Y(x)+I_a\omega^2 \Theta_x(x)=0 \quad (3.3)$$

消去式(3.3)中的 $Y(x)$ 或者 $\Theta_x(x)$，得到

$$\frac{d^6 W}{dx^6}+\frac{I_a\omega^2}{GJ}\times\frac{d^4 W}{dx^4}-\frac{m\omega^2}{EI}\times\frac{d^2 W}{dx^2}-\frac{m\omega^2}{EI}\times\frac{I_a\omega^2}{GJ}\left(1-\frac{mx_a^2 b^2}{I_a}\right)W=0 \quad (3.4)$$

式中，

$$W=Y \text{ 或者 } \Theta \quad (3.5)$$

引入无量纲长度

$$\xi=x/l \quad (3.6)$$

式(3.4)可改写成无量纲形式

$$(D^6+aD^4-bD^2-abc)W=0 \quad (3.7)$$

第3章 水下航行器舵系统振动特性仿真与分析

式中，

$$a = \frac{I_a \omega^2 l^2}{GJ}, b = \frac{m\omega^2 l^4}{EI}, c = 1 - \frac{m x_a^2 b^2}{I_a}, D = \frac{d}{d\xi} \quad (3.8)$$

六阶微分方程式(3.7) 的通解可以表示为

$$W(\xi) = C_1 \cosh(\alpha\xi) + C_2 \sinh(\alpha\xi) + C_3 \cos(\beta\xi) + C_4 \sin(\beta\xi) + C_5 \cos(\gamma\xi) + C_6 \sin(\gamma\xi)$$
$$(3.9)$$

式中，$C_1 \sim C_6$ 是常数，并且

$$\alpha = [2(q/3)^{1/2} \cos(\varphi/3) - a/3]^{1/2}$$
$$\beta = \{2(q/3)^{1/2} \cos[(\pi-\varphi)/3] + a/3\}^{1/2}$$
$$\gamma = \{2(q/3)^{1/2} \cos[(\pi+\varphi)/3] + a/3\}^{1/2}$$
$$q = b + a^2/3$$
$$\varphi = \arccos\{(27abc - 9ab - 2a^3)/[2(a^2+3b^2)^{3/2}]\} \quad (3.10)$$

式(3.9) 中的 $W(\xi)$ 代表弯曲位移 Y 和扭转角度 Θ_x 在不同常数下的解。因此，

$$Y(\xi) = A_1 \cosh(\alpha\xi) + A_2 \sinh(\alpha\xi) + A_3 \cos(\beta\xi) + A_4 \sin(\beta\xi) + A_5 \cos(\gamma\xi) + A_6 \sin(\gamma\xi)$$
$$(3.11)$$

$$\Theta_x(\xi) = B_1 \cosh(\alpha\xi) + B_2 \sinh(\alpha\xi) + B_3 \cos(\beta\xi) + B_4 \sin(\beta\xi) + B_5 \cos(\gamma\xi) + B_6 \sin(\gamma\xi)$$
$$(3.12)$$

式中，$A_1 \sim A_6$ 和 $B_1 \sim B_6$ 是两组不同的常数。

将式(3.11) 和式(3.12) 代入式(3.3) 可以确定常数有如下规律：

$$B_1 = k_\alpha A_1, B_3 = k_\beta A_3, B_5 = k_\gamma A_5$$
$$B_2 = k_\alpha A_2, B_4 = k_\beta A_4, B_6 = k_\gamma A_6 \quad (3.13)$$

式中，

$$k_\alpha = \frac{b - \alpha^4}{b x_a}, k_\beta = \frac{b - \beta^4}{b x_a}, k_\gamma = \frac{b - \gamma^4}{b x_a} \quad (3.14)$$

从式(3.11)、式(3.12) 可以得到无量纲化后的弯曲角度 $\Theta_z(\xi)$、弯矩 $M_z(\xi)$、剪切力 $Q_y(\xi)$ 和扭矩 $M_x(\xi)$ 的表达式：

$$\Theta_z(\xi) = Y'(\xi)/l = (1/l)[A_1 \alpha \sinh(\alpha\xi) + A_2 \alpha \cosh(\alpha\xi) - A_3 \beta \sin(\beta\xi) +$$
$$A_4 \beta \cos(\beta\xi) - A_5 \gamma \sin(\gamma\xi) + A_6 \gamma \cos(\gamma\xi)]$$
$$(3.15)$$

$$M_z(\xi) = -(EI/l^2) Y''(\xi) = -(EI/l^2)[A_1 \alpha^2 \cosh(\alpha\xi) + A_2 \alpha^2 \sinh(\alpha\xi) -$$
$$A_3 \beta^2 \cos(\beta\xi) - A_4 \beta^2 \sin(\beta\xi) - A_5 \gamma^2 \cos(\gamma\xi) - A_6 \gamma^2 \sin(\gamma\xi)]$$
$$(3.16)$$

$$Q_y(\xi) = -M'_z(\xi)/l = -(EI/l^3)[A_1\alpha^3\sinh(\alpha\xi) + A_2\alpha^3\cosh(\alpha\xi) + \\ A_3\beta^3\sin(\beta\xi) - A_4\beta^3\cos(\beta\xi) + A_5\gamma^3\sin(\gamma\xi) - A_6\gamma^3\cos(\gamma\xi)]$$

(3.17)

$$M_x(\xi) = (GJ/l)\Theta'_x(\xi) = (GJ/l)[B_1\alpha\sinh(\alpha\xi) + B_2\alpha\cosh(\alpha\xi) - \\ B_3\beta\sin(\beta\xi) + B_4\beta\cos(\beta\xi) - B_5\gamma\sin(\gamma\xi) + B_6\gamma\cos(\gamma\xi)]$$

(3.18)

因此可得

$$\begin{bmatrix} Y \\ \Theta_z \\ M_z \\ Q_y \\ \Theta_x \\ M_x \end{bmatrix} = \begin{bmatrix} \cosh(\alpha\xi) & \sinh(\alpha\xi) & \cos(\beta\xi) & \sin(\beta\xi) & \cos(\gamma\xi) & \sin(\gamma\xi) \\ \alpha\sinh(\alpha\xi)/l & \alpha\cosh(\alpha\xi)/l & -\beta\sin(\beta\xi)/l & \beta\cos(\beta\xi)/l & -\gamma\sin(\gamma\xi)/l & \gamma\cos(\gamma\xi)/l \\ -(EI/l^2)\alpha^2\cosh(\alpha\xi) & -(EI/l^2)\alpha^2\sinh(\alpha\xi) & (EI/l^2)\beta^2\cos(\beta\xi) & (EI/l^2)\beta^2\sin(\beta\xi) & (EI/l^2)\gamma^2\cos(\gamma\xi) & (EI/l^2)\gamma^2\sin(\gamma\xi) \\ -(EI/l^3)\alpha^3\sinh(\alpha\xi) & -(EI/l^3)\alpha^3\cosh(\alpha\xi) & -(EI/l^3)\beta^3\sin(\beta\xi) & (EI/l^3)\beta^3\cos(\beta\xi) & -(EI/l^3)\gamma^3\sin(\gamma\xi) & (EI/l^3)\gamma^3\cos(\gamma\xi) \\ k_\alpha\cosh(\alpha\xi) & k_\alpha\sinh(\alpha\xi) & k_\beta\cos(\beta\xi) & k_\beta\sin(\beta\xi) & k_\gamma\cos(\gamma\xi) & k_\gamma\sin(\gamma\xi) \\ (GJ/l)k_\alpha\alpha\sinh(\alpha\xi) & (GJ/l)k_\alpha\alpha\cosh(\alpha\xi) & -(GJ/l)k_\beta\beta\sin(\beta\xi) & (GJ/l)k_\beta\beta\cos(\beta\xi) & -(GJ/l)k_\gamma\gamma\sin(\gamma\xi) & (GJ/l)k_\gamma\gamma\cos(\gamma\xi) \end{bmatrix} \begin{bmatrix} A_1 \\ A_2 \\ A_3 \\ A_4 \\ A_5 \\ A_6 \end{bmatrix}$$

(3.19)

即 $\boldsymbol{Z}(\xi) = \boldsymbol{B}(\xi)\boldsymbol{a}$，$\boldsymbol{a} = [A_1, A_2, A_3, A_4, A_5, A_6]^T$。因此有 $\boldsymbol{Z}_I = \boldsymbol{B}(0)\boldsymbol{a}$。令 $x = l$ 或 $\xi = 1$ 得到 $\boldsymbol{Z}_O = \boldsymbol{B}(l)\boldsymbol{a} = \boldsymbol{B}(l)\boldsymbol{B}(0)^{-1}\boldsymbol{Z}_I = \boldsymbol{D}^{CB}\boldsymbol{Z}_I$。

所以弯扭耦合梁的传递矩阵为

$$\boldsymbol{D}^{CB} = \boldsymbol{B}(1)\boldsymbol{B}(0)^{-1} \tag{3.20}$$

其中，

$$\boldsymbol{B}(0) = \begin{bmatrix} 1 & 0 & 1 & 0 & 1 & 0 \\ 0 & \alpha/l & 0 & \beta/l & 0 & \gamma/l \\ -(EI/l^2)\alpha^2 & 0 & (EI/l^2)\beta^2 & 0 & (EI/l^2)\gamma^2 & 0 \\ 0 & -(EI/l^3)\alpha^3 & 0 & (EI/l^3)\beta^3 & 0 & (EI/l^3)\gamma^3 \\ k_\alpha & 0 & k_\beta & 0 & k_\gamma & 0 \\ 0 & (GJ/l)k_\alpha\alpha & 0 & (GJ/l)k_\beta\beta & 0 & (GJ/l)k_\gamma\gamma \end{bmatrix}$$

$$\boldsymbol{B}(1)=\begin{bmatrix} \cos h\alpha & \sin h\alpha & \cos\beta \\ (\alpha\sin h\alpha)/l & (\alpha\cos h\alpha)/l & -(A_3\beta\sin\beta)/l \\ -(EI/l^2)\alpha^2\cos h\alpha & -(EI/l^2)\alpha^2\sin h\alpha & (EI/l^2)\beta^2\cos\beta \\ -(EI/l^3)\alpha^3\sin h\alpha & -(EI/l^3)\alpha^3\cos h\alpha & -(EI/l^3)\beta^3\sin\beta \\ k_\alpha\cos h\alpha & k_\alpha\sin h\alpha & k_\beta\cos\beta \\ (GJ/l)k_\alpha\alpha\sin h\alpha & (GJ/l)k_\alpha\alpha\cos h\alpha & -(GJ/l)k_\beta\beta\sin\beta \\[4pt] \sin\beta & \cos\gamma & \sin\gamma \\ (\beta\cos\beta)/l & -(\gamma\sin\gamma)/l & (\gamma\cos\gamma)/l \\ (EI/l^2)\beta^2\sin\beta & (EI/l^2)\gamma^2\cos\gamma & (EI/l^2)\gamma^2\sin\gamma \\ (EI/l^3)\beta^3\cos\beta & -(EI/l^3)\gamma^3\sin\gamma & (EI/l^3)\gamma^3\cos\gamma \\ k_\beta\sin\beta & k_\gamma\cos\gamma & k_\gamma\sin\gamma \\ (GJ/l)k_\beta\beta\cos\beta & -(GJ/l)k_\gamma\gamma\sin\gamma & (GJ/l)k_\gamma\gamma\cos\gamma \end{bmatrix}$$

考虑弯扭耦合梁的轴向振动,将状态矢量写为 $[X,Y,\Theta_z,M_z,Q_x,Q_y,\Theta_x,M_x]^\mathrm{T}$。因此得到可以考虑弯曲扭转耦合振动、轴向振动的耦合梁传递矩阵:

$$\boldsymbol{U}^{CB}=\begin{bmatrix} \cos(\beta_r l) & 0 & 0 & 0 & -\sin(\beta_r l)/(\beta_r EA) & 0 & 0 & 0 \\ 0 & \boldsymbol{D}^{CB}_{11} & \boldsymbol{D}^{CB}_{12} & \boldsymbol{D}^{CB}_{13} & 0 & \boldsymbol{D}^{CB}_{14} & \boldsymbol{D}^{CB}_{15} & \boldsymbol{D}^{CB}_{16} \\ 0 & \boldsymbol{D}^{CB}_{21} & \boldsymbol{D}^{CB}_{22} & \boldsymbol{D}^{CB}_{23} & 0 & \boldsymbol{D}^{CB}_{24} & \boldsymbol{D}^{CB}_{25} & \boldsymbol{D}^{CB}_{26} \\ 0 & \boldsymbol{D}^{CB}_{31} & \boldsymbol{D}^{CB}_{32} & \boldsymbol{D}^{CB}_{33} & 0 & \boldsymbol{D}^{CB}_{34} & \boldsymbol{D}^{CB}_{35} & \boldsymbol{D}^{CB}_{36} \\ \beta_r EA\sin(\beta_r l) & 0 & 0 & 0 & \cos(\beta_r l) & 0 & 0 & 0 \\ 0 & \boldsymbol{D}^{CB}_{41} & \boldsymbol{D}^{CB}_{42} & \boldsymbol{D}^{CB}_{43} & 0 & \boldsymbol{D}^{CB}_{44} & \boldsymbol{D}^{CB}_{45} & \boldsymbol{D}^{CB}_{46} \\ 0 & \boldsymbol{D}^{CB}_{51} & \boldsymbol{D}^{CB}_{52} & \boldsymbol{D}^{CB}_{53} & 0 & \boldsymbol{D}^{CB}_{54} & \boldsymbol{D}^{CB}_{55} & \boldsymbol{D}^{CB}_{56} \\ 0 & \boldsymbol{D}^{CB}_{61} & \boldsymbol{D}^{CB}_{62} & \boldsymbol{D}^{CB}_{63} & 0 & \boldsymbol{D}^{CB}_{64} & \boldsymbol{D}^{CB}_{65} & \boldsymbol{D}^{CB}_{66} \end{bmatrix}$$

(3.21)

式中,$\beta_r=\sqrt{\rho\omega^2/E}$,$l$ 和 A 分别是每一段舵叶的长度和截面积。

3.2.2 舵系统动力学模型

舵系统的轴承座、导向装置、密封装置、液压缸都是通过螺栓连接在水下航行器上的。水下航行器质量远远大于舵系统,因此假设水下航行器为固定边界。螺栓连接刚度用弹簧表示,舵系统的结构示意图如图 3.3(a) 所示。考虑舵系统各个部件之间的相互作用,基于 MSTMM 对整个舵系统进行建模,动力学模型如图 3.3(b) 所示。

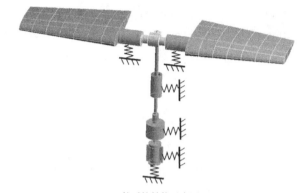

(a) 舵系统结构示意图

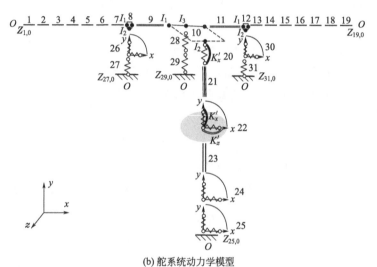

(b) 舵系统动力学模型

图 3.3 舵系统结构视图及动力学模型

在图 3.3(b) 中，舵叶处理为 7 段不同结构参数的弯扭耦合梁（元件 1~7，13~19）；柱铰（元件 20）处理为铰元件；处理球铰时考虑导向装置与水下航行器的连接刚度，因此在球铰元件（元件 22）中添加了 x 方向的弹簧刚度；舵轴（元件 9、11）处理为可以考虑横向、轴向振动以及扭转振动的非耦合梁；轴承与轴承套之间的接触刚度以及定位环与舵叶之间的接触刚度用弹簧铰表示（元件 26、28、30）；轴承座与水下航行器的连接刚度用弹簧表示（元件 27、29、31）；拉杆处理为可以考虑 x 轴方向轴向振动的非耦合梁（元件 21）；传动杆在密封装置中只能上下运动，因此处理为杆元件（元件 23）；舵柄处理为刚体（元件 10）；液压缸提供的是液压弹簧刚度，同时考虑密封装置与水下航行器之间的连接刚度，液压缸处理为一个弹簧铰（元件 24）；液压缸与水下航行器之间的连接刚度处理为一个弹簧铰（元件 25）；传递方向是从左端点和下端点

第 3 章 水下航行器舵系统振动特性仿真与分析

到右端点，所有元件的状态矢量统一为 $[X, Y, \Theta_z, M_z, Q_x, Q_y, \Theta_x, M_x]^T$。

根据文献 [136] 得到舵系统的传递方程：

$$\begin{aligned}
\mathbf{Z}_{19,0} &= \mathbf{U}_{pla}^R \mathbf{Z}_{12,13} = \mathbf{U}_{pla}^R (\mathbf{U}_{12,I_1} \mathbf{Z}_{12,11} + \mathbf{U}_{12,I_2} \mathbf{U}_{30} \mathbf{U}_{31} \mathbf{Z}_{31,0}) \\
&= \mathbf{U}_{pla}^R (\mathbf{U}_{12,I_1} \mathbf{U}_{11} \mathbf{Z}_{10,11} + \mathbf{U}_{12,I_2} \mathbf{U}_{30} \mathbf{U}_{31} \mathbf{Z}_{31,0}) \\
&= \mathbf{U}_{pla}^R [\mathbf{U}_{12,I_1} \mathbf{U}_{11} (\mathbf{U}_{10,I_1} \mathbf{Z}_{10,9} + \mathbf{U}_{10,I_2} \mathbf{Z}_{10,20} + \mathbf{U}_{10,I_3} \mathbf{Z}_{10,28}) + \\
&\quad \mathbf{U}_{12,I_2} \mathbf{U}_{30} \mathbf{U}_{31} \mathbf{Z}_{31,0}] \\
&= \mathbf{U}_{pla}^R [\mathbf{U}_{12,I_1} \mathbf{U}_{11} (\mathbf{U}_{10,I_1} \mathbf{U}_9 \mathbf{Z}_{8,9} + \mathbf{U}_{10,I_2} \mathbf{U}^{col} \mathbf{Z}_{25,0} + \mathbf{U}_{10,I_3} \mathbf{U}_{28} \mathbf{U}_{29} \mathbf{Z}_{29,0}) + \\
&\quad \mathbf{U}_{12,I_2} \mathbf{U}_{30} \mathbf{U}_{31} \mathbf{Z}_{31,0}] \\
&= \mathbf{U}_{pla}^R \{\mathbf{U}_{12,I_1} \mathbf{U}_{11} [\mathbf{U}_{10,I_1} \mathbf{U}_9 (\mathbf{U}_{8,I_1} \mathbf{Z}_{8,7} + \mathbf{U}_{8,I_2} \mathbf{U}_{26} \mathbf{U}_{27} \mathbf{Z}_{27,0}) + \\
&\quad \mathbf{U}_{10,I_2} \mathbf{U}^{col} \mathbf{Z}_{25,0} + \mathbf{U}_{10,I_3} \mathbf{U}_{28} \mathbf{U}_{29} \mathbf{Z}_{29,0}] + \mathbf{U}_{12,I_2} \mathbf{U}_{30} \mathbf{U}_{31} \mathbf{Z}_{31,0}\} \\
&= \mathbf{U}_{pla}^R \{\mathbf{U}_{12,I_1} \mathbf{U}_{11} [\mathbf{U}_{10,I_1} \mathbf{U}_9 (\mathbf{U}_{8,I_1} \mathbf{U}_{pla}^L \mathbf{Z}_{1,0} + \mathbf{U}_{8,I_2} \mathbf{U}_{26} \mathbf{U}_{27} \mathbf{Z}_{27,0}) + \\
&\quad \mathbf{U}_{10,I_2} \mathbf{U}^{col} \mathbf{Z}_{25,0} + \mathbf{U}_{10,I_3} \mathbf{U}_{28} \mathbf{U}_{29} \mathbf{Z}_{29,0}] + \mathbf{U}_{12,I_2} \mathbf{U}_{30} \mathbf{U}_{31} \mathbf{Z}_{31,0}\} \\
&= \mathbf{U}_{pla}^R \mathbf{U}_{12,I_1} \mathbf{U}_{11} \mathbf{U}_{10,I_1} \mathbf{U}_9 \mathbf{U}_{8,I_1} \mathbf{U}_{pla}^L \mathbf{Z}_{1,0} + \\
&\quad \mathbf{U}_{pla}^R \mathbf{U}_{12,I_1} \mathbf{U}_{11} \mathbf{U}_{10,I_1} \mathbf{U}_9 \mathbf{U}_{8,I_2} \mathbf{U}_{26} \mathbf{U}_{27} \mathbf{Z}_{27,0} + \\
&\quad \mathbf{U}_{pla}^R \mathbf{U}_{12,I_1} \mathbf{U}_{11} \mathbf{U}_{10,I_3} \mathbf{U}_{28} \mathbf{U}_{29} \mathbf{Z}_{29,0} + \\
&\quad \mathbf{U}_{pla}^R \mathbf{U}_{12,I_1} \mathbf{U}_{11} \mathbf{U}_{10,I_2} \mathbf{U}^{col} \mathbf{Z}_{25,0} + \\
&\quad \mathbf{U}_{pla}^R \mathbf{U}_{12,I_2} \mathbf{U}_{30} \mathbf{U}_{31} \mathbf{Z}_{31,0}
\end{aligned}$$

(3.22)

式(3.22)中：

$$\begin{aligned}
\mathbf{U}_{pla}^R &= \mathbf{U}_{19} \mathbf{U}_{18} \mathbf{U}_{17} \mathbf{U}_{16} \mathbf{U}_{15} \mathbf{U}_{14} \mathbf{U}_{13} \\
\mathbf{U}_{pla}^L &= \mathbf{U}_7 \mathbf{U}_6 \mathbf{U}_5 \mathbf{U}_4 \mathbf{U}_3 \mathbf{U}_2 \mathbf{U}_1 \\
\mathbf{U}^{col} &= \mathbf{U}_{20} \mathbf{U}_{21} \mathbf{U}_{22} \mathbf{U}_{23} \mathbf{U}_{24} \mathbf{U}_{25}
\end{aligned}$$

(3.23)

令，

$$\begin{aligned}
\mathbf{T}_{1-19} &= \mathbf{U}_{pla}^R \mathbf{U}_{12,I_1} \mathbf{U}_{11} \mathbf{U}_{10,I_1} \mathbf{U}_9 \mathbf{U}_{8,I_1} \mathbf{U}_{pla}^L \\
\mathbf{T}_{27-19} &= \mathbf{U}_{pla}^R \mathbf{U}_{12,I_1} \mathbf{U}_{11} \mathbf{U}_{10,I_1} \mathbf{U}_9 \mathbf{U}_{8,I_2} \mathbf{U}_{26} \mathbf{U}_{27} \\
\mathbf{T}_{29-19} &= \mathbf{U}_{pla}^R \mathbf{U}_{12,I_1} \mathbf{U}_{11} \mathbf{U}_{10,I_3} \mathbf{U}_{28} \mathbf{U}_{29} \\
\mathbf{T}_{25-19} &= \mathbf{U}_{pla}^R \mathbf{U}_{12,I_1} \mathbf{U}_{11} \mathbf{U}_{10,I_2} \mathbf{U}^{col} \\
\mathbf{T}_{31-19} &= \mathbf{U}_{pla}^R \mathbf{U}_{12,I_2} \mathbf{U}_{30} \mathbf{U}_{31}
\end{aligned}$$

(3.24)

因此，式(3.21)可以写为：

$$-Z_{19,0} + T_{1-19}Z_{1,0} + T_{27-19}Z_{27,0} + T_{29-19}Z_{29,0} + T_{25-19}Z_{25,0} + T_{31-19}Z_{31,0} = 0$$
(3.25)

式中，T_{j-19} 的下标 $j-19$ 表示传递方向中从该 j 梢元件到根元件的传递分支。

根据文献 [136]，舵系统的几何方程为：

$$\left.\begin{aligned}
&H_{8,I_1}Z_{8,7} = H_{8,I_2}U_{26}U_{27}Z_{27,0} \\
&H_{8,I_1}U_{pla}^L Z_{1,0} = H_{8,I_2}U_{26}U_{27}Z_{27,0} \\
&G_{1-8}Z_{1,0} + G_{27-8}Z_{27,0} = 0 \\
&G_{1-8} = -H_{8,I_1}U_{pla}^L \\
&G_{27-8} = H_{8,I_2}U_{26}U_{27}
\end{aligned}\right\} \quad (3.26a)$$

$$\left.\begin{aligned}
&H_{10,I_1}Z_{10,9} = H_{10,I_2}Z_{10,20} \\
&H_{10,I_1}U_9 Z_{8,9} = H_{10,I_2}U^{col}Z_{25,0} \\
&H_{10,I_1}U_9(U_{8,I_1}U_{pla}^L Z_{1,0} + U_{8,I_2}U_{26}U_{27}Z_{27,0}) = H_{10,I_2}U^{col}Z_{25,0} \\
&G_{1-10}Z_{1,0} + G_{27-10}Z_{27,0} + G_{25-10}Z_{25,0} = 0 \\
&G_{1-10} = -H_{10,I_1}U_9 U_{8,I_1}U_{pla}^L \\
&G_{27-10} = -H_{10,I_1}U_9 U_{8,I_2}U_{26}U_{27} \\
&G_{25-10} = H_{10,I_2}U^{col}
\end{aligned}\right\}$$

(3.26b)

$$\left.\begin{aligned}
&H_{10,I_1'}Z_{10,9} = H_{10,I_3}U_{28}U_{29}Z_{29,0} \\
&H_{10,I_1'}U_9 Z_{8,9} = H_{10,I_3}U_{28}U_{29}Z_{29,0} \\
&H_{10,I_1'}U_9(U_{8,I_1}U_{pla}^L Z_{1,0} + U_{8,I_2}U_{26}U_{27}Z_{27,0}) = H_{10,I_3}U_{28}U_{29}Z_{29,0} \\
&G'_{1-10}Z_{1,0} + G'_{27-10}Z_{27,0} + G'_{29-10}Z_{29,0} = 0 \\
&G'_{1-10} = -H_{10,I_1'}U_9 U_{8,I_1}U_{pla}^L \\
&G'_{27-10} = -H_{10,I_1'}U_9 U_{8,I_2}U_{26}U_{27} \\
&G'_{29-10} = H_{10,I_3}U_{28}U_{29}
\end{aligned}\right\}$$

(3.26c)

$$H_{12,I_1}Z_{12,11} = H_{12,I_2}U_{30}U_{31}Z_{31,0}$$

$$\Rightarrow H_{12,I_1}U_{12,I_1}U_{11}Z_{10,11} = H_{12,I_2}U_{30}U_{31}Z_{31,0}$$

$$\Rightarrow H_{12,I_1}U_{12,I_1}U_{11}(U_{10,I_1}Z_{10,9} + U_{10,I_2}Z_{10,20} + U_{10,I_3}U_{28}U_{29}Z_{29,0})$$

$$= H_{12,I_2}U_{30}U_{31}Z_{31,0}$$

$$\Rightarrow H_{12,I_1}U_{12,I_1}U_{11}(U_{10,I_1}U_9 Z_{8,9} + U_{10,I_2}U^{col}Z_{25,0} + U_{10,I_3}U_{28}U_{29}Z_{29,0})$$

$$= H_{12,I_2}U_{30}U_{31}Z_{31,0} - H_{12,I_1}U_{12,I_1}U_{11}[U_{10,I_1}U_9(U_{8,I_1}Z_{8,7} + U_{8,I_2}U_{26}U_{27}Z_{27,0}) +$$

$$U_{10,I_2}U^{col}Z_{25,0} + U_{10,I_3}U_{28}U_{29}Z_{29,0}]$$

$$= H_{12,I_2}U_{30}U_{31}Z_{31,0} -$$

$$H_{12,I_1}U_{12,I_1}U_{11}[U_{10,I_1}U_9(U_{8,I_1}U^L_{pla}Z_{1,0} + U_{8,I_2}U_{26}U_{27}Z_{27,0}) +$$

$$U_{10,I_2}U^{col}Z_{25,0} + U_{10,I_3}U_{28}U_{29}Z_{29,0}]$$

$$= H_{12,I_2}U_{30}U_{31}Z_{31,0}$$

$$G_{1-12}Z_{1,0} + G_{27-12}Z_{27,0} + G_{25-12}Z_{25,0} + G_{29-12}Z_{29,0} + G_{31-12}Z_{31,0} = 0$$

$$G_{1-12} = -H_{12,I_1}U_{12,I_1}U_{11}U_{10,I_1}U_9 U_{8,I_1}U^L_{pla}$$

$$G_{27-12} = -H_{12,I_1}U_{12,I_1}U_{11}U_{10,I_1}U_9 U_{8,I_2}U_{26}U_{27}$$

$$G_{25-12} = -H_{12,I_1}U_{12,I_1}U_{11}U_{10,I_2}U^{col}$$

$$G_{29-12} = -H_{12,I_1}U_{12,I_1}U_{11}U_{10,I_3}U_{28}U_{29}$$

$$G_{31-12} = H_{12,I_2}U_{30}U_{31}$$

(3.26d)

式中,G_{k-l} 的下标 $k-l$ 表示几何方程从该元件 k 到元件 l 的传递分支。

根据式(3.22)~式(3.26)可以写出舵系统总传递方程如下:

$$U_{all}|_{24\times 48} Z_{all}|_{48\times 1} = 0 \quad (3.27)$$

式中,

$$U_{all} = \begin{bmatrix} T_{1-19}|_{8\times 8} & T_{27-19}|_{8\times 8} & T_{29-19}|_{8\times 8} & T_{25-19}|_{8\times 8} & T_{31-19}|_{8\times 8} & -I|_{8\times 8} \\ G_{1-8}|_{4\times 8} & G_{27-8}|_{4\times 8} & 0|_{4\times 8} & 0|_{4\times 8} & 0|_{4\times 8} & 0|_{4\times 8} \\ G_{1-10}|_{4\times 8} & G_{27-10}|_{4\times 8} & 0|_{4\times 8} & G_{25-10}|_{4\times 8} & 0|_{4\times 8} & 0|_{4\times 8} \\ G'_{1-10}|_{4\times 8} & G'_{27-10}|_{4\times 8} & G'_{29-10}|_{4\times 8} & 0|_{4\times 8} & 0|_{4\times 8} & 0|_{4\times 8} \\ G_{1-12}|_{4\times 8} & G_{27-12}|_{4\times 8} & G_{25-12}|_{4\times 8} & G_{29-12}|_{4\times 8} & G_{31-12}|_{4\times 8} & 0|_{4\times 8} \end{bmatrix},$$

$$Z_{all}^T = [Z_{1,0}^T \ Z_{27,0}^T \ Z_{29,0}^T \ Z_{25,0}^T \ Z_{31,0}^T \ Z_{19,0}^T]^T$$

(3.28)

边界条件为:

$$\boldsymbol{Z}_{1,0}=[X,Y,\Theta_z,0,0,0,\Theta_x,0]^{\mathrm{T}}$$
$$\boldsymbol{Z}_{27,0}=[0,0,0,M_z,Q_x,Q_y,\Theta_x,0]^{\mathrm{T}}$$
$$\boldsymbol{Z}_{29,0}=[X,0,\Theta_z,0,0,Q_y,\Theta_x,0]^{\mathrm{T}}$$
$$\boldsymbol{Z}_{25,0}=[0,0,0,M_z,Q_x,Q_y,0,M_x]^{\mathrm{T}} \quad (3.29)$$
$$\boldsymbol{Z}_{31,0}=[0,0,0,M_z,Q_x,Q_y,\Theta_x,0]^{\mathrm{T}}$$
$$\boldsymbol{Z}_{19,0}=[X,Y,\Theta_z,0,0,0,\Theta_x,0]^{\mathrm{T}}$$

以上公式中的传递矩阵大多可以通过多体传递矩阵库查到。根据多体系统传递矩阵法传递矩阵库[136]可知，虚拟刚体的传递矩阵为：

$$\boldsymbol{U}_{8,I_1}=\boldsymbol{U}_{12,I_1}=\begin{bmatrix} 1 & 0 & 0 & 0 & 0 & 0 & 0 & 0 \\ 0 & 1 & 0 & 0 & 0 & 0 & 0 & 0 \\ 0 & 0 & 1 & 0 & 0 & 0 & 0 & 0 \\ 0 & 0 & 0 & 1 & 0 & 0 & 0 & 0 \\ 0 & 0 & 0 & 0 & 1 & 0 & 0 & 0 \\ 0 & 0 & 0 & 0 & 0 & 1 & 0 & 0 \\ 0 & 0 & 0 & 0 & 0 & 0 & 1 & 0 \\ 0 & 0 & 0 & 0 & 0 & 0 & 0 & 1 \end{bmatrix} \quad (3.30)$$

$$\boldsymbol{U}_{8,I_2}=\boldsymbol{U}_{12,I_2}=\begin{bmatrix} 0 & 0 & 0 & 0 & 0 & 0 & 0 & 0 \\ 0 & 0 & 0 & 0 & 0 & 0 & 0 & 0 \\ 0 & 0 & 0 & 0 & 0 & 0 & 0 & 0 \\ 0 & 0 & 0 & 1 & 0 & 0 & 0 & 0 \\ 0 & 0 & 0 & 0 & 1 & 0 & 0 & 0 \\ 0 & 0 & 0 & 0 & 0 & 1 & 0 & 0 \\ 0 & 0 & 0 & 0 & 0 & 0 & 0 & 0 \\ 0 & 0 & 0 & 0 & 0 & 0 & 0 & 1 \end{bmatrix} \quad (3.31)$$

弹簧的传递矩阵为：

$$\boldsymbol{U}_{27}=\boldsymbol{U}_{28}=\boldsymbol{U}_{29}=\boldsymbol{U}_{31}=\begin{bmatrix} 1 & 0 & 0 & 0 & 0 & 0 & 0 & 0 \\ 0 & 1 & 0 & 0 & 0 & -1/K_y & 0 & 0 \\ 0 & 0 & 1 & 0 & 0 & 0 & 0 & 0 \\ 0 & 0 & 0 & 1 & 0 & 0 & 0 & 0 \\ 0 & 0 & 0 & 0 & 1 & 0 & 0 & 0 \\ 0 & 0 & 0 & 0 & 0 & 1 & 0 & 0 \\ 0 & 0 & 0 & 0 & 0 & 0 & 1 & 0 \\ 0 & 0 & 0 & 0 & 0 & 0 & 0 & 1 \end{bmatrix} \quad (3.32a)$$

$$\boldsymbol{U}_{25}=\boldsymbol{U}_{26}=\boldsymbol{U}_{30}=\begin{bmatrix}1&0&0&0&-1/K_x&0&0&0\\0&1&0&0&0&-1/K_y&0&0\\0&0&1&0&0&0&0&0\\0&0&0&1&0&0&0&0\\0&0&0&0&1&0&0&0\\0&0&0&0&0&1&0&0\\0&0&0&0&0&0&1&0\\0&0&0&0&0&0&0&1\end{bmatrix} \quad (3.32b)$$

$$\boldsymbol{U}_{24}=\begin{bmatrix}1&0&0&0&-1/K_x&0&0&0\\0&1&0&0&0&-1/K_h&0&0\\0&0&1&0&0&0&0&0\\0&0&0&1&0&0&0&0\\0&0&0&0&1&0&0&0\\0&0&0&0&0&1&0&0\\0&0&0&0&0&0&1&0\\0&0&0&0&0&0&0&1\end{bmatrix} \quad (3.32c)$$

式中，K_x、K_y 分别为 x 和 y 方向的弹簧刚度；K_h 为液压等效弹簧刚度。

柱铰的传递矩阵为：

$$\boldsymbol{U}_{20}=\begin{bmatrix}1&0&0&0&0&0&0&0\\0&1&0&0&0&-1/K_y&0&0\\0&0&1&0&0&0&0&0\\0&0&0&1&0&0&0&0\\0&0&0&0&1&0&0&0\\0&0&0&0&0&1&0&0\\0&0&0&0&0&0&1&1/K'_x\\0&0&0&0&0&0&0&1\end{bmatrix} \quad (3.33)$$

式中，K'_x 为绕 x 轴的扭转刚度。

球铰的传递矩阵为：

$$\boldsymbol{U}_{22}=\begin{bmatrix}1&0&0&0&-1/K_x&0&0&0\\0&1&0&0&0&-1/K_y&0&0\\0&0&1&1/K'_z&0&0&0&0\\0&0&0&1&0&0&0&0\\0&0&0&0&1&0&0&0\\0&0&0&0&0&1&0&0\\0&0&0&0&0&0&1&1/K'_x\\0&0&0&0&0&0&0&1\end{bmatrix} \quad (3.34)$$

式中，K'_z 为绕 z 轴的扭转刚度。

刚体的传递矩阵为：

$$U_{10,I_1} = \begin{bmatrix} 1 & 0 & 0 & 0 & 0 & 0 & 0 & 0 \\ 0 & 1 & b_1 & 0 & 0 & 0 & 0 & 0 \\ 0 & 0 & 1 & 0 & 0 & -b_3 & 0 & 0 \\ 0 & m\omega^2(b_1-c_1) & -m\omega^2(-b_2c_2-b_1c_1)-\omega^2(J_{zz}+mc_3^2) & 1 & 0 & b1 & -m\omega^2 b_1 c_3 + \omega^2 J_{xz} & 0 \\ m\omega^2 & 0 & 0 & 0 & 1 & 0 & 0 & 0 \\ 0 & m\omega^2 & m\omega^2 c_1 & 0 & 0 & 1 & -m\omega^2 c_3 & 0 \\ 0 & 0 & 0 & 0 & 0 & 0 & 1 & 0 \\ 0 & m\omega^2(-b_3+c_3) & -m\omega^2 b_3 c_1 + \omega^2 J_{xz} & 0 & 0 & -b3 & -m\omega^2(-b_3c_3-b_2c_2)-\omega^2(J_{xx}+mc_1^2) & 1 \end{bmatrix}$$

(3.35)

$$U_{10,I_2} = \begin{bmatrix} 0 & 0 & 0 & 0 & 0 & 0 & 0 & 0 \\ 0 & 0 & 0 & 0 & 0 & 0 & 0 & 0 \\ 0 & 0 & 0 & 0 & 0 & 0 & 0 & 0 \\ 0 & 0 & 0 & 1 & 0 & b_1-a_1 & 0 & 0 \\ 0 & 0 & 0 & 0 & 1 & 0 & 0 & 0 \\ 0 & 0 & 0 & 0 & 0 & 1 & 0 & 0 \\ 0 & 0 & 0 & 0 & 0 & 0 & 0 & 0 \\ 0 & 0 & 0 & 0 & 0 & -b_3+a_3 & 0 & 1 \end{bmatrix}$$

(3.36)

$$U_{10,I_3} = \begin{bmatrix} 0 & 0 & 0 & 0 & 0 & 0 & 0 & 0 \\ 0 & 0 & 0 & 0 & 0 & 0 & 0 & 0 \\ 0 & 0 & 0 & 0 & 0 & 0 & 0 & 0 \\ 0 & 0 & 0 & 1 & 0 & b_1-d_1 & 0 & 0 \\ 0 & 0 & 0 & 0 & 1 & 0 & 0 & 0 \\ 0 & 0 & 0 & 0 & 0 & 1 & 0 & 0 \\ 0 & 0 & 0 & 0 & 0 & 0 & 0 & 0 \\ 0 & 0 & 0 & 0 & 0 & -b_3+d_3 & 0 & 1 \end{bmatrix}$$

(3.37)

式中，J_{xz}、J_{xx}、J_{zz} 为刚体的质量惯性矩；(c_1,c_2,c_3) 为质心位置；(a_1,a_2,a_3) 为对应 U_{10,I_2} 的输入点坐标；(d_1,d_2,d_3) 为对应 U_{10,I_3} 的输入点坐标；(b_1,b_2,b_3) 为输出点处的坐标；以 U_{10,I_1} 对应的输入点位置为原点。

弯扭耦合梁的传递矩阵见 3.2.1 节，即：

$$U_1=U_2=U_3=U_4=U_5=U_6=U_7 \\ =U_{13}=U_{14}=U_{15}=U_{16}=U_{17}=U_{18}=U_{19}=U^{CB} \tag{3.38}$$

非耦合梁模型一的传递矩阵为：

$$U^{UB1}=\begin{bmatrix} \cos(\beta_r l) & 0 & 0 & 0 & -\sin(\beta_r l)/(\beta_r EA) & 0 & 0 & 0 \\ 0 & S(\lambda l) & T(\lambda l)/\lambda & U(\lambda l)/(EI\lambda^2) & 0 & V(\lambda l)/(EI\lambda^3) & 0 & 0 \\ 0 & \lambda V(\lambda l) & S(\lambda l) & T(\lambda l)/(EI\lambda) & 0 & U(\lambda l)/(EI\lambda^2) & 0 & 0 \\ 0 & EI\lambda^2 U(\lambda l) & EI\lambda V(\lambda l) & S(\lambda l) & 0 & T(\lambda l)/\lambda & 0 & 0 \\ \beta EA\sin(\beta_r l) & 0 & 0 & 0 & \cos(\beta_r l) & 0 & 0 & 0 \\ 0 & EI\lambda^3 T(\lambda l) & EI\lambda^2 U(\lambda l) & \lambda V(\lambda l) & 0 & S(\lambda l) & 0 & 0 \\ 0 & 0 & 0 & 0 & 0 & 0 & \cos(\gamma l) & \sin(\gamma l) \\ 0 & 0 & 0 & 0 & 0 & 0 & -\gamma GJ\sin(\gamma l) & \cos(\gamma l) \end{bmatrix} \tag{3.39}$$

式中，$\gamma=\sqrt{\rho\omega^2/G}$；$\lambda=\sqrt[4]{m\omega^2/EI}$；$S=\dfrac{ch+c}{2}$；$T=\dfrac{sh+s}{2}$；$U=\dfrac{ch-c}{2}$；$V=\dfrac{sh-s}{2}$；$ch=\cosh(\lambda l)$；$sh=\sinh(\lambda l)$；$c=\cos(\lambda l)$；$s=\sin(\lambda l)$；$l$ 和 A 分别是梁的长度和截面积。因此，$U_9=U_{11}=U^{UB1}$。

考虑轴向和横向振动的平面振动梁的传递矩阵 U^1 为：

$$\boldsymbol{U}^1 = \begin{bmatrix} \cos(\beta_r l) & 0 & 0 \\ 0 & S(\lambda l) & T(\lambda l)/\lambda \\ 0 & \lambda V(\lambda l) & S(\lambda l) \\ 0 & EI\lambda^2 U(\lambda l) & EI\lambda V(\lambda l) \\ \beta_r EA\sin(\beta_r l) & 0 & 0 \\ 0 & EI\lambda^3 T(\lambda l) & EI\lambda^2 U(\lambda l) \\ 0 & -\sin(\beta_r l)/(\beta_r EA) & 0 \\ U(\lambda l)/(EI\lambda^2) & 0 & V(\lambda l)/(EI\lambda^3) \\ T(\lambda l)/(EI\lambda) & 0 & U(\lambda l)/(EI\lambda^2) \\ S(\lambda l) & 0 & T(\lambda l)/\lambda \\ 0 & \cos(\beta_r l) & 0 \\ \lambda V(\lambda l) & 0 & S(\lambda l) \end{bmatrix}$$

(3.40)

采用方向余弦矩阵将平面振动梁转动 90°，转换矩阵 $\boldsymbol{R}$ 为：

$$\boldsymbol{R} = \begin{bmatrix} 0 & -1 & 0 & 0 & 0 & 0 \\ 1 & 0 & 0 & 0 & 0 & 0 \\ 0 & 0 & 1 & 0 & 0 & 0 \\ 0 & 0 & 0 & 1 & 0 & 0 \\ 0 & 0 & 0 & 0 & 0 & -1 \\ 0 & 0 & 0 & 0 & 1 & 0 \end{bmatrix} \quad (3.41)$$

转换后的平面振动梁的传递矩阵 $\boldsymbol{U}^2$ 为：

$$\boldsymbol{U}^2 = \boldsymbol{R}^{\mathrm{T}} \boldsymbol{U}^1 \boldsymbol{R} \quad (3.42)$$

因此，非耦合梁模型二传递矩阵 $\boldsymbol{U}^{UB2}$ 为：

$$\boldsymbol{U}^{UB2} = \begin{bmatrix} U^2_{11} & U^2_{12} & U^2_{13} & U^2_{14} & U^2_{15} & U^2_{16} & 0 & 0 \\ U^2_{21} & U^2_{22} & U^2_{23} & U^2_{24} & U^2_{25} & U^2_{26} & 0 & 0 \\ U^2_{31} & U^2_{32} & U^2_{33} & U^2_{34} & U^2_{35} & U^2_{36} & 0 & 0 \\ U^2_{41} & U^2_{42} & U^2_{43} & U^2_{44} & U^2_{45} & U^2_{46} & 0 & 0 \\ U^2_{51} & U^2_{52} & U^2_{53} & U^2_{54} & U^2_{55} & U^2_{56} & 0 & 0 \\ U^2_{61} & U^2_{62} & U^2_{63} & U^2_{64} & U^2_{65} & U^2_{66} & 0 & 0 \\ 0 & 0 & 0 & 0 & 0 & 0 & 1 & 0 \\ 0 & 0 & 0 & 0 & 0 & 0 & 0 & 1 \end{bmatrix} \quad (3.43)$$

因此，$\boldsymbol{U}_{21} = \boldsymbol{U}^{UB2}$。

杆元件的传递矩阵U^{rod}为：

$$U^{rod} = \begin{bmatrix} 1 & 0 & 0 & 0 & 0 & 0 & 0 & 0 \\ 0 & \cos(\beta_r l) & 0 & 0 & 0 & -\sin(\beta_r l)/(\beta_r EA) & 0 & 0 \\ 0 & 0 & 1 & 0 & 0 & 0 & 0 & 0 \\ 0 & 0 & 0 & 1 & 0 & 0 & 0 & 0 \\ 0 & 0 & 0 & 0 & 1 & 0 & 0 & 0 \\ 0 & \beta_r EA \sin(\beta_r l) & 0 & 0 & 0 & \cos(\beta_r l) & 0 & 0 \\ 0 & 0 & 0 & 0 & 0 & 0 & 1 & 0 \\ 0 & 0 & 0 & 0 & 0 & 0 & 0 & 1 \end{bmatrix}$$

(3.44)

因此，$U_{23} = U^{rod}$。

另外几何矩阵，

$$H_{8,I_1} = H_{8,I_2} = H_{12,I_1} = H_{12,I_2} = \begin{bmatrix} 1 & 0 & 0 & 0 & 0 & 0 & 0 & 0 \\ 0 & 1 & 0 & 0 & 0 & 0 & 0 & 0 \\ 0 & 0 & 1 & 0 & 0 & 0 & 0 & 0 \\ 0 & 0 & 0 & 0 & 0 & 0 & 1 & 0 \end{bmatrix} \quad (3.45)$$

$$H_{10,I_1} = \begin{bmatrix} 1 & 0 & 0 & 0 & 0 & 0 & 0 & 0 \\ 0 & 1 & a_1 & 0 & 0 & 0 & -a_3 & 0 \\ 0 & 0 & 1 & 0 & 0 & 0 & 0 & 0 \\ 0 & 0 & 0 & 0 & 0 & 0 & 1 & 0 \end{bmatrix} \quad (3.46)$$

$$H_{10,I_2} = H_{10,I_3} = \begin{bmatrix} 1 & 0 & 0 & 0 & 0 & 0 & 0 & 0 \\ 0 & 1 & 0 & 0 & 0 & 0 & 0 & 0 \\ 0 & 0 & 1 & 0 & 0 & 0 & 0 & 0 \\ 0 & 0 & 0 & 0 & 0 & 0 & 1 & 0 \end{bmatrix} \quad (3.47)$$

$$H_{10,I_1} = \begin{bmatrix} 1 & 0 & 0 & 0 & 0 & 0 & 0 & 0 \\ 0 & 1 & d_1 & 0 & 0 & 0 & -d_3 & 0 \\ 0 & 0 & 1 & 0 & 0 & 0 & 0 & 0 \\ 0 & 0 & 0 & 0 & 0 & 0 & 1 & 0 \end{bmatrix} \quad (3.48)$$

求解式(3.26)即可求出舵系统固有频率及对应于固有频率ω_k的系统边界点状态矢量Z_{all}，进而通过元件传递方程得到系统全部连接点的状态矢量，即为系统的振型。

舵系统的弯曲刚度、扭转刚度等参数一般可以由实验获得，本章主要通过有限元静力学分析获得。

3.3 舵系统动力学参数确定方法

3.3.1 舵系统 FEM 建模

为了获得基于 MSTMM 的舵系统动力学模型计算参数，同时验证舵系统动力学建模的合理性，采用 FEM 对舵系统建模，进行振动特性和静力学计算分析。

舵系统简化后的几何模型如图 3.4(b) 所示，抽取舵叶蒙皮和里面骨架的中面，以便进行单元划分时划分为壳单元。对模型中的一些细节，如小孔、倒角、螺栓、键等，进行简化，以获得较好的有限元网格。轴承使用的材料为铜合金，其他部件采用的材料全部为结构钢。舵叶中的蒙皮、骨架与轴套都采用 shell181 壳单元，单元节点为 6 自由度（DOF），根据实际模型中蒙皮和骨架的厚度设定壳的厚度。其他部件都采用 solid186 和 solid187 两种实体单元，单元节点为 3 自由度，部件与部件之间采用接触连接。建模过程中共画了六套有限元网格，网格总单元数分别为（N1）19220、（N2）29468、（N3）43985、（N4）54995、（N5）93193、（N6）132523。图 3.4 所示为（N4）套舵系统的有限元网格。

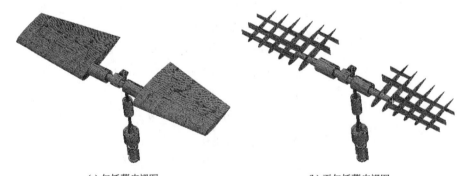

(a) 包括蒙皮视图　　　　　　　　(b) 不包括蒙皮视图

图 3.4　舵系统有限元网格

ANSYS 软件中的接触类型包括 Bonded（绑定）、No Separation（不分离）、Frictional（摩擦）。其中 Bonded（绑定）、No Separation（不分离）两种接触方式是线性的，计算时只需迭代一次，在接触面的法向不存在分离，不允许有间隙存在。Bonded（绑定）接触不允许切向滑移，而 No Separation（不分离）接触允许切向滑移。液压缸、导向装置、轴承、密封装置都是固定不动的，因此采用绑定约束。采用远程端点约束约束住舵轴，防止舵轴左右窜动。图 3.5(a) 为绑定约束的位置。

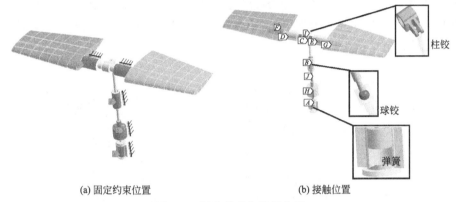

图 3.5　固定约束与接触位置

图 3.5(b) 中，$A\sim J$ 为接触位置。A 为液压缸与活塞的接触，设定为 No Separation（不分离），允许在接触面的切向方向上有滑移。B 为球铰之间的接触，设定为 No Separation（不分离），允许在接触面的切向方向上有滑移，导向装置之间设定为 No Separation（不分离），允许在接触面的切向方向上有滑移。C 为舵柄和舵轴之间的接触，设定为 Bonded（绑定），即舵柄和舵轴之间为完全绑定，不存在分离和滑移。D、E 为轴承和舵轴之间的接触，设定为 No Separation（不分离），允许在接触面的切向方向上有滑移。F、G 为舵轴和舵叶之间的接触，设定为 Bonded（绑定），即舵柄和舵轴之间为完全绑定，不存在分离和滑移。I 为舵柄和柱铰之间的接触，设定为 No Separation（不分离），允许在接触面的切向方向上有滑移。

划分完有限元单元，设置好边界条件即可进行动力学和静力学仿真。

3.3.2　基于 FEM 的模型验证分析

采用 AGARD Wing 445.6 作为有限元模态验证计算的例子，其目的在于验证有限元法建模的合理性，同时也为下一步 CFD/CSD 双向耦合模型验证做铺垫。AGARD Wing 445.6 软模型机翼平面特征参数为：展弦比=1.6440，梢根比=0.6592，四分之一弦线机翼后掠角为 45°，沿流向翼型为 NASA 65A004。图 3.6(a) 给出了该机翼模型的相关参数，其他详细参数可见文献 [169]。

采用 ANSYS 软件建立了 AGARD 445.6 机翼结构有限元模型，网格划分采用六面体 solid186 单元,共有 3977 个节点和 560 个单元,如图 3.6(b) 所示。计算所用材料参数为:$E_1 = 3.1511\text{GPa}$,$E_2 = 0.4162\text{GPa}$,$\mu = 0.31$,$G = 0.4392\text{GPa}$,$\rho = 381.98\text{kg/m}^3$。其中 E_1 是材料 X 方向的弹性模量,E_2 是 Y 和 Z 方向的弹性模量(X 沿弦向,Z 沿展向),μ 是泊松比,G 是指每个方向的剪切模量,ρ 是机翼模型的密度。计算结果如表 3.1 所示,从表中可以看出,仿真结果与 AGARD 445.6 机翼模态实验数据对比,误差较小,验证了有限元建模方法的可靠性。

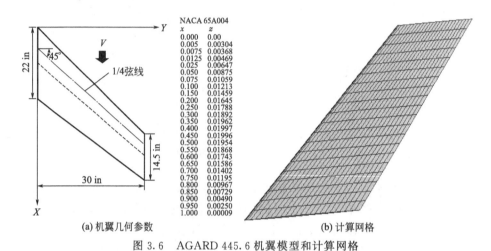

图 3.6 AGARD 445.6 机翼模型和计算网格

表 3.1 AGARD 445.6 机翼模态数据对比

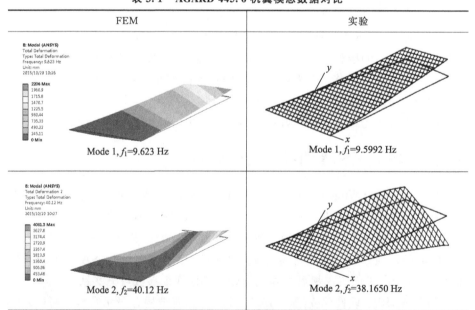

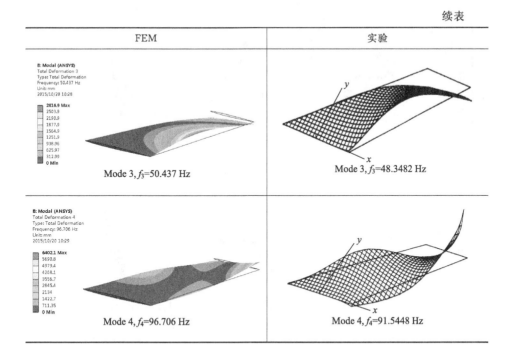

3.3.3 基于 FEM 舵系统网格无关性验证

对舵系统进行振动特性计算，首先要进行网格无关性验证。舵叶的液压刚度是通过实验获得的，当舵叶处于水平位置时，液压的等效弹簧刚度为 $K_h = 4 \times 10^8 \text{N/m}$。为了验证网格无关性，即有限元结果的收敛性，分别计算了舵系统（液压弹簧刚度为 $K_h = 4 \times 10^8 \text{N/m}$）六套网格（网格数量 N1 为 19220、N2 为 29468、N3 为 43985、N4 为 54995、N5 为 93193、N6 为 132523）对应的模态，计算结果如表 3.2 所示。计算出的结果分布如图 3.7(a) 所示，随着网格数量的增加，各阶模态计算结果趋于稳定。综合考虑计算机内存及 CPU 性能，选择（N4）套网格为本节舵系统的有限元计算网格。

以（N4）套网格作为舵系统的有限元计算网格，改变液压等效刚度计算不同液压弹簧刚度情况下的舵系统振动特性。该部分计算是为了和 3.4 节多体系统传递矩阵法快速仿真结果进行对比。表 3.3 为部分不同液压弹簧刚度下舵系统模态计算结果。由表 3.3 可以看出不同的液压弹簧刚度下，舵系统的前四阶振型一致。第一阶振型都是俯仰和扭转耦合并且对称的模态，第二阶都是反对称弯曲模态，第三阶都是对称的俯仰和弯曲耦合模态，第四阶都是反对称的扭转模态。因为从第五阶开始基本上都是舵叶蒙皮的局部模态，舵系统位于高密度的水流中不会发生壁板颤振问题，因此本节对蒙皮的局部模态不做研究。

表 3.2 舵系统有限元网格无关性验证（液压刚度 $K_h = 4 \times 10^8 \, \text{N/m}$）

网格数量	一阶振型	二阶振型	三阶振型	四阶振型
N1	$f_1 = 20.128 \, \text{Hz}$	$f_2 = 24.41 \, \text{Hz}$	$f_3 = 27.964 \, \text{Hz}$	$f_4 = 35.303 \, \text{Hz}$
N2	$f_1 = 20.187 \, \text{Hz}$	$f_2 = 24.394 \, \text{Hz}$	$f_3 = 27.968 \, \text{Hz}$	$f_4 = 35.315 \, \text{Hz}$
N3	$f_1 = 20.289 \, \text{Hz}$	$f_2 = 24.335 \, \text{Hz}$	$f_3 = 28.015 \, \text{Hz}$	$f_4 = 35.95 \, \text{Hz}$

第3章　水下航行器舵系统振动特性仿真与分析

续表

网格数量	一阶振型	二阶振型	三阶振型	四阶振型
N4	 f_1=20.693 Hz	 f_2=24.31 Hz	 f_3=28.066 Hz	 f_4=35.954 Hz
N5	 f_1=20.658 Hz	 f_2=24.333 Hz	 f_3=28.065 Hz	 f_4=35.935 Hz
N6	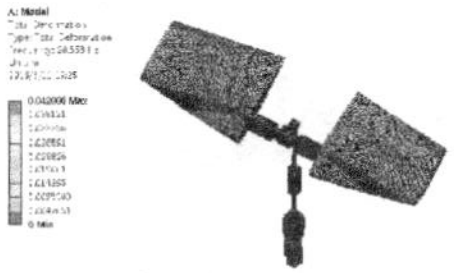 f_1=20.687 Hz	 f_2=24.332 Hz	 f_3=28.066 Hz	 f_4=35.943 Hz

表 3.3　部分不同液压弹簧刚度下舵系振动特性仿真结果

K_h	一阶振型	二阶振型	三阶振型	四阶振型
1×10^8 N/m	$f_1=17.663$ Hz	$f_2=24.31$ Hz	$f_3=27.083$ Hz	$f_4=35.954$ Hz
4×10^8 N/m	$f_1=20.693$ Hz	$f_2=24.31$ Hz	$f_3=28.066$ Hz	$f_4=35.954$ Hz
9×10^8 N/m	$f_1=21.631$ Hz	$f_2=24.31$ Hz	$f_3=28.687$ Hz	$f_4=35.954$ Hz
1.9×10^9 N/m	$f_1=22.063$ Hz	$f_2=24.31$ Hz	$f_3=29.086$ Hz	$f_4=35.954$ Hz

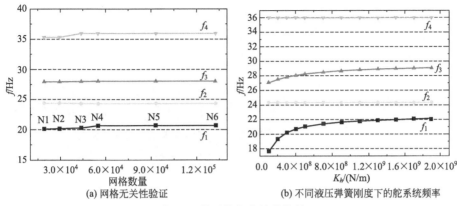

(a) 网格无关性验证 (b) 不同液压弹簧刚度下的舵系统频率

图 3.7　舵系统频率计算结果

图 3.7(b) 为不同液压弹簧刚度下舵系统频率分布情况，从图中可以看出，第二阶和第四阶反对称模态的频率值不随液压弹簧刚度改变而改变，也就是说第二阶和第四阶反对称模态只与两个舵叶和舵轴有关，与操纵系统无关。从图中还可以看出，随着液压弹簧刚度值的增大，舵系统第一阶、第三阶频率趋于稳定。说明增加液压弹簧刚度可以增加系统的第一阶和第三阶频率，相当于增加了整个操纵系统的扭转刚度，可以抑制舵叶的俯仰运动。此外，还可以看出舵系统的前四阶模态主要是与舵叶振动特性相关的模态，拉杆和导向杆在前四阶模态中未发生 X 方向的振动。

3.3.4　舵系统弯曲、扭转刚度参数获取

采用（N4）套计算网格，取液压弹簧刚度 $K_h = 4 \times 10^8 \mathrm{N/m}$ 进行静力学分析，如图 3.8(a) 所示，在舵叶的一端施加等大反向的一对单位力，计算出总变形云图如图 3.8(b) 所示，可以看到，图中深色区域总变形接近 0，所以弹性轴在该区域。在该区域选择一条线，在线的一端施加一个垂直向上的单位力，该条线上的节点没有扭转位移，在线的一端施加单位扭矩，该条线上的节点没有弯曲位移，这样的一条线称为弹性轴。该舵系统舵叶的弹性轴就在舵轴所在的一条直线上，如图 3.8(c) 中的白线所示，该白线上一共有八个节点。

确定好弹性轴之后，在舵叶弹性轴的一端分别施加一个垂直向上的单位力和一个扭矩，计算得出弹性轴上每个节点的 θ_x、θ_z。通过式(3.49)、式(3.50)计算出舵叶的弯曲刚度、扭转刚度分布，计算结果如图 3.8(d) 所示。

$$\Delta \theta_z = \frac{1}{EI_{AB}} \int_A^B M \mathrm{d}s \qquad (3.49)$$

$$\Delta \theta_x = \frac{1}{GJ_{AB}} \int_A^B T \mathrm{d}s \qquad (3.50)$$

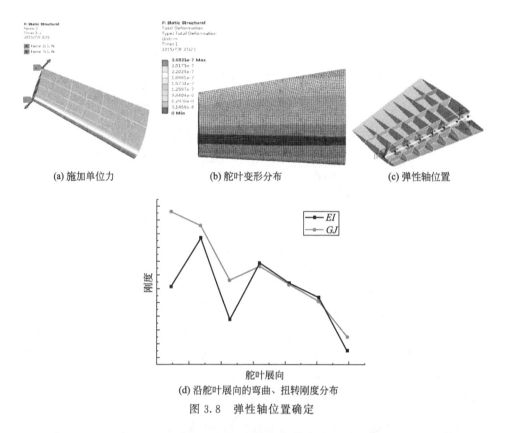

(a) 施加单位力　　(b) 舵叶变形分布　　(c) 弹性轴位置

(d) 沿舵叶展向的弯曲、扭转刚度分布

图 3.8　弹性轴位置确定

式(3.49)、式(3.50) 中 M 为 AB 段的弯曲力矩,可以通过在弹性轴一端施加单位力求弹性轴上每一处的 M;$\Delta\theta_z$ 表示 AB 段的 θ_z 之差;$\Delta\theta_x$ 表示 AB 段的 θ_x 之差;T 为 AB 段的扭矩。

弹性轴上每两个节点之间为一段,因此 MSTMM 计算中,将舵叶处理为七段弯扭耦合梁,通过几何软件 SPACECLAIM 测量出每一段舵叶对应的质量、展长、质心到弹性轴的距离以及相对弹性轴处的转动惯量。获得了以上动力学参数,即可以采用 MSTMM 计算舵系统的动力学特性。

3.4　基于 MSTMM 的舵系统振动特性仿真

舵系统在水下运作时,舵叶中是充满水的,因此需要计算舵叶中充满水的情况下的舵系统振动特性,将舵叶中的水处理为附加质量进行计算。求解特征方程，得到舵叶（舵机液压弹簧刚度 $K_h = 4 \times 10^8 \text{N/m}$）内部不含水和充满水两种情况下的舵系统的圆频率值，如图 3.9 所示。

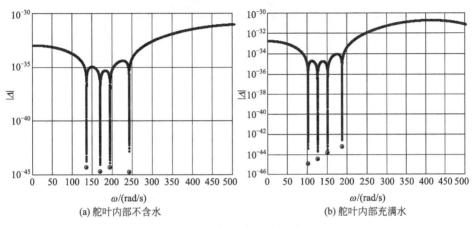

(a) 舵叶内部不含水　　　　　　　(b) 舵叶内部充满水

图 3.9　圆频率计算结果

图 3.9 采用的是文献 [140] 的搜根方法，图 3.9(a) 的横坐标为圆频率，纵坐标表示 $|\Delta|$ 值的大小，当 $|\Delta|$ 值接近 0 时即可以求出圆频率。图中显示的竖线即为搜根过程，每条竖线对应的就是该阶模态的圆频率。从表 3.4 可以看出，基于 MSTMM 计算出的频率与 ANSYS 有限元软件计算的结果很接近。可以看出，舵叶内部充满水相较于舵叶内部没有水的情况，舵系统的频率值有所减小。

表 3.4　基于 MSTMM 和 FEM 舵系统频率计算结果对比

计算方法	舵叶内部不含水/Hz				舵叶内部充满水/Hz			
	f_1	f_2	f_3	f_4	f_1	f_2	f_3	f_4
FEM	20.693	24.31	28.066	35.954	15.384	19.589	23.666	28.485
MSTMM	21.251	26.133	30.103	38.102	15.706	19.6445	23.566	29.466

如表 3.5 所示，基于 MSTMM 的舵系统（内部充满水的情况）模态计算结果表明，舵系统前 4 阶振型在 X 方向上没有任何振动。基于 MSTMM 和 FEM 的舵系统（舵叶内部充满水）的振型图如表 3.6 所示。从表中可以看出，MSTMM 计算结果和 ANSYS 有限元软件全模型仿真结果十分接近，验证了本章方法的合理性和可行性。同等计算条件下，单核 CPU，采用 ANSYS 计算一组舵系统振动模态需要 28.5min 左右，而 MSTMM 只需 0.35min 左右，大大提高了计算效率。舵系统的第 1、3 阶为对称模态，第 2、4 阶为反对称模态。由第 2、4 阶反对称模态看到，只有舵叶和舵轴这条线有振型，而液压缸

到舵柄这条线的振型为 0，说明第 2、4 阶模态是舵系统的局部模态。局部模态对系统整体动力学响应的贡献可以忽略。

表 3.5 舵系统 X 方向振动模态

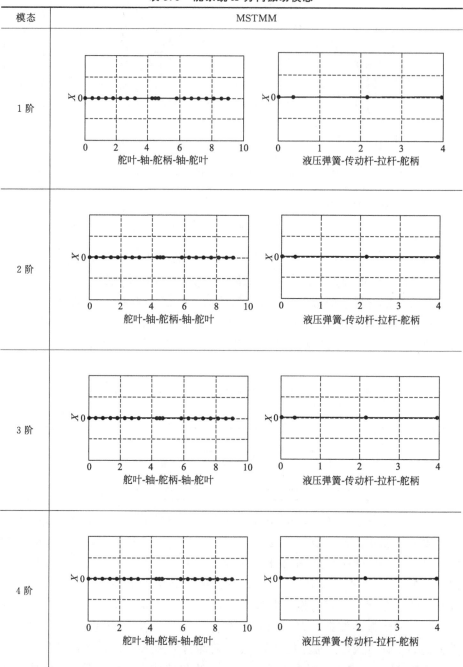

第3章 水下航行器舵系统振动特性仿真与分析

表3.6 舵系统模态——MSTMM 和 ANSYS 有限元软件仿真结果对比

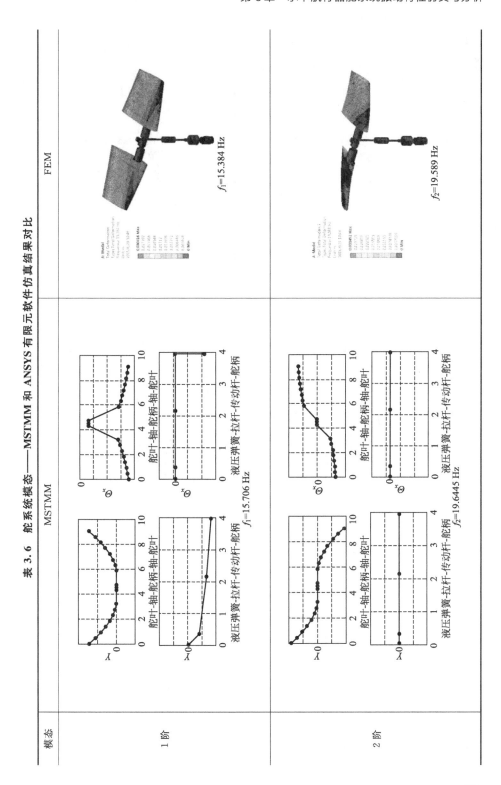

续表

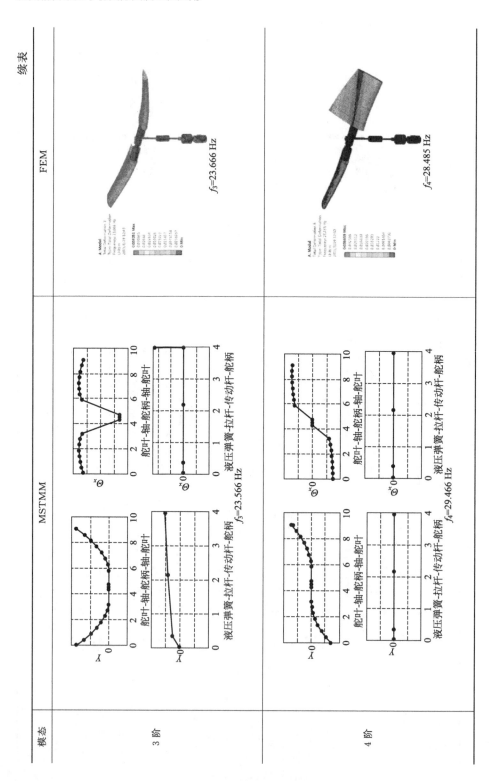

基于 MSTMM 进行舵系统动力学特性计算，可以方便地改变舵系统中的每个部件的参数，并且能快速计算出结果，研究这些参数对舵系统振动特性的影响。改变液压等效弹簧刚度的大小，分别计算舵叶内部没有水和充满水两种情况下的舵叶振动频率，计算结果如图 3.10 所示。对比图 3.7(b) 与图 3.10(a)可以看出，MSTMM 仿真结果与有限元软件 ANSYS 计算结果几乎一致，但计算效率得到了很大提高。

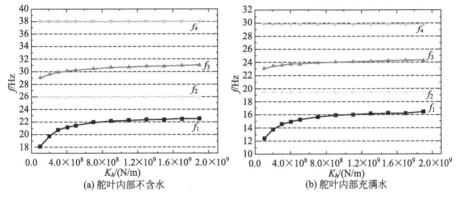

图 3.10 不同液压等效弹簧刚度下的舵系统频率

3.5 本章小结

本章基于 MSTMM 建立了水下航行器舵系统的动力学模型，其振动特性计算结果与 ANSYS 仿真软件计算的结果一致，且计算效率远远高于基于 FEM 的 ANSYS 软件。计算结果表明，舵系统的 1、3 阶模态为对称模态，2、4 阶模态为反对称模态，且为局部模态。增加液压弹簧刚度可以增加系统第 1、3 阶的频率，相当于增加了操纵系统的等效扭转刚度，可以抑制舵叶俯仰运动。

第4章
水下航行器舵系统水弹性仿真与分析

4.1 引言

为了探究舵系统结构是否足够安全,就必须研究结构参数对舵系统水弹性的影响。大量的学者、专家,如 Theodorsen 和 Garrick[170,171],采用二元模型来研究机翼、水翼的气动弹性和水弹性问题。对于水下航行器的舵系统,如果结构设计不合理,就可能发生线性经典颤振、静水弹性发散导致结构破坏[172~175]。舵系统的操纵系统部分往往由于长期工作磨损而产生间隙,这种间隙可能会引发结构持续的、微弱的、不衰减的振荡,即 LCO 现象[176~178]。这种现象并不会导致结构发生重大破坏,但会引起水噪声并降低水下航行器的隐蔽性。

二元颤振模型一般用于气动弹性、水弹性问题的原理分析和验证。沿展向的所有剖面的翼型都是相同的,并假定绝对刚硬。舵叶的弯曲和扭转变形分别用二元水翼的沉浮和俯仰运动来模拟。二元水翼是舵叶上面的一个典型截面,一般用于气动弹性问题的早期研究,并且被 Theodorsen 等气动弹性研究先驱者们所使用[170,171]。这种典型截面通常应用于大展弦比平直机翼,也可以用于气动力、水动力控制面的建模。这种典型的截面是通过二元模型来对舵叶水弹性建模。一般选取舵叶 3/4 处的截面[36~39]。传统线性颤振计算方法不能准确解决非线性系统的水动弹性问题。采用二自由度二元水翼任意运动时域水动力方法计算舵面非线性水弹性问题,这种方法易于工程实现,为舵系统非线性水弹性分析研究提供了一种有效的计算分析途径。

第 3 章中,基于 MSTMM 研究了舵系统的振动特性,为本章舵系统颤振模型建模提供了基础。本章首先基于 MSTMM/Theodorsen 建立舵系统的线性颤振模型，分别进行频域和时域仿真，并与文献仿真数据、软件仿真结果进行对比分析，验证模型的准确性。为工程上类似的多柔体结构系统流固耦合问题的快速建模和计算分析提供参考。

前人进行了大量研究工作，但几乎没有文献提及舵系统到二元颤振模型的简化方法。因此本章详细地给出了舵系统简化为二元颤振模型的方法。基于 MSTMM 计算得到舵系统的纯弯、纯扭频率，为舵系统二元线性、非线性颤振模型的建立提供基础参数。通过 CFD/FEM 双向流固耦合及动网格技术，得到舵系统的流固耦合振动响应，以验证本章模型简化方法的合理性，并通过与文献实验数据及仿真数据对比分析验证二元颤振模型建模方法的合理性。最后，研究结构参数对舵系统线性颤振的影响规律、间隙非线性对舵系统非线性颤振的影响规律，为舵系统的结构减振设计提供理论支撑。

4.2 基于 MSTMM 的舵系统水弹性计算

4.2.1 基于 MSTMM 的舵系统线性颤振模型频域分析

通常飞机或带有升降舵的水下航行器在正常航行时攻角不大，基本上都在线性攻角范围内。颤振计算主要基于非定常流体理论，而非定常流体理论主要取决于升力系数相对于攻角的导数。线性攻角范围内升力系数导数接近于常数，只作零度攻角的颤振分析产生的误差很小，因此前人的大多数研究以及本书的研究均只考虑舵面零度攻角的颤振。

本书 2.3.1 节论述了经典线性颤振经常采用的 Theodorsen 流体理论。它是一种常用的、基于平板气动力理论的方法，其计算效率高，也可以用来计算水动力，在颤振初步设计阶段有非常好的适用性。

根据舵系统坐标系，将式 (2.19) 的 Theodorsen 公式修改为：

$$L = \pi \rho b^2 (-\ddot{y} + U\dot{\theta}_x - ba\ddot{\theta}_x) + \\ 2\Pi \rho U b C(K) \left[U\theta_x - \dot{y} + b\left(\frac{1}{2} - a\right)\dot{\theta}_x \right] \quad (4.1\text{a})$$

$$T_a = \pi \rho b^2 \left[-ba\ddot{y} - Ub\left(\frac{1}{2}-a\right)\dot{\theta}_x - b^2\left(\frac{1}{8}+a^2\right)\ddot{\theta}_x \right] + \\ 2\Pi \rho U b^2 \left(a+\frac{1}{2}\right) C(K) \left[U\theta_x - \dot{y} + b\left(\frac{1}{2}-a\right)\dot{\theta}_x \right] \quad (4.1\text{b})$$

式中，L 表示升力；T_a 表示力矩；U 为来流速度；ρ 为空气密度；b 为半弦长；a 为刚心距离弦线中点的距离与半弦长的比值，并规定在中点后为正；$C(K)$ 为 Theodorsen 函数，其值与折合频率 $K=\omega b/U$ 有关；y 表示沉浮运动；θ_x 表示俯仰运动；2Π 表示二维平板的升力线斜率。

分析式(4.1) 中的二元 Theodorsen 理论模型，可以看出该水动力模型包含两项。其中不含 $C(K)$ 项是由水流的附加质量引起的，它与舵叶的环量分布无关；含 $C(K)$ 项是由环量引起的，它与环量分布密切相关，也就表现为与升力线斜率有关。采用 2.3.3 节的 CFD 方法计算出舵叶的升力线斜率 2Π 来修正 Theodorsen 平板水动力理论。

假设舵叶各方向的运动为简谐运动，即：

$$y = y_s \mathrm{e}^{\mathrm{i}\omega t}\,; \quad \theta = \theta_s \mathrm{e}^{\mathrm{i}\omega t} \tag{4.2}$$

将该式代入到式(4.1) 中，可以整理得：

$$L = \left\{\pi\rho b^2(\omega^2 y_s + \mathrm{i}\omega U \theta_s + \omega^2 b a \theta_s) + 2\Pi\rho Ub C(K)\left[U\theta_s - \mathrm{i}\omega y_s + \mathrm{i}\omega b\left(\frac{1}{2}-a\right)\theta_s\right]\right\}\mathrm{e}^{\mathrm{i}\omega t} \tag{4.3a}$$

$$\begin{aligned}T_a = &\left\{\pi\rho b^2\left[ba\omega^2 y_s - \mathrm{i}\omega Ub\left(\frac{1}{2}-a\right)\theta_s + \omega^2 b^2\left(\frac{1}{8}+a^2\right)\theta_s\right] + \right.\\ &\left. 2\Pi\rho Ub^2\left(a+\frac{1}{2}\right)C(K)\left[U\theta_s - \mathrm{i}\omega y_s + \mathrm{i}\omega b\left(\frac{1}{2}-a\right)\theta_s\right]\right\}\mathrm{e}^{\mathrm{i}\omega t}\end{aligned} \tag{4.3b}$$

令 $f=[L_1,T_{a1},L_2,T_{a2},\cdots,L_n,T_{an}]^{\mathrm{T}}$，$n$ 表示将舵叶分为 n 段，那么 L_n、T_{an} 表示舵叶第 n 段上面的升力和俯仰力矩；令 $v=v_s \mathrm{e}^{\mathrm{i}\omega t}$，利用式(4.3) 可以建立位移与水动力的关系：

$$f = Bv_s \mathrm{e}^{\mathrm{i}\omega t} \tag{4.4}$$

式中，$B=[B_1,B_2,\cdots,B_n]^{\mathrm{T}}$；$v_s=[v_{s1},v_{s2},\cdots,v_{sn}]^{\mathrm{T}}$；

$$B_n = \omega^2\begin{bmatrix}-\pi\rho b_n^2 k_a l_n & \pi\rho b_n^3[k_b-(0.5+a_n)k_a]l_n \\ -\pi\rho b_n^3[m_a+(0.5+a_n)k_a]l_n & \pi\rho b_n^4[m_b+(0.5+a_n)(k_b-m_a)-(0.5+a_n)^2 k_a]l_n\end{bmatrix},$$

为舵叶第 n 段的水动力矩阵；$k_a = -1 + \mathrm{i}(2\Pi/\pi)C(K)/K$；$k_b = -0.5 + \mathrm{i}[1+2\Pi/\pi C(K)]/K + (2\Pi/\pi)C(K)/K^2$；$m_a = 0.5$；$m_b = \dfrac{3}{8} - \mathrm{i}\dfrac{1}{K}$；$v_{sn} = \begin{bmatrix}y_{sn}\\ \theta_{sn}\end{bmatrix}$，

为舵叶第 n 段模态坐标下的沉浮和俯仰位移；b_n、l_n、a_n 分别表示舵叶第 n 段的半弦长、长度、刚心距离弦线中点的距离与半弦长的比值。

基于 MSTMM 的舵系统多体动力学方程为

$$Mv_{tt} + Cv_t + Kv = f \tag{4.5}$$

式中，M、C、K 分别为质量矩阵、阻尼矩阵、刚度矩阵。

将 $v = v_s \mathrm{e}^{\mathrm{i}\omega t}$ 代入式(4.5) 中，则有：

第4章 水下航行器舵系统水弹性仿真与分析

$$-\omega^2 \boldsymbol{M}\boldsymbol{v}_s + \mathrm{i}\omega \boldsymbol{C}\boldsymbol{v}_s + \boldsymbol{K}\boldsymbol{v}_s = \boldsymbol{B}\boldsymbol{v}_s \quad (4.6)$$

基于 MSTMM 计算出舵系统振型 $\boldsymbol{V}$，由于体动力学方程右边的外力项非解耦，因此把振型写为 $\boldsymbol{V}=[V^1,V^2]$，其中 V^1 为舵系统的第 1 阶振型，V^2 为舵系统的第 3 阶振型。令式(4.6)中的 $\boldsymbol{v}_s=\boldsymbol{V}\boldsymbol{q}$（值得注意的是，此处的 $\boldsymbol{q}$ 不是传统意义上的广义坐标）得到：

$$-\omega^2 \boldsymbol{M}\boldsymbol{V}\boldsymbol{q} + \mathrm{i}\omega \boldsymbol{C}\boldsymbol{V}\boldsymbol{q} + \boldsymbol{K}\boldsymbol{V}\boldsymbol{q} = \boldsymbol{B}\boldsymbol{V}\boldsymbol{q} \quad (4.7)$$

文献[136]中已经证明了增广特征矢量的正交性，因此有：

$$-\omega^2 \boldsymbol{V}^{\mathrm{T}}\boldsymbol{M}\boldsymbol{V}\boldsymbol{q} + \mathrm{i}\omega \boldsymbol{V}^{\mathrm{T}}\boldsymbol{C}\boldsymbol{V}\boldsymbol{q} + \boldsymbol{V}^{\mathrm{T}}\boldsymbol{K}\boldsymbol{V}\boldsymbol{q} = \boldsymbol{V}^{\mathrm{T}}\boldsymbol{B}\boldsymbol{V}\boldsymbol{q} \quad (4.8)$$

$$(-\omega^2 \overline{\boldsymbol{M}} + \mathrm{i}\omega \overline{\boldsymbol{C}} + \overline{\boldsymbol{K}})\boldsymbol{q} = \boldsymbol{V}^{\mathrm{T}}\boldsymbol{B}\boldsymbol{V}\boldsymbol{q} \quad (4.9)$$

式中，$\overline{\boldsymbol{M}}=\boldsymbol{V}^{\mathrm{T}}\boldsymbol{M}\boldsymbol{V}$；$\overline{\boldsymbol{C}}=\boldsymbol{V}^{\mathrm{T}}\boldsymbol{C}\boldsymbol{V}$；$\overline{\boldsymbol{K}}=\boldsymbol{V}^{\mathrm{T}}\boldsymbol{K}\boldsymbol{V}$。

线性颤振问题可以利用 U-g 法进行求解。在该方法中需要引入人工结构阻尼 g，在式(4.5)的右边添加人工阻尼力项，$\boldsymbol{D}=\boldsymbol{D}_s\mathrm{e}^{\mathrm{i}\omega t}=-\mathrm{i}g\boldsymbol{K}\boldsymbol{v}_s\mathrm{e}^{\mathrm{i}\omega t}$，且假设舵系统结构本身阻尼 $\boldsymbol{C}=\boldsymbol{0}$，因此式(4.5)最终可以转化为：

$$\frac{1+\mathrm{i}g}{\omega^2}\overline{\boldsymbol{K}}\boldsymbol{q}=\left(\boldsymbol{V}^{\mathrm{T}}\frac{\boldsymbol{B}}{\omega^2}\boldsymbol{V}+\overline{\boldsymbol{M}}\right)\boldsymbol{q} \quad (4.10)$$

因此该颤振过程的求解问题即被转化为了求解该复特征值的问题，其特征值为：

$$\lambda=\frac{(1+\mathrm{i}g)}{\omega^2}=\lambda_{\mathrm{Re}}+\mathrm{i}\lambda_{\mathrm{Im}} \quad (4.11)$$

由此可以得到：

$$\omega=\sqrt{\frac{1}{\lambda_{\mathrm{Re}}}}; \quad g=\frac{\lambda_{\mathrm{Im}}}{\lambda_{\mathrm{Re}}}; \quad U=\frac{b}{K\sqrt{\lambda_{\mathrm{Re}}}} \quad (4.12)$$

该结构阻尼 g 的物理含义是：若该真实结构的结构阻尼系数正好等于该结构阻尼值 g，则系统处于简谐运动状态，即它是一种临界状态；若真实系统的结构阻尼系数小于该值，则说明真实系统的结构阻尼不足以阻碍其发散，需要增加结构阻尼才能使其达到临界状态；反之，若真实系统的结构阻尼系数大于该值，则说明真实的结构阻尼已足够阻碍其发散，需要减小结构阻尼才能使其达到临界状态。因此，对颤振过程认定需要预先知道结构阻尼值，而若计算得到的人工阻尼值 g 大于该真实结构阻尼，则视为发生了颤振，而当人工阻尼值 g 等于该真实结构阻尼时，则视为临界状态，结构发生简谐运动。在本章研究中，通常以人工阻尼值 $g=0$ 为临界状态。

最后，可以通过以下过程来实现基于 MSTMM 的 U-g 法颤振分析：

① 给定流体密度，预设一组折合频率 K；

② 计算指定折合频率 K 下式(4.11)中的复特征值，并得到该折合频率下的 g、ω 和 U；

③ 以一定步长减小折合频率 K，并重复第②步，计算各折合频率下的 g、ω 和 U；

④ 判断人工阻尼 g 是否大于 0，若大于 0，则发生了颤振，可以利用线性插值得到具体的临界颤振速度值；

⑤ 计算完所有的折合频率 K 下的数值后，即可绘制相应的 U-g 图和 U-ω 图。

4.2.2 基于 MSTMM 的舵系统线性颤振模型时域分析

2.3.1 节论述了 Theodorsen 时域水动力模型，通过该模型可以较为准确地计算水翼的非定常水动力。而要计算柔性舵面的水弹性问题则需要进一步与舵系统结构耦合求解水弹性方程，最终解得舵系统的整个振动过程。考虑舵系统所在坐标系下的 Theodorsen 时域水动力模型为：

$$L = \pi\rho b^2(-\ddot{y} + U\dot{\theta} - ba\ddot{\theta}) + 2\Pi\rho Ub\left[Q_{3/4}(0)\phi_\omega(\hat{\tau}) + \int_0^{\hat{\tau}} \frac{\mathrm{d}Q_{3/4}(\sigma)}{\mathrm{d}\sigma}\phi_\omega(\hat{\tau}-\sigma)\mathrm{d}\sigma\right] \tag{4.13a}$$

$$T_a = \pi\rho b^2\left[-ba\ddot{y} - Ub\left(\frac{1}{2}-a\right)\dot{\theta} - b^2\left(\frac{1}{8}+a^2\right)\ddot{\theta}\right] + $$
$$2\Pi\rho Ub^2\left(a+\frac{1}{2}\right)\left[Q_{3/4}(0)\phi_\omega(\hat{\tau}) + \int_0^{\hat{\tau}} \frac{\mathrm{d}Q_{3/4}(\sigma)}{\mathrm{d}\sigma}\phi_\omega(\hat{\tau}-\sigma)\mathrm{d}\sigma\right] \tag{4.13b}$$

式中，$Q_{3/4}(\hat{\tau}) = U\theta + \dot{y} + b\left(\frac{1}{2}-a\right)\dot{\theta}$；$\phi_\omega(\hat{\tau}) = 1 - A_a\mathrm{e}^{-b_1\hat{\tau}} - A_b\mathrm{e}^{-b_2\hat{\tau}}$；$\hat{\tau} = \frac{Ut}{b}$；$A_a = 0.165$；$A_b = 0.335$；$b_1 = 0.0455$；$b_2 = 0.3$。

同样采用式(4.5)，由于水动力不解耦，令 $\mathbf{v} = \mathbf{Vq} = (\mathbf{V}^1\ \mathbf{V}^2)(\mathbf{q}^1\ \mathbf{q}^2)^\mathrm{T}$，可以将其转化到模态坐标系中，则有：

$$\overline{\mathbf{M}}\ddot{\mathbf{q}} + \overline{\mathbf{C}}\dot{\mathbf{q}} + \overline{\mathbf{K}}\mathbf{q} = \mathbf{V}^\mathrm{T}\mathbf{f}(\mathbf{Vq}, \mathbf{V\dot{q}}, \mathbf{V\ddot{q}}) \tag{4.14}$$

由于式(4.13)是 Theodorsen 理论的任意运动时域水动力模型，是一个积分-微分方程，其中存在积分项，直接数值积分很烦琐，因此引入下列新的状态变量以简化计算：

$$\omega_{v1} = \int_0^t \mathrm{e}^{-b1U/b\cdot(t-\sigma)}\alpha(\sigma)\mathrm{d}\sigma,\ \omega_{v2} = \int_0^t \mathrm{e}^{-b2U/b\cdot(t-\sigma)}\alpha(\sigma)\mathrm{d}\sigma$$
$$\omega_{v3} = \int_0^t \mathrm{e}^{-b1U/b\cdot(t-\sigma)}h(\sigma)\mathrm{d}\sigma,\ \omega_{v4} = \int_0^t \mathrm{e}^{-b2U/b\cdot(t-\sigma)}h(\sigma)\mathrm{d}\sigma \tag{4.15a}$$

利用式(4.15a) 将式(4.13) 的积分项展开，则式(4.13) 中将只包括 ω_v 项，没有积分项存在。然后利用含有参变量积分的导数公式(4.15b) 可以得到状态向量 ω_v 应满足的微分方程。

$$F(y) = \int_{x_1(y)}^{x_2(y)} f(x,y) \mathrm{d}x$$

$$\mathrm{d}F(y)/\mathrm{d}y = \int_{x_1(y)}^{x_2(y)} f_y(x,y) \mathrm{d}x + f[x_2(y),y]\mathrm{d}x_2(y)/\mathrm{d}y - f[x_1(y),y]\mathrm{d}x_1(y)/\mathrm{d}y$$

(4.15b)

将 f 中的物理坐标变换成模态坐标并且移至方程的左侧，剩下的留在方程的右侧，得到新的质量矩阵、新的刚度矩阵、新的阻尼矩阵、最后方程可以变换为如式(4.16)所示形式：

$$\boldsymbol{M}_{new}\ddot{\boldsymbol{q}} + \boldsymbol{D}_{new}\dot{\boldsymbol{q}} + \boldsymbol{K}_{new}\boldsymbol{q} + \boldsymbol{G}\boldsymbol{\omega}_v = \boldsymbol{V}^\mathrm{T}\boldsymbol{f}(t) \quad (4.16)$$

式中，$\boldsymbol{\omega}_v(t) = [\boldsymbol{\gamma}_1(t) \quad \boldsymbol{\gamma}_2(t) \quad \cdots \quad \boldsymbol{\gamma}_n(t)]^\mathrm{T}$；$\boldsymbol{\gamma}_i(t) = [\omega_{v1}(t) \quad \omega_{v2}(t) \quad \omega_{v3}(t) \quad \omega_{v4}(t)]^\mathrm{T}, i = 1,2,\cdots,n$；$\dot{\boldsymbol{\omega}}_v(t) = \boldsymbol{E}_\omega \boldsymbol{\omega}_v(t) + \boldsymbol{E}_q \boldsymbol{V}\boldsymbol{q}(t)$；

$$\boldsymbol{E}_\omega = \begin{bmatrix} \boldsymbol{e}_{\omega 1} & \boldsymbol{0}_{4\times 4} & \cdots & \boldsymbol{0}_{4\times 4} \\ \boldsymbol{0}_{4\times 4} & \boldsymbol{e}_{\omega 2} & \cdots & \boldsymbol{0}_{4\times 4} \\ \boldsymbol{0}_{4\times 4} & \boldsymbol{0}_{4\times 4} & \ddots & \boldsymbol{0}_{4\times 4} \\ \boldsymbol{0}_{4\times 4} & \boldsymbol{0}_{4\times 4} & \cdots & \boldsymbol{e}_{\omega n} \end{bmatrix}; \quad \boldsymbol{E}_q = \begin{bmatrix} \boldsymbol{e}_{q1} & \boldsymbol{0}_{4\times 2} & \cdots & \boldsymbol{0}_{4\times 2} \\ \boldsymbol{0}_{4\times 2} & \boldsymbol{e}_{q2} & \cdots & \boldsymbol{0}_{4\times 2} \\ \boldsymbol{0}_{4\times 2} & \boldsymbol{0}_{4\times 2} & \ddots & \boldsymbol{0}_{4\times 2} \\ \boldsymbol{0}_{4\times 2} & \boldsymbol{0}_{4\times 2} & \cdots & \boldsymbol{e}_{qn} \end{bmatrix};$$

$$\boldsymbol{e}_{\omega 1} = \boldsymbol{e}_{\omega 2} = \cdots = \boldsymbol{e}_{\omega n} = \begin{bmatrix} -b_1 & 0 & 0 & 0 \\ 0 & -b_2 & 0 & 0 \\ 0 & 0 & -b_1 & 0 \\ 0 & 0 & 0 & -b_2 \end{bmatrix}; \quad \boldsymbol{e}_{q1} = \boldsymbol{e}_{q2} = \cdots = \boldsymbol{e}_{qn} = \begin{bmatrix} 0 & 1 \\ 0 & 1 \\ 1 & 0 \\ 1 & 0 \end{bmatrix}$$

建立状态空间的水弹性方程为：

$$\begin{bmatrix} \dot{\boldsymbol{q}}(t) \\ \ddot{\boldsymbol{q}}(t) \\ \dot{\boldsymbol{\omega}}_v(t) \end{bmatrix} = \begin{bmatrix} \boldsymbol{0} & \boldsymbol{I} & \boldsymbol{0} \\ -\boldsymbol{M}_{new}^{-1}\boldsymbol{K}_{new} & -\boldsymbol{M}_{new}^{-1}\boldsymbol{D}_{new} & -\boldsymbol{M}_{new}^{-1}\boldsymbol{G} \\ \boldsymbol{E}_q\boldsymbol{V} & \boldsymbol{0} & \boldsymbol{E}_\omega \end{bmatrix} \begin{bmatrix} \boldsymbol{q}(t) \\ \dot{\boldsymbol{q}}(t) \\ \boldsymbol{\omega}_v(t) \end{bmatrix} + \begin{bmatrix} \boldsymbol{0} \\ \boldsymbol{M}_{new}^{-1}\boldsymbol{V}^\mathrm{T}\boldsymbol{f}(t) \\ \boldsymbol{0} \end{bmatrix}$$

(4.17)

采用龙格库塔法求解式(4.17)，可以得到广义坐标 $\boldsymbol{q}^1$、$\boldsymbol{q}^2$，结合由 MSTMM 计算出的振型，进而求出物理坐标随时间的响应。

4.2.3 模型验证

(1) Goland+机翼线性颤振分析

以 Goland+机翼[179]气动弹性算例为例，其结构参数详见表 4.1。基于 MSTMM 计算 Goland+机翼的圆频率，如图 4.1(a) 所示。同时，计算得到该机翼的振型如图 4.1(b)、(c) 所示。第一阶振型以弯曲为主，第二阶振型以扭转为主。然后基于 MSTMM/Theodorsen，通过公式(4.10)，即采用线性颤振频域仿真程序求解机翼颤振速度。

表 4.1　Goland+机翼计算参数[179]

名称	数值
弦长，c	6.0ft(1.829m)
半-展长，s	20.0ft(6.096m)
线质量，m	11.249slug/ft(539.6kg/m)
前缘到弹性轴距离	2.0ft(0.6096m)
弹性轴到中心距离的无量纲量，a	−1/3
前缘到质心的距离	2.6ft(0.7925m)
对 x 轴的单位展长的转动惯量，I_x	0.24921slug·ft^2/ft(1.111kg·m^2/m)
对 y 轴的单位展长的转动惯量，I_y	25.170slug·ft^2/ft(112.2kg·m^2/m)
弯曲刚度(EI)	23.647×10^{6}lb·ft^2(9.76×10^{6}N·m^2)
扭转刚度(GJ)	2.3899×10^{6}lb·ft^2(9.88×10^{5}N·m^2)

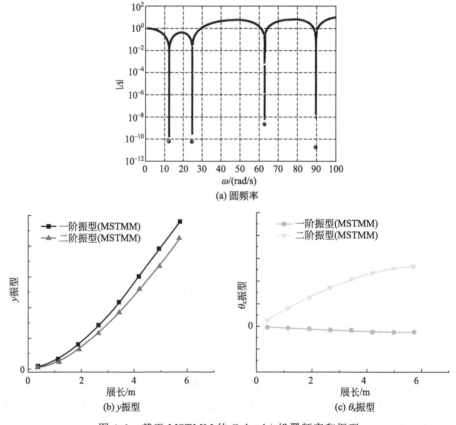

图 4.1　基于 MSTMM 的 Goland+机翼频率和振型

图 4.2 为采用本章方法计算出的 Goland+机翼的速度-人工阻尼图和速度-频率图。从图 4.2(a)、(b) 可以看到 Goland+机翼的颤振速度 $U_F=55.65$m/s＝182ft/s，颤振频率 $f_F=3.68$Hz。文献 [179] 计算 Goland+机翼的颤振速度为 180ft/s（国外文献采用的是准定常气动力理论），根据文献 [179] 中的气动力公式，令本书 Theodorsen 中的 $C(K)=1$。本书方法计算结果与文献计算结果仅相差 1.1%，验证了线性颤振频域分析模型的准确性。

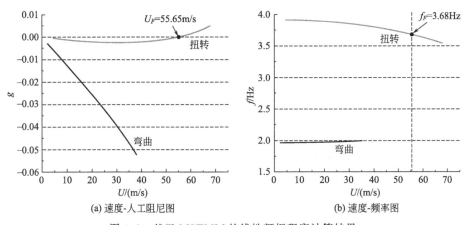

(a) 速度-人工阻尼图　　(b) 速度-频率图

图 4.2　基于 MSTMM 的线性颤振程序计算结果

(2) 弯扭耦合机翼线性颤振分析

采用商业软件 NASTRAN 计算一个悬臂式弯扭耦合机翼[180]的颤振速度。首先对弯扭耦合机翼进行模态计算，NASTRAN 软件仿真结果和 ANSYS 软件以及文献 [180] 的仿真结果基本一致，如表 4.2 所示。然后，应用 NASTRAN 软件计算弯扭耦合机翼的颤振速度，获得弯扭耦合机翼的速度-人工阻尼图和速度-频率图，如图 4.3 所示。从图中可以看出，NASTRAN 软件计算得到的弯扭耦合机翼颤振速度 $U_F=54$m/s，颤振频率 $f_F=11.3$Hz，与文献 [180] 计算结果一致。

表 4.2　弯扭耦合机翼模态计算结果对比

1 阶振型	2 阶振型	3 阶振型	4 阶振型
f_1=5.05 Hz (NASTRAN)	f_2=21.45 Hz (NASTRAN)	f_3=31.36 Hz (NASTRAN)	f_4=69.63 Hz (NASTRAN)

续表

1阶振型	2阶振型	3阶振型	4阶振型
f_1=5.05 Hz (ANSYS)	f_2=21.74 Hz (ANSYS)	f_3=31.53 Hz (ANSYS)	f_4=70.84 Hz (ANSYS)
f_1=5.09Hz（文献[180]）	f_2=21.79Hz（文献[180]）	f_3=31.56Hz（文献[180]）	f_4=70.81Hz（文献[180]）

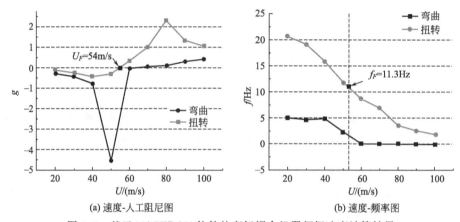

(a) 速度-人工阻尼图　　　　　　　　　(b) 速度-频率图

图 4.3　基于 NASTRAN 软件的弯扭耦合机翼颤振速度计算结果

采用 3.3.2 节的方法计算出弯扭耦合机翼的弹性轴位置以及弯曲刚度、扭转刚度分布。然后基于 MSTMM 计算弯扭耦合机翼的振动模态。ANSYS 软件计算出的振型是质量归一化后的振型，为了与 ANSYS 软件的计算结果对比，对 MSTMM 计算出的振型进行质量归一化处理。归一化处理的目的就是将不同尺度上的评判结果统一到一个尺度上，从而可以进行比较。

质量归一化的过程即将质量阵 M 进行归一化处理为质量阵 I 的过程。假设质量归一化前的振型为 V_o，质量归一化后的振型为 V，因此有 $V_o^T M V_o = M_D$，式中 M_D 为模态化后的质量阵。为了将质量阵 M 归一化，有 $V^T M V = I$。因此，质量归一化后的振型 $V = V_o / \sqrt{V_o^T M V_o}$。

弯扭耦合机翼的圆频率计算结果如图 4.4(a) 所示，质量归一化后的弯扭耦合机翼的一阶振型和二阶振型如图 4.4(b)、(c) 所示，并与 ANSYS 的振型计算结果对比，两种方法计算结果非常接近。如表 4.3 所示，将 MSTMM 的

第 4 章　水下航行器舵系统水弹性仿真与分析

前两阶计算结果与 NASTRAN、ANSYS、文献 [180] 计算结果对比，发现相差非常小。最后，采用基于 MSTMM 的时域模型计算弯扭耦合机翼的动力响应。如图 4.5 所示，当来流速度为 40m/s 时，广义坐标 q_1、q_2 以及广义坐标的导数 $D(q_1)$、$D(q_2)$ 的响应都收敛；来流速度为 55m/s 时，响应都发散；来流速度为 51m/s 时，响应发生持续地等幅振荡，即此时发生了颤振。相比 NASTRAN 软件计算结果，两种方法计算结果相差 5.5%，误差较小，验证了时域仿真模型的准确性。

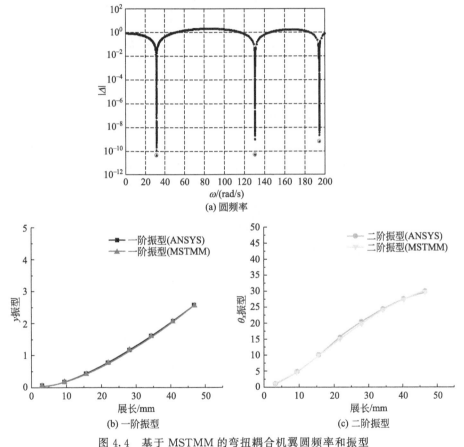

图 4.4　基于 MSTMM 的弯扭耦合机翼圆频率和振型

表 4.3　基于 NASTRAN、ANSYS、MSTMM 和文献 [180] 的弯扭耦合机翼频率计算结果对比

	文献[180]	NASTRAN	ANSYS	MSTMM
f_1	5.09Hz	5.05Hz	5.05Hz	5.03Hz
f_2	21.79Hz	21.45Hz	21.74Hz	21.73Hz

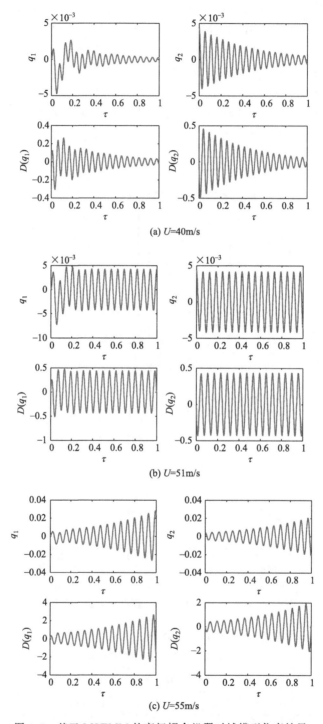

图 4.5 基于 MSTMM 的弯扭耦合机翼时域模型仿真结果

4.2.4 基于 MSTMM 的舵系统水弹性计算

首先采用 CFD 方法计算舵叶采用不同翼型攻角的升力系数。舵叶所采用的翼型为 NACA 系列的某翼型，从图 4.6 可以看出，基于 CFD 的仿真结果与实验数据[181]对比，整体趋势吻合较好，在发生失速前误差较小。计算出图 4.6 线性部分的斜率即舵叶翼型的升力线斜率 $2\Pi=5.995$，通过该模型也验证了 CFD 数值模型的可靠性。

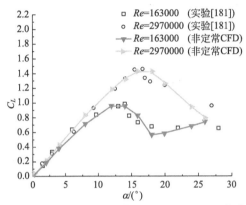

图 4.6 不同攻角下舵叶翼型和舵叶的升力系数分布

基于第 3 章计算得到的舵系统结构参数，通过线性颤振频域分析程序计算得到舵系统的速度-人工阻尼、速度-频率图。改变液压弹簧刚度相当于改变了操纵系统的等效扭转刚度。图 4.7(a)~(f) 所示分别为液压弹簧刚度 $K_h=4\times10^8\text{N/m}$、$1\times10^7\text{N/m}$、$1\times10^9\text{N/m}$ 情况下的舵系统速度-人工阻尼、速度-频率关系。计算结果表明，舵系统在这三种液压弹簧等效刚度下，在来流速度为 0~20m/s 内都需要添加负的阻尼才能达到颤振的临界状态，说明系统

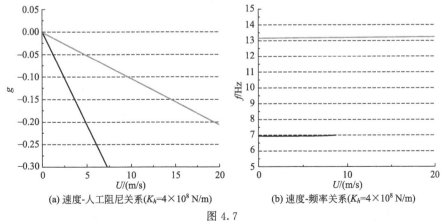

(a) 速度-人工阻尼关系($K_h=4\times10^8$ N/m)　　(b) 速度-频率关系($K_h=4\times10^8$ N/m)

图 4.7

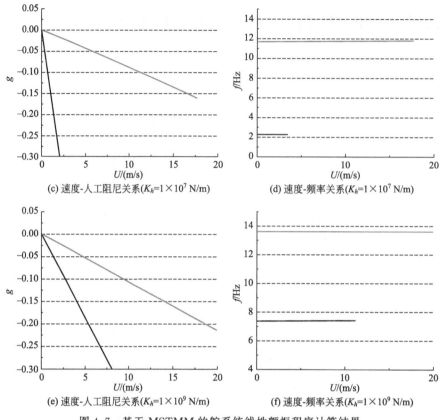

图 4.7 基于 MSTMM 的舵系统线性颤振程序计算结果

本身的阻尼就足够阻碍其发生颤振。因此，在来流速度为 0~20m/s 内，增加或减小操纵系统的等效扭转刚度，舵系统都不会发生线性经典颤振。

同样的参数，采用时域仿真程序，分别对液压弹簧刚度为 $K_h = 4×10^8$ N/m、$1×10^7$ N/m、$1×10^9$ N/m，来流速度为 1m/s、5m/s、10m/s、20m/s 的情况下的舵系统进行动力学响应计算。从图 4.8(a)~(l) 中可以看出舵系统的流固耦合振动响应都是趋于收敛的，且速度越大收敛越快。计算结果和 4.3.3.1 节采用 CFD/CSD 双向耦合的计算结果一致。同时计算结果也表明，在来流速度为 1~20m/s 以内，增加或减小操纵系统的等效扭转刚度，舵系统都未发生持续不衰减振动，即未发生线性颤振。说明在该舵系统的结构参数下，不会发生由颤振引起的结构破坏。

基于 MSTMM 预测整个舵系统的线性颤振速度和动力学响应效率非常高，计算一个流固耦合工况只需几秒到十几秒的时间，改变参数，很快可以得出新的计算结果，从而可以进行参数研究，也可以进行规律探索。然而，同等计算条件下，采用 CFD/CSD 计算尽管精度高，考虑因素全，但是计算

第 4 章 水下航行器舵系统水弹性仿真与分析

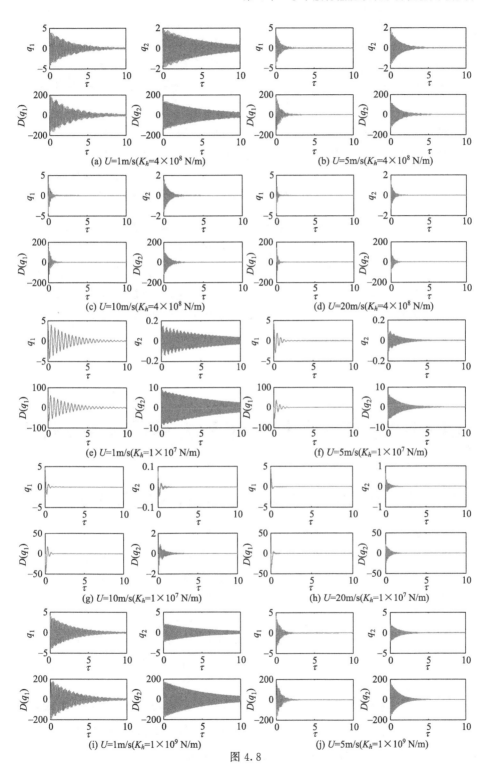

图 4.8

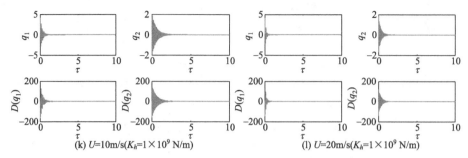

图 4.8 基于 MSTMM 舵系统时域模型仿真结果

1s 往往需要 10 天以上的时间，难以满足工程上快速计算的需求。本节所介绍的基于 MSTMM 的多刚柔体系统流固耦合快速建模和仿真方法，可以为工程上类似问题提供参考。由于舵系统模型中不便研究舵叶的结构参数对舵系统水弹性的影响规律，因此在 4.3 节中提出了将舵系统简化为二元颤振模型的具体方法，并研究舵叶结构参数和间隙非线性对舵系统水弹性的影响规律。

4.3 结构参数和间隙非线性对舵系统水弹性的影响规律

4.3.1 基于 MSTMM 的舵系统二元颤振模型建模方法和参数获取

作用在舵系统两个舵叶上面的水动力是完全一致的。操纵系统对舵叶提供的相当于扭矩，使舵叶可以转动。从 3.4 节的仿真结果可以看出，舵系统的 2、4 阶反对称模态和舵机提供的刚度大小没有关系，属于局部模态，因此可以将舵系统简化为一根扭簧连接一个舵叶来捕捉整个舵系统的动力学行为。如图 4.9(a) 所示，在舵轴两端施加单位扭矩，即可通过有限元静力学分析得到操纵系统的等效扭簧刚度。简化后的舵系统如图 4.9(b) 所示。基于 MSTMM 建立简化后舵系统的动力学模型，如图 4.9(c) 所示，链式系统由一个扭簧和 7 段弯扭耦合梁组成。

当液压弹簧刚度取 $K_h = 4 \times 10^8$ N/m 时，对应的操纵系统等效扭簧刚度为 $K_{a\_actuator} = 1.23 \times 10^7$ N·m/rad。基于 MSTMM，状态矢量写为 $[X, Y, \Theta_z, M_z, Q_x, Q_y, \Theta_x, M_x]^T$，总传递方程为

第4章 水下航行器舵系统水弹性仿真与分析

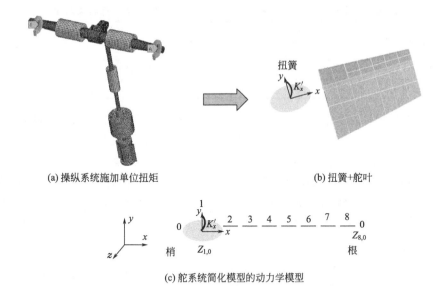

(a) 操纵系统施加单位扭矩　　　　　　(b) 扭簧+舵叶

(c) 舵系统简化模型的动力学模型

图 4.9　舵系统的等效模型

$$\boldsymbol{Z}_{8,0}=\boldsymbol{U}_8\boldsymbol{U}_7\boldsymbol{U}_6\boldsymbol{U}_5\boldsymbol{U}_4\boldsymbol{U}_3\boldsymbol{U}_2\boldsymbol{U}_1\boldsymbol{Z}_{1,0}=\boldsymbol{U}_{pla}^{R}\boldsymbol{U}_1\boldsymbol{Z}_{1,0}=\boldsymbol{T}_{1-8}\boldsymbol{Z}_{1,0} \qquad (4.18)$$

边界条件为:

$$\boldsymbol{Z}_{1,0}=[0,0,0,M_{z1},Q_{x1},Q_{y1},0,M_{x1}]^{\mathrm{T}},\ \boldsymbol{Z}_9=[X_9,Y_9,\Theta_{z9},0,0,0,\Theta_{x9},0]^{\mathrm{T}}$$

求解特征方程,得到舵叶内部不含水和充满水两种情况下的简化舵系统的圆频率,如图 4.10 所示。

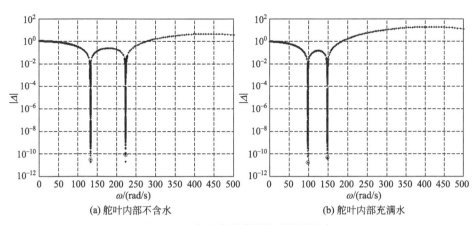

(a) 舵叶内部不含水　　　　　　(b) 舵叶内部充满水

图 4.10　舵系统的等效模型的圆频率

采用 MSTMM 和 ANSYS 有限元软件对简化后的舵系统进行动力学特性计算,计算结果见表 4.4。从表 4.4 可以看出,MSTMM 和 FEM 的仿真结果非常接近,且 MSTMM 的计算效率远远高于 FEM。

表 4.4　基于 MSTMM 和 FEM 舵系统简化模型的频率计算结果对比

	舵叶内部不含水/Hz		舵叶内部充满水/Hz	
	f_1	f_2	f_1	f_2
FEM	20.36	28.528	15.484	24.191
MSTMM	20.9	29.4	15.708	23.582

表 4.5 所示为基于 MSTMM 的舵叶中充满水的舵系统简化模型的振型，并与基于 ANSYS 有限元软件的仿真结果进行了对比，发现振型及频率均一致，说明 MSTMM 的仿真效果较好。从表中可以看出，舵系统简化模型的第 1 阶模态和未简化的舵系统模型第 1 阶模态接近，舵系统简化模型的第 2 阶模态和未简化的舵系统模型第 3 阶模态接近。说明简化后的舵系统可以捕捉到整个舵系统的动力学特性，同时也说明了全舵系统简化为一根扭簧和一个舵叶组成的简化系统是合理的。

表 4.5　基于 MSTMM 和 ANSYS 有限元软件的舵系统简化模型模态仿真结果对比

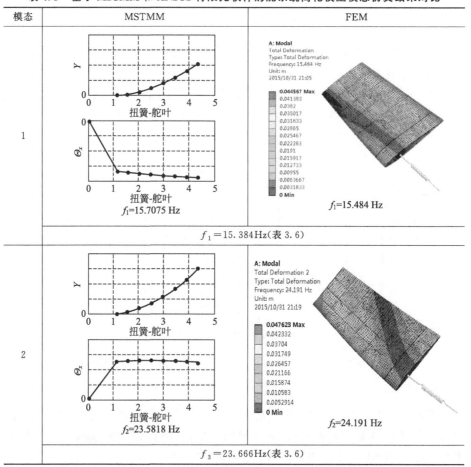

对舵系统线性、非线性颤振模型进行仿真计算，最重要的两个参数是舵系统的纯弯、纯扭频率。如何获得舵系统的非耦合频率是建立舵系统二元颤振模型的关键。基于 MSTMM 将图 4.9(c) 中的弯扭耦合梁的质心到弹性轴的距离都改为 0，即将弯扭耦合梁中的耦合项去掉，便可以很方便地计算出舵系统的非耦合频率。

舵系统不同液压弹簧刚度 K_h 可以等效出不同操纵系统的扭转刚度 $K_{\alpha\_actuator}$。基于 MSTMM 求解舵系统简化后模型的纯弯、纯扭频率，计算结果如图 4.11 所示。图 4.11(a) 为不同液压弹簧刚度情况下舵系统纯弯、纯扭频率分布图，随着液压弹簧刚度的增加，即操纵系统扭转刚度增加，舵系统的纯扭频率增加，但增大幅度慢慢变小；从图 4.11(a)、(b) 都可以看到舵系统的纯弯频率没有改变，说明增大系统的扭转刚度对系统的纯弯频率不产生影响。当液压弹簧的等效刚度大于 $K_h=1.5\times10^9\text{N/m}$ 时，舵系统简化模型的第一阶纯扭模态切换成了纯弯曲模态，这也符合实际。等效液压弹簧刚度以及拉杆、传动杆等连接部件只改变操纵系统的等效扭转刚度，并不改变操纵系统的弯曲刚度，所以舵系统简化模型的纯弯频率一直不变。舵系统的弯曲刚度大于扭转刚度，这是由舵叶小展弦比决定的，当操纵系统的等效扭簧刚度达到一定值时，第一阶振型会变成纯弯曲。液压弹簧刚度为 $K_h=4\times10^8\text{N/m}$（即 $K_{\alpha\_actuator}=1.23\times10^7\text{N}\cdot\text{m/rad}$）时的振型如表 4.6 所示。从表 4.6 中可以看出，第一阶振型是纯扭转，第二阶振型是纯弯曲。

表 4.6 基于 MSTMM 的舵系统简化模型的非耦合振型

第一阶-纯扭转	第二阶-纯弯曲

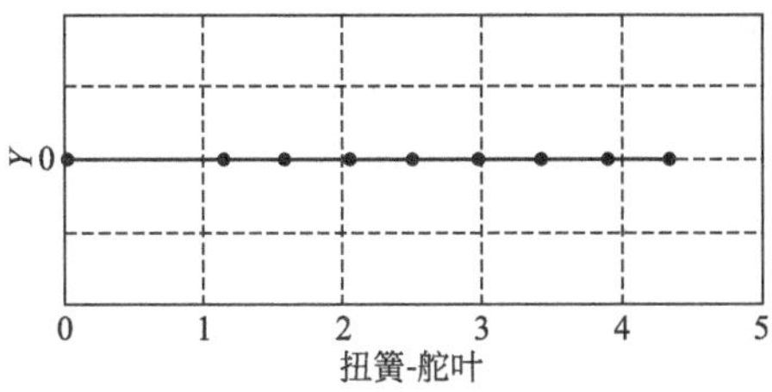

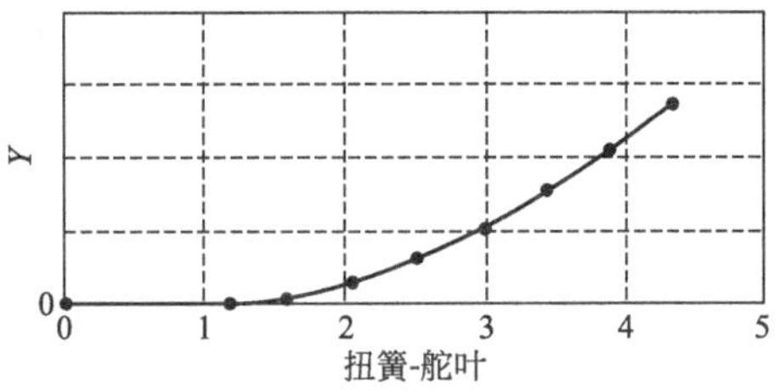

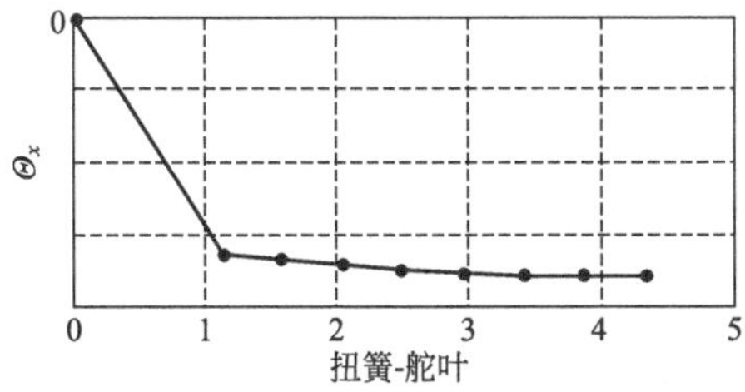

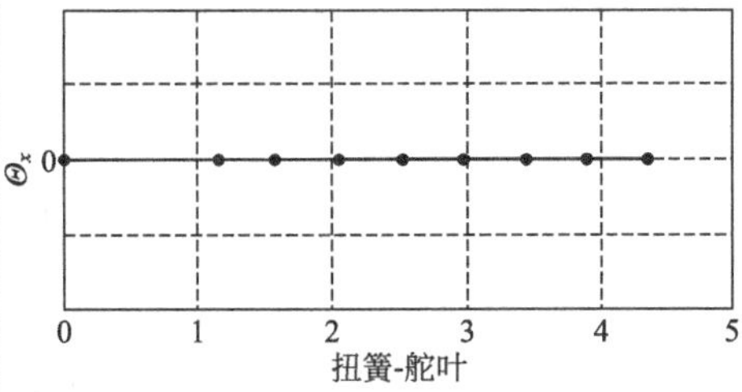

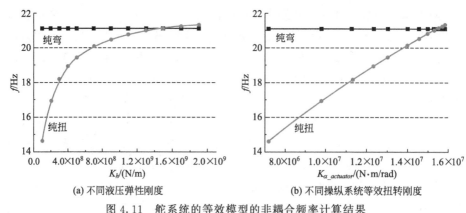

(a) 不同液压弹性刚度 (b) 不同操纵系统等效扭转刚度

图 4.11 舵系统的等效模型的非耦合频率计算结果

4.3.2 舵系统的二元颤振模型建模

图 4.12(a) 为舵叶的示意图，取 3/4 舵叶展长处的截面建立二元水翼颤振模型，如图 4.12(b) 所示。在水翼弹性轴处固定一根刚度为 K_h 的弹簧以及一根刚度为 K_α 的扭簧，弹性轴在翼弦中点前 ab 处，质心到弹性轴的距离为 $x_\alpha b$，水翼弦长为 $2b$。水翼有两个自由度，即随弹性轴的沉浮运动 h（向下

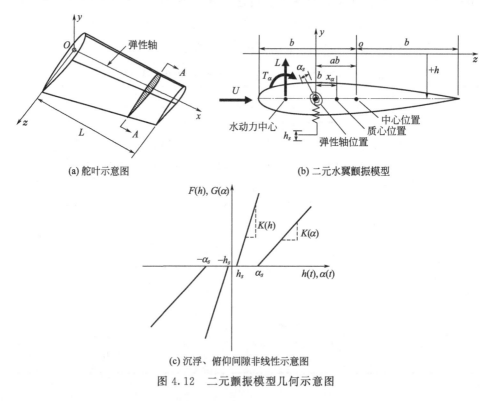

(a) 舵叶示意图 (b) 二元水翼颤振模型

(c) 沉浮、俯仰间隙非线性示意图

图 4.12 二元颤振模型几何示意图

为正) 和绕弹性轴的俯仰转动 α (抬头为正)。二元颤振模型里面考虑的非线性是间隙非线性。如图 4.12(b)、(c) 所示，h_s 是沉浮间隙，α_s 是俯仰间隙。

二自由度舵叶水弹性控制方程为：

$$m\ddot{h} + mx_\alpha b\ddot{\alpha} + c_h\dot{h} + F(h) = -L(t)\\ mx_\alpha b\ddot{h} + I_\alpha\ddot{\alpha} + c_\alpha\dot{\alpha} + G(\alpha) = T_\alpha(t) \quad (4.19)$$

式中，m 为单位展长舵叶的质量；$I_\alpha = mb^2 r_\alpha^2$ 为相对于弹性轴的单位展长转动惯量；r_α 是水翼对刚心的回转半径；c_h 和 c_α 分别是沉浮和俯仰阻尼；L 为升力，取向上的方向为正方向；T_α 为对弹性轴的水动力矩，以抬头为正；非线性项 $F(h)$、$G(\alpha)$ 分别表示回复力和回复力矩。根据图 4.12(c)，其表达式为：

$$F(h) = \begin{cases} K_h(h-h_s), h>h_s \\ 0, -h_s \leqslant h \leqslant h_s \\ K_h(h+h_s), h<h_s \end{cases}; G(\alpha) = \begin{cases} K_\alpha(\alpha-\alpha_\alpha), \alpha>\alpha_\alpha \\ 0, -\alpha_\alpha \leqslant \alpha \leqslant \alpha_\alpha \\ K_\alpha(\alpha+\alpha_\alpha), \alpha<\alpha_\alpha \end{cases} \quad (4.20)$$

(1) 二元线性颤振模型频域分析

式(2.19)为 Theodorsen 水动力理论，为方便推导，将式(2.19)重新整理为更加简洁的形式为：

$$L(t) = L_A(t) + L_C(t) = (L_{Ah} + L_{AU} + L_{A\alpha}) + (L_{Ch} + L_{CU} + L_{C\alpha})\\ T_\alpha(t) = T_A(t) + T_C(t) = [abL_{Ah} - (b/2-ab)L_{AU} + \\ (b^2/8 + a^2b^2)L_{A\alpha}]/ab + (b/2+ab)(L_{Ch} + L_{CU} + L_{C\alpha}) \quad (4.21)$$

式中，$L_{Ah} = \pi\rho b^2 \ddot{h}$；$L_{AU} = \pi\rho b^2 U\dot{\alpha}$；$L_{A\alpha} = -\pi\rho b^2 ab \ddot{\alpha}$；$L_{Ch} = C_{L\alpha}\rho bU C(K)\dot{h}$；$L_{CU} = C_{L\alpha}\rho bU^2 C(K)\alpha$；$L_{C\alpha} = C_{L\alpha}\rho bU C(K)(b/2-ab)\dot{\alpha}$；$L_{Ah}$、$L_{AU}$、$L_{A\alpha}$ 均为由水流的附加质量引起的，是与舵叶的环量分布无关的升力的组成部分；L_{Ch}、L_{CU}、$L_{C\alpha}$ 为与环量分布有关的升力的组成部分，主要与升力线斜率有关。由 4.3.4 节可知，升力线斜率 $C_{L\alpha} = 5.995$。

同样基于 U-g 法，忽略非线性项，建立二元水翼频域上的颤振方程。当来流速度等于颤振速度时，水翼做简谐运动，令 $h = \bar{h}e^{i\omega t}$，$\alpha = \bar{\alpha}e^{i\omega t}$。在这个方法中，需要引入人工结构阻尼。首先假定系统的结构阻尼为零，引入人工结构阻尼，在式(4.19)右边添加耗散结构阻尼力 $D_h = \bar{D}_h e^{i\omega t} = -igm\omega_h^2 \bar{h}e^{i\omega t}$，$D_\alpha = \bar{D}_\alpha e^{i\omega t} = -igI_\alpha\omega_\alpha^2 \bar{\alpha}e^{i\omega t}$。$\omega_h$、$\omega_\alpha$、$g$ 分别为舵系统的非耦合纯弯、纯扭频率及人工阻尼。通过方程推导可以将式(4.19)写为如下形式：

$$\begin{bmatrix} A_1 & A_2 \\ A_3 & A_4 \end{bmatrix} \begin{Bmatrix} \bar{h}/b \\ \bar{\alpha} \end{Bmatrix} = \mathbf{0} \quad (4.22)$$

式中，$A_1 = \frac{1}{\mu} L_1 + 1 - \frac{(1+\mathrm{i}g)}{\Omega^2} \bar{\omega}^2$；$A_2 = \frac{1}{\mu}\left[L_2 - \left(\frac{1}{2}+a\right)L_1\right] + x_\alpha$；$A_3 = \frac{1}{\mu}\left[M_1 - \left(\frac{1}{2}+a\right)L_1\right] + x_\alpha$；$A_4 = \frac{1}{\mu}\left[M_2 - \left(\frac{1}{2}+a\right)(L_1+M_1) + \left(\frac{1}{2}+a\right)^2 L_1\right] + r_\alpha^2 - \frac{(1+\mathrm{i}g)}{\Omega^2} r_\alpha^2$；$L_1 = 1 - \mathrm{i}\frac{C_{L\alpha}}{\pi} C(K) \frac{1}{K}$；$L_2 = \frac{1}{2} - \mathrm{i}\frac{1+\frac{C_{L\alpha}}{\pi}C(K)}{K} - \frac{\frac{C_{L\alpha}}{\pi}C(K)}{K^2}$；$M_1 = \frac{1}{2}$；$M_2 = \frac{3}{8} - \mathrm{i}\frac{1}{K}$，$\mu = m/(\pi\rho_{water} b^2)$；$\Omega^2 = \omega^2/\omega_\alpha^2$；$\bar{\omega} = \omega_h/\omega_\alpha$；$\rho_{water}$、$\mu$ 分别为流体的密度、质量比；ω_h 和 ω_α 分别为无耦合沉浮和俯仰固有频率；$\bar{\omega}$ 为舵系统纯弯纯扭频率比。

因为 A_1、A_4 中都包含 $\frac{1+\mathrm{i}g}{\Omega^2}$ 项，可以将式(4.22)转化为求解广义特征值问题，特征值为 $\lambda = \frac{1+\mathrm{i}g}{\Omega^2} = \frac{(1+\mathrm{i}g)\omega_\alpha^2}{\omega^2} = \lambda_{Re} + \mathrm{i}\lambda_{Im}$，因此有：

$$\omega = \omega_\alpha \sqrt{\frac{1}{\lambda_{Re}}}; \qquad g = \frac{\lambda_{Im}}{\lambda_{Re}}; \qquad U = \frac{\omega_\alpha b}{k\sqrt{\lambda_{Re}}} \tag{4.23}$$

U-g 的使用方法同 4.3.1 节一样。

(2) 二元间隙非线性颤振模型时域分析

2.3.1 节介绍了 Theodorsen 任意运动水动力计算公式，为了方便推导非线性颤振方程，将升力和力矩整理为如下简洁形式：

$$\begin{aligned} L(t) &= L_A(t) + L_B(t) = (L_{Ah} + L_{AU} + L_{A\alpha}) + (L_Q + L_\int) \\ T_\alpha(t) &= T_A(t) + T_B(t) = \Big[abL_{Ah} - (b/2-ab)L_{AU} + \\ &\quad \frac{1}{ab}(b^2/8 + a^2 b^2)L_{A\alpha}\Big] + (b/2+ab)(L_Q + L_\int) \end{aligned} \tag{4.24}$$

式中，$L_Q = C_{L\alpha}\rho b U[Q_{3/4}(0)\phi_\omega(\hat{\tau})]$；$L_\int = C_{L\alpha}\rho b U \int_0^{\hat{\tau}} \frac{\mathrm{d}Q_{3/4}(\sigma)}{\mathrm{d}\sigma} \phi_\omega(\hat{\tau}-\sigma)\mathrm{d}\sigma$；$Q_{3/4}(\hat{\tau}) = U\alpha + \dot{h} + b(1/2-a)\dot{\alpha}$，$\phi_\omega(\hat{\tau}) = 1 - A_a \mathrm{e}^{-b_1 \hat{\tau}} - A_b \mathrm{e}^{-b_2 \hat{\tau}}$；$\hat{\tau} = \frac{Ut}{b}$；$A_a = 0.165$；$A_b = 0.335$；$b_1 = 0.0455$；$b_2 = 0.3$。

由于式(4.24)中存在积分项，同 4.3.2 节方法，引入新的状态变化量如下：

$$\begin{aligned} \omega_{r1} &= \int_0^{\hat{\tau}} \mathrm{e}^{-b_1(\hat{\tau}-\sigma)} \alpha(\sigma)\mathrm{d}\sigma, \quad \omega_{r2} = \int_0^{\hat{\tau}} \mathrm{e}^{-b_2(\hat{\tau}-\sigma)} \alpha(\sigma)\mathrm{d}\sigma, \\ \omega_{r3} &= \int_0^{\hat{\tau}} \mathrm{e}^{-b_1(\hat{\tau}-\sigma)} \xi(\sigma)\mathrm{d}\sigma, \quad \omega_{r4} = \int_0^{\hat{\tau}} \mathrm{e}^{-b_2(\hat{\tau}-\sigma)} \xi(\sigma)\mathrm{d}\sigma \end{aligned} \tag{4.25}$$

根据式(4.19)、式(4.20)、式(4.24)和式(4.25)可以推导出状态空间中二自由度二元非线性水翼无量纲形式的水弹性方程为

$$\begin{bmatrix} \boldsymbol{q}'(\hat{\tau}) \\ \boldsymbol{q}''(\hat{\tau}) \\ \boldsymbol{\omega}'_r(\hat{\tau}) \end{bmatrix} = \begin{bmatrix} \boldsymbol{0}_{2\times 2} & \boldsymbol{I}_{2\times 2} & \boldsymbol{0}_{2\times 2} \\ -\boldsymbol{M}^{-1}\boldsymbol{K} & -\boldsymbol{M}^{-1}\boldsymbol{D} & -\boldsymbol{M}^{-1}\boldsymbol{G} \\ \boldsymbol{E}_q & \boldsymbol{0}_{4\times 2} & \boldsymbol{E}_\omega \end{bmatrix} \begin{bmatrix} \boldsymbol{q}(\hat{\tau}) \\ \boldsymbol{q}'(\hat{\tau}) \\ \boldsymbol{\omega}_r(\hat{\tau}) \end{bmatrix} + \begin{bmatrix} \boldsymbol{0}_{2\times 1} \\ -\boldsymbol{M}^{-1}\boldsymbol{S}\boldsymbol{q}_\eta(\hat{\tau}) \\ \boldsymbol{0}_{4\times 1} \end{bmatrix} + \begin{bmatrix} \boldsymbol{0}_{2\times 1} \\ -\boldsymbol{M}^{-1}\boldsymbol{f}(\hat{\tau}) \\ \boldsymbol{0}_{4\times 1} \end{bmatrix} \quad (4.26)$$

式中，$\boldsymbol{M} = \begin{bmatrix} c_0 & c_1 \\ d_0 & d_1 \end{bmatrix}$；$\boldsymbol{D} = \begin{bmatrix} c_2 & c_3 \\ d_2 & d_3 \end{bmatrix}$；$\boldsymbol{K} = \begin{bmatrix} c_{44} & c_5 \\ d_4 & d_{55} \end{bmatrix}$；$\boldsymbol{S} = \begin{bmatrix} c_4 & 0 \\ 0 & d_5 \end{bmatrix}$；

$\boldsymbol{G} = \begin{bmatrix} c_6 & c_7 & c_8 & c_9 \\ d_6 & d_7 & d_8 & d_9 \end{bmatrix}$；$\boldsymbol{f}(\hat{\tau}) = \begin{bmatrix} f(\hat{\tau}) \\ g(\hat{\tau}) \end{bmatrix}$；$\boldsymbol{q}(\hat{\tau}) = \begin{bmatrix} \xi(\hat{\tau}) \\ \alpha(\hat{\tau}) \end{bmatrix}$；$\boldsymbol{q}_\eta(\hat{\tau}) = \begin{bmatrix} \eta_s(\hat{\tau}) \\ \eta_a(\hat{\tau}) \end{bmatrix}$；

$c_0 = 1 + \dfrac{1}{\mu}$；$c_1 = x_\alpha - \dfrac{a}{\mu}$；$c_2 = 2\zeta_\xi \dfrac{\overline{\omega}}{V_{non}} + \dfrac{2}{\mu}(1 - A_a - A_b)$；

$c_3 = \dfrac{1 + 2(0.5 - a)(1 - A_a - A_b)}{\mu}$；$c_4 = (\overline{\omega}/V_{non})^2$；$c_{44} = \dfrac{2}{\mu}(A_a b_1 + A_b b_2)$；

$c_5 = \dfrac{2}{\mu}[1 - A_a - A_b + (0.5 - a)(A_a b_1 + A_b b_2)]$；$c_6 = \dfrac{2}{\mu} A_a b_1 [1 - (0.5 - a) b_1]$；

$c_7 = \dfrac{2}{\mu} A_b b_2 \left[1 - \left(\dfrac{1}{2} - a\right) b_2\right]$；$c_8 = -\dfrac{2}{\mu} A_a b_1^2$；$c_9 = -\dfrac{2}{\mu} A_b b_2^2$；$d_0 = \dfrac{x_\alpha}{r_\alpha^2} - \dfrac{a}{\mu r_\alpha^2}$；

$d_1 = 1 + \dfrac{1 + 8a^2}{8\mu r_\alpha^2}$；$d_2 = -\dfrac{(1 + 2a)(1 - A_a - A_b)}{2\mu r_\alpha^2}$；$d_3 = 2\zeta_\alpha \dfrac{1}{V_{non}} + \dfrac{1 - 2a}{2\mu r_\alpha^2} -$

$\dfrac{(1 - 2a)(1 + 2a)(1 - A_a - A_b)}{2\mu r_\alpha^2}$；$d_4 = \dfrac{(1 + 2a)(A_a b_1 + A_b b_2)}{\mu r_\alpha^2}$；$d_5 = \dfrac{1}{V_{non}^2}$；

$d_{55} = -\dfrac{(1 + 2a)(1 - A_a - A_b)}{\mu r_\alpha^2} - \dfrac{(1 - 2a)(1 + 2a)(A_a b_1 + A_b b_2)}{2\mu r_\alpha^2}$；

$d_6 = -\dfrac{(1 + 2a) A_a b_1 (1 - (0.5 - a) b_1)}{\mu r_\alpha^2}$；$d_7 = -\dfrac{(1 + 2a) A_b b_2 (1 - (0.5 - a) b_2)}{\mu r_\alpha^2}$；

$d_8 = \dfrac{(1 + 2a) A_a b_1^2}{\mu r_\alpha^2}$；$d_9 = \dfrac{(1 + 2a) A_b b_2^2}{\mu r_\alpha^2}$；$f(\hat{\tau}) = \dfrac{(C_{L\alpha}/\pi)}{\mu}[(0.5 - a)\alpha(0) +$

$\xi(0)](A_a b_1 e^{-b_1 \hat{\tau}} + A_b b_2 e^{-b_2 \hat{\tau}})$；$g(\hat{\tau}) = -\dfrac{1 + 2a}{2 r_\alpha^2} f(\hat{\tau})$；$\boldsymbol{\omega}_r(\hat{\tau}) = [\omega_{r1}(\hat{\tau})$

$\omega_{r2}(\hat{\tau}) \quad \omega_{r3}(\hat{\tau}) \quad \omega_{r4}(\hat{\tau})]^T$；$\boldsymbol{\omega}'_r(\hat{\tau}) = \boldsymbol{E}_\omega \boldsymbol{\omega}_r(\hat{\tau}) + \boldsymbol{E}_q \boldsymbol{q}(\hat{\tau})$；

$$\boldsymbol{E}_\omega = \begin{bmatrix} -b_1 & 0 & 0 & 0 \\ 0 & -b_2 & 0 & 0 \\ 0 & 0 & -b_1 & 0 \\ 0 & 0 & 0 & -b_2 \end{bmatrix}; \quad \boldsymbol{E}_q = \begin{bmatrix} 0 & 1 \\ 0 & 1 \\ 1 & 0 \\ 1 & 0 \end{bmatrix}; \quad \xi = h/b; \quad k_h = m\omega_h^2;$$

$k_\alpha = mr_\alpha^2 \omega_\alpha^2$; $V_{non} = U/(\omega_\alpha b)$; $\zeta_\alpha = c_\alpha/(2\sqrt{mr_\alpha^2 k_\alpha})$; $\zeta_\xi = c_h/(2\sqrt{mk_h})$;

$$\xi_s = h_s/b; \quad \eta_s = \begin{cases} \xi - \xi_s & \xi > \xi_s \\ 0 & -\xi_s \leqslant \xi \leqslant \xi_s; \\ \xi + \xi_s & \xi < -\xi_s \end{cases} \quad \eta_\alpha = \begin{cases} \alpha - \alpha_s & \alpha > \alpha_s \\ 0 & -\alpha_s \leqslant \alpha \leqslant \alpha_s; \\ \alpha + \alpha_s & \alpha < -\alpha_s \end{cases}$$

ξ、α，ξ_ξ、ξ_α，ξ_s、α_s 分别为沉浮和俯仰两个方向上的无量纲位移、阻尼比系数、间隙；V_{non} 为无量纲来流速度；$\hat{\tau}$ 为无量纲时间。

采用龙格库塔法求解式(4.26)及给定合适的初始条件（一般给 α 一个较小的初值），可以得到二元水翼的时域响应。

4.3.3 舵系统二元颤振模型建模合理性验证

4.3.3.1 基于 CFD/FEM 双向流固耦合的舵系统建模及计算

为了验证舵系统模型简化方法的合理性，采用 CFD/FEM 双向耦合模型计算舵系统水弹性响应，查看两边舵叶的响应是否完全对称。

既考虑流场计算出的压力对结构场的影响，又考虑结构变形对流场的影响，先通过稳态的 CFD 计算获得舵叶表面的压力分布，并作为 FEM 分析的初始边界条件进行瞬态计算，在每个时间步长内，采用全局守恒型插值方法，通过数据交换平台传递 CFD 网格和 FEM 网格数据。首先把 FEM 计算出来的位移传递到 CFD 计算的流场网格上，并采用动网格技术使网格变形，再通过 CFD 计算出新的压力分布，相互迭代，进行水弹性时域仿真，该方法称为双向耦合方法。仿真过程中网格运动通过弹簧比拟法实现，为了避免流场中心域和环绕域之间的变形过于迅速造成计算失败，常采取修改网格弹簧刚度系数，靠大体积网格吸收变形的做法。舵系统双向流固耦合流程图如图 4.13(a) 所示。图 4.13(b) 所示为舵叶表面的 CFD 计算网格，图 4.13(c) 所示为舵系统去除蒙皮后的内部有限元网格展示图。流固耦合的计算模型见 2.4 节。

舵系统双向流固耦合数值模拟步骤如下：

① 利用 CFD 解算器 CFX 获得舵叶的水动力参数。

② 通过 ANSYS Workbench 数据交换平台将水动力载荷参数传递到用于有限元分析的 CSD 解算器中的舵叶表面单元上。

③ 将 CFD 模块计算出来的节点压力值插值到 CSD 模块中的单元网格节

点上。

④ 通过 CSD 解算器计算出舵系统上的舵叶表面每个单元网格节点的位移。

⑤ 通过 ANSYS Workbench 数据交换平台将 CSD 计算出的单元网格节点的位移传递到用于 CFD 计算的表面网格上。

⑥ 利用动网格技术使流场网格变形。

⑦ 利用 CFD 解算器计算出变形后舵叶的水动力参数。

⑧ 重复①~⑦步进行流固双向耦合时域仿真。

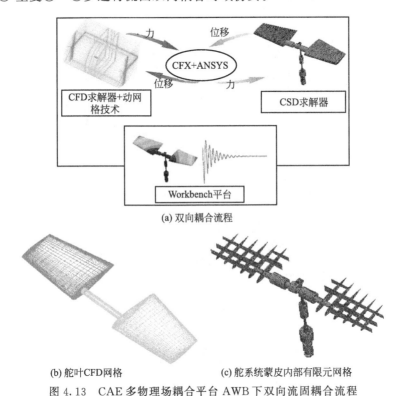

(a) 双向耦合流程

(b) 舵叶CFD网格　　　(c) 舵系统蒙皮内部有限元网格

图 4.13　CAE 多物理场耦合平台 AWB 下双向流固耦合流程

(1) 双向流固耦合模型验证

采用 3.3 节的 AGARD 445.6 机翼模型作为流固耦合时域仿真验证计算的例子。AGARD 445.6 机翼是美国兰利研究中心风洞颤振实验验证的一个国际上公认的标准颤振计算模型。该模型的风洞颤振实验结果一般用于考察数值方法的准确性。AGARD Wing 445.6 机翼的结构参数见 3.3 节。CFD 网格和 FEM 网格以及双向耦合流程图如图 4.14 所示。颤振速度系数为：

$$V_{non} = U/b_s \omega_a \sqrt{\overline{\mu}} \qquad (4.27)$$

式中，U 为来流速度；b_s 为参考长度，一般取翼根处的半弦长；ω_a 为参考频率，一般取机翼的第一阶扭转频率；$\overline{\mu}$ 为质量比，$\overline{\mu} = \overline{m}/\rho v$；$v$ 为以翼根弦长作为底面直径，翼梢弦长作为顶面，半展长为高的锥台体积。分别计算 $Ma=$ 0.499、0.678、0.901、0.960、1.072、1.141 对应的颤振速度系数。图 4.15(a)、(b) 为 $Ma=1.072$、1.141 时监测机翼翼梢的两个端点的响应曲线，从图中可以看出，振动响应都处于等幅振动状态，说明此时达到颤振临界点。图 4.15(c) 为双向流固耦合仿真计算出的颤振速度系数与实验数据的对比图，从图中可以看出，仿真数据与实验数据大体趋势一致，在个别点上略有偏差，但是都出现了跨声速段"凹坑"现象，说明机翼在跨声速段飞行具有更大的危险性。

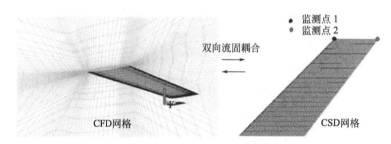

图 4.14　AGARD 445.6 机翼双向流固耦合流程图

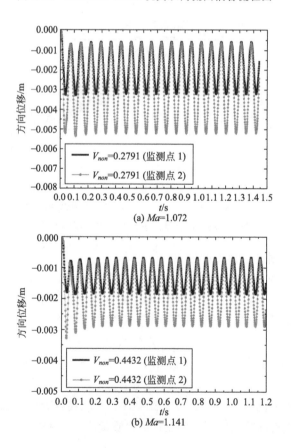

第4章 水下航行器舵系统水弹性仿真与分析

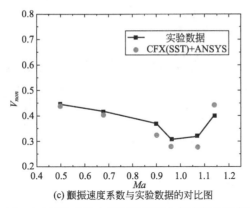

(c) 颤振速度系数与实验数据的对比图

图 4.15　AGARD 445.6 双向流固耦合仿真与实验数据图

本节仿真结果与实验数据对比，误差较小，说明本章所采用的双向流固耦合方法可行。

(2) 双向流固耦合模型计算结果

基于 CFD/CSD 双向耦合的方法计算来流速度分别为 1m/s、5m/s，攻角为 0°，液压弹簧刚度为 $4\times10^8\text{N/m}$ 时的舵系统的水弹性响应。图 4.16 中标注的字母 A、B、C、D、E、F、G、H 为舵叶根部和梢部的监测点。图 4.17(a)、(c) 为监测点的 y 方向线位移 y，图 4.17(b)、(d) 为 x 方向角位移 θ_x 的动力学响应。从图中可以看出，两个舵叶的动力学响应完全对称，即 A 和 E、B 和 F、C 和 G、D 和 H 的响应完全一致，并且逐渐衰减。从图 4.17 还可以看出，当来流速度增大时，舵系统的水弹性响应加速收敛，这是由于水速的增加相当于增大了外部阻尼力。该结论与 4.2 节一致。

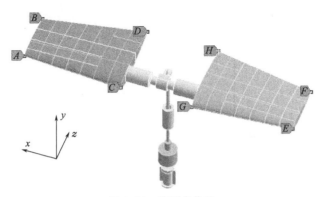

图 4.16　监测点位置

舵系统的两个舵叶的水弹性响应完全对称，说明了舵系统可以简化为单个舵叶加一个扭簧的简化模型。采用 CFD/CSD 双向耦合方法对整个舵系统进行

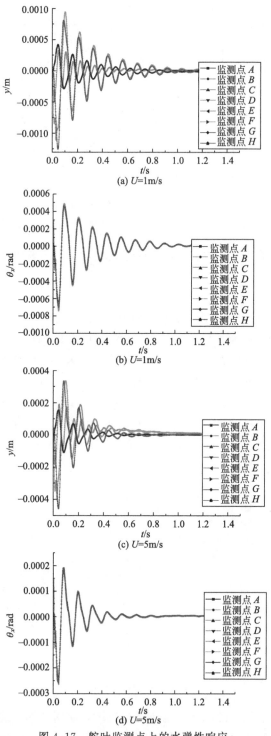

图 4.17 舵叶监测点上的水弹性响应

水弹性分析非常耗时，采用单个 CPU 计算仿真 1s 需要 10 天以上的时间，无法满足工程快速分析的需求。

4.3.3.2 Goland+机翼二元线性颤振模型验证

以 4.2.3 节的 Goland＋机翼模型[179]为例，其结构参数详见表 4.1。首先基于 MSTMM，只需令 $x_\alpha \approx 0$，就可以很方便地计算 Goland＋机翼的纯弯频率和纯扭频率，计算结果如图 4.18 所示。图 4.18(a) 为 Goland＋机翼前 4 阶非耦合频率，对应的频率见表 4.7。从图 4.18(b)、(c) 可以看出，计算出的 Goland＋机翼第 1 阶为纯弯振型，第 2 阶为纯扭振型。

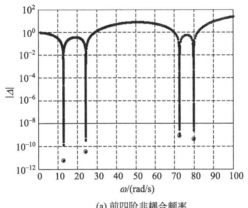

(a) 前四阶非耦合频率

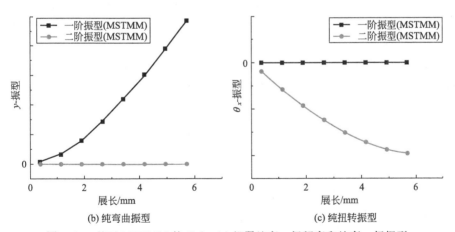

(b) 纯弯曲振型　　　　　　　　　(c) 纯扭转振型

图 4.18　基于 MSTMM 的 Goland＋机翼纯弯、扭频率和纯弯、扭振型

表 4.7　基于 MSTMM 的 Goland＋机翼非耦合频率

阶数	1 阶	2 阶	3 阶	4 阶
非耦合频率/Hz	2.0283	3.8518	11.5553	12.7114

采用二元水翼线性颤振模型计算，通过以上的 MSTMM 计算得到颤振程序计算所需的重要参数，即 $\omega_h=2.0283\text{Hz}$，$\omega_a=3.8518\text{Hz}$。其他参数可从表 4.1 获得。图 4.19 为计算得到的速度-人工阻尼图、速度-频率图，颤振速度为 179.7ft/s，与文献 [179] 计算 Goland+ 的颤振速度 180ft/s 非常接近，验证了本章二元水翼线性颤振模型的准确性。同时，也验证了采用非耦合频率建模的正确性。

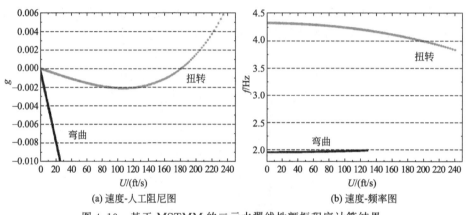

图 4.19　基于 MSTMM 的二元水翼线性颤振程序计算结果

4.3.3.3　二元线性、非线性颤振模型验证

美国做过大量船舶、水下航行器的舵叶、水翼的水弹性实验与仿真，积累了大量的实验和仿真数据[19]。本章二元线性颤振程序所使用的方法与该研究中心对舵叶水弹性计算所使用的方法一致。在文献 [19] 中做了 A、B、C、D 四组仿真和实验，选取 B 组参数作为本章二元水翼颤振程序验证模型的计算参数，文献 [19] 给出的 B 组无量纲参数为 $\mu=3.25$，$r_a=0.703$，$\bar{\omega}=0.9623$，$a=-0.5$，$x_a=0.180$、0.192、0.203、0.213、0.221、0.229、0.234、0.243。为了和文献实验数据及仿真数据对比，采用和文献一致的单位。图 4.20(a) 为文献所采用的实验装置，图 4.20(b) 为文献的 B 组仿真结果。图 4.21 为采用本章的二元水翼线性颤振程序的仿真结果。图 4.21(a)、(b) 分别为速度-阻尼、速度-频率图。对比图 4.20(b)，仿真结果基本上完全吻合，验证了二元水翼线性颤振仿真程序的准确性。然后从 B 组数据中找一组参数采用本章的二元水翼非线性颤振程序计算（将程序中沉浮和俯仰间隙设置为 0），如图 4.22(a)~(c) 所示，计算 $x_a=0.243$ 时不同速度下的二元水翼流固耦合响应。当速度 $U=157.48\text{in/s}$ 时，响应收敛；当 $U=234.25\text{in/s}$，响应发生等幅振荡；当 $U=314.96\text{in/s}$，响应发散。所以可以判定速度 $U=234.25\text{in/s}$ 时，水翼发生颤振。同样的方法，采用二元水翼非线性颤振程

第4章 水下航行器舵系统水弹性仿真与分析

序，计算出不同 x_α 情况下的颤振速度，如图 4.23 所示。采用本章的二元水翼线性、非线性颤振仿真程序的计算结果与文献仿真结果十分接近，相比实验数据误差略小，从而验证了本章建立的二元水翼线性、非线性颤振仿真程序的正确性。

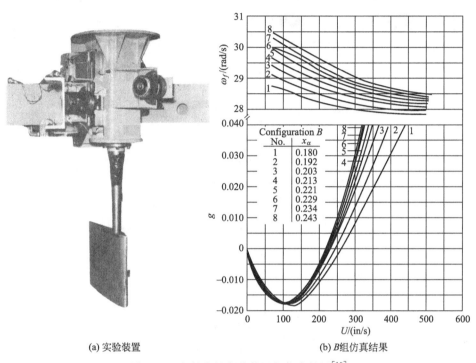

图 4.20　文献中的实验装置与仿真结果[19]

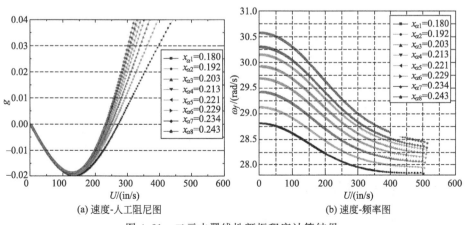

图 4.21　二元水翼线性颤振程序计算结果

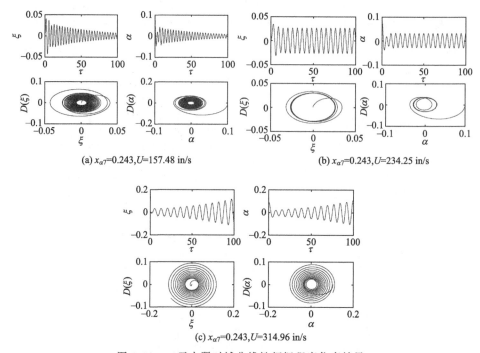

图 4.22 二元水翼时域非线性颤振程序仿真结果

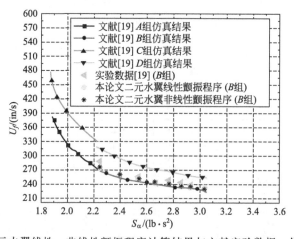

图 4.23 二元水翼线性、非线性颤振程序计算结果与文献实验数据、仿真数据对比

4.3.4 计算结果分析

二元线性颤振程序对舵系统颤振边界预测需要五个无量纲参数，即 μ、a、r_α^2、$\overline{\omega}^2$、x_α。其中，$\overline{\omega}^2$ 是纯弯、纯扭频率之比的平方，主要由基于 MSTMM

的计算获得。由 3.5 节的计算结果可知当液压弹簧刚度 $K_h = 4 \times 10^8 \mathrm{N/m}$ 时，舵系统的非耦合纯弯频率为 21.094Hz，非耦合纯扭频率为 18.931Hz，其他参数均可以通过几何软件测得。整理得到二元水翼颤振模型的计算参数如表 4.8 所示。

表 4.8 二元水翼颤振模型计算参数

参数	参数值
C_{La}	5.995
x_a	0.2889（变量）
r_a^2	0.405（变量）
ω_h	21.094Hz（变量）
ω_a	18.931Hz（变量）
$\overline{\omega}^2$	1.2414（变量）
b	0.9m
μ	0.403（变量）
a	−0.48（变量）
a_s	0~0.0065rad
ξ_s	0~0.0005

将舵系统的结构参数代入二元水翼线性颤振程序，计算结果如图 4.24 所示。从图中可以看出，舵系统并未发生线性经典颤振，这与 4.2 节和 4.3 节的计算结论一致。

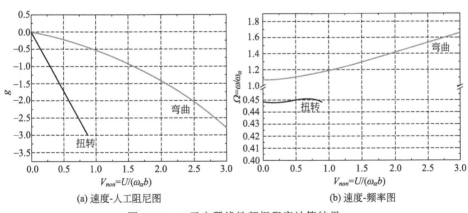

(a) 速度-人工阻尼图　　(b) 速度-频率图

图 4.24 二元水翼线性颤振程序计算结果

在舵系统的设计中，各结构参数都有一个可能发生变化的范围。本节首先研究线性颤振的五个参数对舵系统线性颤振边界的影响规律。根据舵系统的实际结构，给定各参数的变化范围为：$\mu = 0.2 \to 2$、$x_a = 0.2 \to 0.6$、$\overline{\omega}^2 = 0.01 \to 4$、$a = -0.1 \to -0.6$、$r_a^2 = 0.09 \to 0.64$。质量比的变化一般是由舵叶材料改变或者舵叶内部结构改变造成的，同时舵叶质量改变也可能导致质心前移或者后移、回转半径变大或者变小。另外，频率比的改变主要和系统的结构刚度有关，例如 4.3.1 节的计算结果表明，当液压刚度足够大时，舵系统的第 1 阶纯扭模态转变为第 1 阶纯弯模态，频率比由大于 1 变成小于 1。弹性轴位置的确定不够十分准确也会导致 a 值有所变化。采用二元水翼线性颤振程序，研究每个参数对舵系统颤振速度的影响，计算出大量的数据，并绘制成云图，如图 4.25 所示。

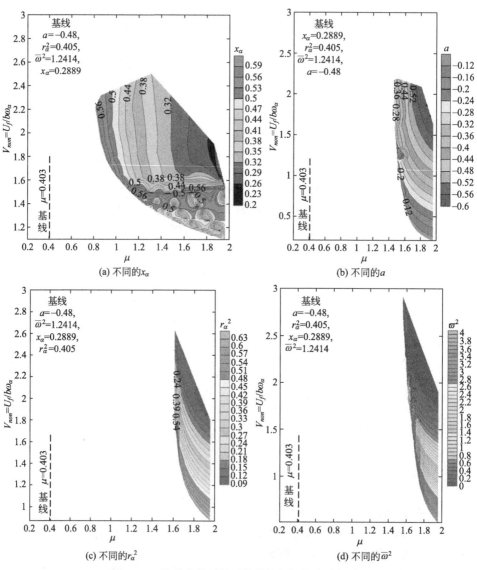

图 4.25　结构参数对舵系统线性颤振的影响规律

第4章 水下航行器舵系统水弹性仿真与分析

x_α 是表示质心位置与弹性轴距离大小的无量纲量，x_α 的值越大说明质心与弹性轴的距离越大，x_α 的值越小说明质心与弹性轴的距离越小。从图4.25(a)可以看出，在同等质量比 μ 的情况下，x_α 的值越大，颤振速度越小，越容易发生颤振。说明质心前移可以提高颤振速度，通常可以采用在水翼前缘增加配重来使质心前移。a 的绝对值越大，即弹性轴与翼弦中心的距离越大，说明弹性轴越往翼的前缘移动。从图4.25(b)可以看出，a 的绝对值越大，舵系统的颤振速度越大，说明越不容易发生颤振。图4.25(a)、(b)也说明了弹性轴、质心位置尽量都向水动力中心靠近，可以提高颤振速度。从图4.25(c)可以看出，水翼回转半径越大，颤振速度越低，越容易发生颤振，说明转动惯量越大越容易发生颤振。从图4.25(d)可以看出，频率比的值越大，颤振速度越小，越容易发生颤振；频率比越小，说明舵系统的扭转刚度越大，颤振速度越大，越不容易发生颤振。因此，增加舵系统的扭转刚度可以降低舵系统发生线性经典颤振的危险。从图4.25的四个图中都可以看出，当质量比 μ 的值小于0.8时，没有线性经典颤振发生，也就是说舵叶越轻，质量比越小，越不容易发生颤振。一旦质量比大于1，且舵叶的结构设计不合理，就很可能发生线性经典颤振，从而导致舵系统结构发生破坏。

在图3.1(b)所示的舵系统中，活塞筒、球铰、柱铰、轴承之间可能存在间隙，因此舵系统可能存在间隙非线性。工程实践中，测得该舵系统的活塞筒、球铰、柱铰的间隙总和不大于3mm。由于拉杆、导向杆垂直运动，带动舵轴和舵叶转动，因此这些球铰和柱铰的间隙引起的是舵叶俯仰运动方向的间隙，根据舵柄的长度推算出俯仰间隙范围为0~0.0065rad。工程实际中，测得该舵系统轴承内部的间隙不大于0.5mm，因此沉浮间隙无量纲量的范围 $\xi_s = 0 \sim 0.0005$。同样，工程实际中，该水下航行器的航行速度小于20m/s，因此 $V_{non} < 0.2$（以下的 $V_{non} = U/b\omega_\alpha$，表示速度系数）。仿真时间统一为20s，无量纲时间表达式为 $\tau = tU/b$。二元非线性颤振程序的计算参数见表4.8，初始条件都设置为 $\xi(0)=0$，$\alpha(0)=0.01$rad，沉浮和俯仰振幅随 V_{non} 的变化图如图4.26所示。从图4.26(a)、(b)可以看出，当俯仰间隙和沉浮间隙的值为 $\alpha_s = 0.0065$、$\xi_s = 0.0005$ 时，$V_{non} < 0.07$ 舵系统发生极限循环振动（LCO）现象，这种持续的振动可能诱发水噪声，降低水下航行器的隐蔽性。当 $V_{non} > 0.07$ 时，舵系统只是发生了静变形，可能会降低舵面的操纵效率。在 $V_{non} \approx 0.08$ 时，舵系统的静变形发生跳跃现象。因此，舵系统在包含间隙非线性的情况下，可能发生LCO和静变形等现象。图4.26(c)、(d)是沉浮和俯仰间隙都为0时随速度变化的振幅分布图。从图中可以看出，沉浮和俯仰振幅一直维持为0，即没有发生LCO现象，也没有静变形现象发生。

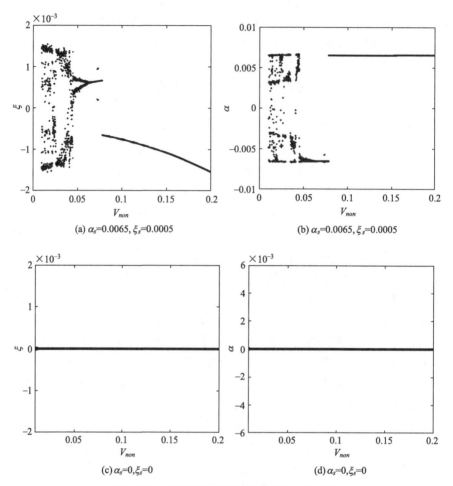

图 4.26 沉浮和俯仰振幅与速度变化的关系

为了说明图 4.26 中的计算结果,给出了图 4.26 中的部分响应计算结果。如图 4.27(a)、(b) 所示,当间隙都为 0 时,舵系统的响应迅速收敛,且当来流速度增加,响应收敛加速。说明速度增大,相当于增大了流体阻尼,从而加速抑制舵叶的振动。从图 4.27(c) 可以看出,当间隙为 $\alpha_s = 0.0065$、$\xi_s = 0.0005$,来流速度为 $V_{non} = 0.01$ 时,舵系统发生了 LCO 现象,对应的频谱如图 4.27(d) 所示,在频率为 10.09 Hz 左右有一个离散峰,离散峰处的能量相比其他处要高,表明此处容易激发出水噪声。

对图 4.26(a)、(b) 工况下计算出的响应做频谱分析,获得响应频率,绘制出不同来流速度下响应频率的分布图,如图 4.28 所示。从图中可以看出,随着速度的增加,系统的响应频率逐渐降低。

第4章 水下航行器舵系统水弹性仿真与分析

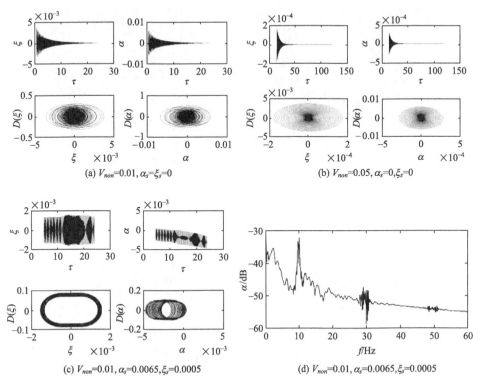

图 4.27 舵系统动力学响应、相轨图、频谱图

本节针对间隙非线性对 LCO 幅值的影响做了大量计算，并绘制成云图。当沉浮间隙 $\xi_s=0$，不同来流速度下俯仰间隙（$\alpha_s<0.0065$）对舵系统 LCO 幅值的影响规律如图 4.29 所示。计算结果表明，沉浮和俯仰方向的 LCO 幅值都小于 0.005。当 $V_{non}>0.07$ 时，不存在 LCO 现象，舵系统将只发生静变形。从图 4.30 可以看出，当 $\alpha_s=0$，$\xi_s<0.0005$ 时，舵系统没有发生 LCO 现象，只存在静变形。当 $V_{non}=0.01$ 时，不同的沉浮和俯仰间隙对舵系统振幅的影响规律如图 4.31 所示。从图中可以看出，当存在俯仰间隙时，沉浮间隙越大，发生 LCO 的可能性越大。俯仰间隙对舵系统的 LCO 振动幅值影响比沉浮间隙大。

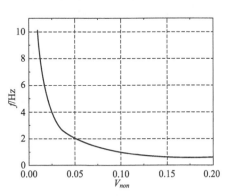

图 4.28 不同来流速度下的响应频率分布

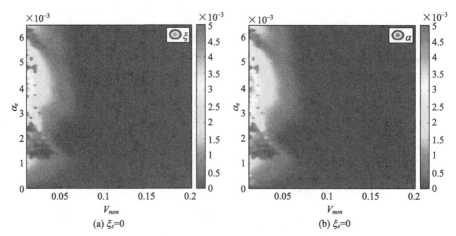

图 4.29　$\xi_s=0$ 时，不同来流速度下俯仰间隙对舵系统 LCO 幅值的影响

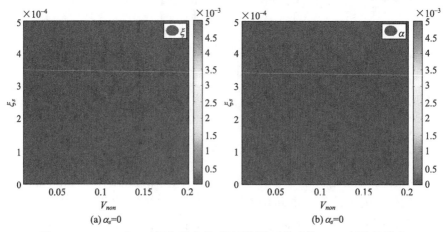

图 4.30　$\alpha_s=0$ 时，不同来流速度下沉浮间隙对舵系统 LCO 幅值的影响

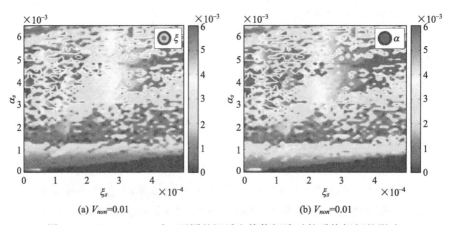

图 4.31　$V_{non}=0.01$ 时，不同的沉浮和俯仰间隙对舵系统振幅的影响

4.4 本章小结

本章首先基于 MSTMM 建立了舵系统线性颤振模型，并进行了频域和时域分析，快速计算了整个舵系统的动力学响应。计算结果表明，该舵系统未发生线性经典颤振。为了研究舵叶的结构参数对舵系统水弹性的影响规律，提出了舵系统到二元颤振模型的具体建模方法，研究了结构参数和间隙非线性对舵系统水弹性的影响规律。计算结果表明，如果舵系统结构设计不当，可能会发生线性经典颤振，导致舵系统结构破坏。质心前移，增加舵系统的扭转刚度，减小舵叶的质量都可以增大颤振速度，降低发生线性经典颤振的危险。舵系统内部存在的间隙可能诱发舵系统发生极限循环振荡引起水噪声，舵系统也可能会发生静变形，降低舵系统的操纵效率。

第5章
柱体结构涡激振动仿真与分析

5.1 引言

流体与结构之间相互作用会使结构产生复杂的流固耦合振动现象,进而可能诱发结构破坏或者疲劳损伤等问题。在第3章和第4章中,研究了包含结构间隙非线性的水下航行器舵系统水弹性模型的建模方法,并计算分析了结构参数和间隙非线性对舵系统流固耦合特性的影响规律。流固耦合动力学的另一类典型问题是包含流体非线性的流固耦合问题。柱体结构涡激振动现象就是一种典型的具有强烈流体非线性的流固耦合振动现象,常见于有细长结构的工程领域,如桥梁缆绳、烟囱、海洋立管和风力机塔筒等。当流体流过钝体时,钝体下游流场持续产生和脱落旋涡,从而导致结构受到周期变化的流体力作用[182,183]。在脉动气动载荷作用下,当涡脱频率接近结构固有频率时,就会发生频率锁定现象产生共振,共振作用下会产生远大于正常情况下振幅的振动[70,184]。涡激振动导致结构受到周期性的疲劳应力的作用,所产生的横向高振幅振动将导致疲劳损伤甚至结构破坏问题。

由于流体来流速度沿高度变化的非均匀性、流固耦合的复杂性以及涡激振动现象本身的复杂性,涡激振动的准确预报一直是一个巨大的难题。目前对于涡激振动响应预测主要包括半经验模型和CFD模型,预测精度最好的是CFD模型。但是基于CFD高保真计算又避免不了网格畸变,动网格出现负网格问题,且计算量较大。对复杂涡激振动现象的研究一般从二维入手,即降阶的高保真模型入手,然后再扩展到三维。

本章主要以弹性支撑的二维刚性柱体来研究柱体结构的涡激振动预测方法和机理,然后以风力机塔筒和海洋立管为例,进一步研究三维柔性柱体的涡激振动响应。首先分别基于 Van der Pol 尾流振子模型和 CFD 模型（基于 CFD 商业软件引入嵌套网格技术，解决负网格问题，对 CFD 软件进行二次开发研究，实现涡激振动数值模拟）建立二维弹性支撑柱体的涡激振动模型，研究柱体结构的涡激振动机理，讨论两种模型的优缺点，并与文献实验数据、文献计算方法对比，验证本节计算方法的正确性。然后扩展到具体的三维柱体结构，基于 Van der Pol 尾流振子模型和 MSTMM，为风力机塔筒和复合材料立管建立适于工程快速预测振动特性和涡激振动响应的动力学模型。

5.2 二维弹性支撑柱体涡激振动动力学模型

国外著名学者 A. KHALAK、C. H. K. WILLIAMSON 等人做了许多经典的实验[184~186]来研究二维弹性支撑柱体 VIV 动力学。许多学者基于二维弹性支撑柱体的数值模拟来实现准三维立管涡激振动研究。一般是将立管等细长柔性柱体简化为多质点模型，采用静力等效方法获得各质点刚度参数，因此各质点被简化为弹簧-阻尼模型。然后分别对每个二维弹簧-阻尼模型进行涡激振动计算，获得各质点的涡激振动响应。近似认为立管等细长柔性柱体上各质点响应幅值为立管等细长柔性柱体结构在流体作用下的涡激振动响应幅值[96,97,151]。总而言之，进行二维弹性支撑柱体的数值模拟是研究海洋柱体结构涡激振动现象和机理的重要手段。

第 2 章中介绍了 Van der Pol 尾流振子模型和 CFD 模型的基本理论。本章将采用经典的 Van der Pol 尾流振子模型和高保真的 CFD 模型建立二维弹性支撑柱体 VIV 动力学模型并研究其振动机理。

根据牛顿第二定律，二自由度弹性支撑的柱体运动控制方程可以写为：

$$m\ddot{x} + c\dot{x} + kx = F_D(t) \\ m\ddot{y} + c\dot{y} + ky = F_L(t) \tag{5.1}$$

式中，m 为圆柱体的质量；c 为结构阻尼系数；k 为结构刚度系数。

式（5.1）又可以写为：

$$\ddot{x} + 2\zeta\omega_0\dot{x} + \omega_0^2 x = F_D(t)/m \\ \ddot{y} + 2\zeta\omega_0\dot{y} + \omega_0^2 y = F_L(t)/m \tag{5.2}$$

式中，ω_0 为柱体固有频率，$\omega_0 = \sqrt{\dfrac{k}{m}}$；$\zeta$ 为阻尼比，$\zeta = \dfrac{c}{2\sqrt{km}}$。

5.2.1 基于 Van der Pol 尾流振子模型的弹性支撑柱体 VIV 模型

当流体绕过柱体结构时，在横向和流向都会产生涡激振动响应。但当柱体结构的质量比较大时，其在流向的振幅很小，可忽略不计。因此许多学者在进行数值模拟或模型实验时都没考虑流向振动的影响，即将柱体结构视为单自由度结构。Van der Pol 尾流振子模型是用于涡激振动计算分析的有效模型，该模型计算时不需要对流场进行分析，方程的系数主要来源于模型实验或经验，且 Van der Pol 模型只能计算涡激升力。将 Van der Pol 方程作为瞬时升力系数的控制方程，并同二维弹性支撑柱体运动方程联立，以建立二维弹性支撑柱体 VIV 的预报模型。基于 Van der Pol 尾流振子模型，考虑阻尼作用的单自由度弹性支撑柱体的模型如图 5.1(a) 所示，对应的二维单自由度弹性支撑刚性柱体的模型如图 5.1(b) 所示。图中 m 为圆柱体质量，k 为支撑弹簧的刚度，c 为支撑阻尼器的阻尼，U 为来流流速。

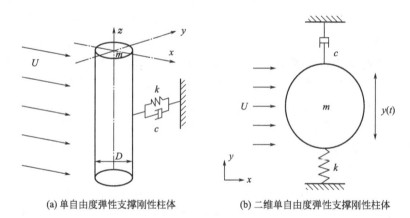

(a) 单自由度弹性支撑刚性柱体　　(b) 二维单自由度弹性支撑刚性柱体

图 5.1　单自由度弹性支撑圆柱体 VIV 模型示意图

根据第 2 章介绍的 Van der Pol 尾流振子模型和式(5.1)，得到基于 Van der Pol 尾流振子模型的单自由度弹性支撑圆柱体 VIV 模型如下：

$$(m+m_{fluid})\ddot{y}+c\dot{y}+ky=-\frac{1}{2}C_D\rho_f DU\dot{y}_1+\frac{1}{4}C_{L0}\rho_f DU^2 q_v(t) \quad (5.3)$$

$$\ddot{q}_v+\varepsilon\Omega_f(q_v^2-1)\dot{q}_v+\Omega_f^2 q_v=\frac{A\ddot{y}}{D} \quad (5.4)$$

式中，$q_v=2C_L/C_{L0}$；$\Omega_f=2\pi StU/D$；A、ε、C_D、C_{L0} 等系数由实验和经验确定；m 为柱体的质量，m_{fluid} 为柱体所排开水的质量。

定义质量比 $m^*=m/m_{fluid}$，式(5.3) 可以写为：

第5章 柱体结构涡激振动仿真与分析

$$\ddot{y}+2\zeta\omega_0\dot{y}+\omega_0^2 y = -\frac{C_D\rho_f DU\dot{y}}{2(m+m_{fluid})}+\frac{C_{L0}\rho_f DU^2 q_v(t)}{4(m+m_{fluid})} \quad (5.5)$$

式(5.5)、式(5.4)可以通过4阶变步长的 Runge-Kutta 法求解，初始条件给 y 一个小值，$\dot{y}=q_v=\dot{q}_v=0$。编制的单自由度弹性支撑柱体 VIV 模型的 MATLAB 程序如下：

```
clc;
clear;
global Ue rou CLo P nameda CD M D
global omqs ome_ga ke_si
Ur=16;
D=0.0554;
L=0.4432;
rou=1003.5;
watermass=rou*L*(pi*D^2)/4;
mass_ratio=6.54;
M=(mass_ratio+1)*watermass;
K=453;
ome_ga=(K/M)^0.5;
f0=ome_ga/2/pi;
Ue=Ur*f0*D;
CD=1.2;
CLo=0.3;
P=15;
nameda=0.24;
St=0.2;
omqs=2*pi*St*Ue/D;
c=0.006*(2*(K*mass_ratio*watermass)^0.5);
ke_si=c/((2*(K*M)^0.5));
Re=rou*Ue*D/0.001003
[t,y]=ode45(@dynew,[0:0.01:100],[0.00001 0 0 0]);
response=y(:,1)/D;
sy=y(:,1);
Fs=1/0.01;
nfft=length(sy)-1;
X=fft(sy,nfft);
X=X(1:nfft/2);
mx=10*log10(abs(X)/(nfft/2));
```

```
f=(0:nfft/2-1)*Fs/nfft;
figure_FontSize=30;
figure(1);
plot(f,mx,'-k','LineWidth',2);
xlabel('f(Hz)')
ylabel('\alpha(db)')
set(gca,'fontsize',30)
axis([0 20-100 0])
set(gca,'FontName','Time New Roman')
figure(2)
plot(t,response);
xlabel('t')
ylabel('A/D)

function dy=dynew(t,y)
   global Ue rou CLo P nameda CD M D omqs ome_ga ke_si

      y1=y(1);
      y2=y(2);
      y3=y(3);
      y4=y(4);

      dy1=y2;

dy2=(-0.5*(1/M)*CD*rou*D*Ue*y2+0.25*(1/M)*CLo*rou*D*((Ue^2)*y3)-2*ke_si*ome_ga*y2-(ome_ga^2)*y1);
      dy3=y4;

dy4=(P/D)*(-0.5*(1/M)*CD*rou*D*Ue*y2+0.25*(1/M)*CLo*rou*D*((Ue^2)*y3)-2*ke_si*ome_ga*y2-(ome_ga^2)*y1)-nameda*omqs*(y3^2-1)*y4-y3*(omqs^2);

      dy=[dy1;
          dy2;
          dy3;
          dy4];

end
```

5.2.2　基于 CFD 模型的弹性支撑柱体 VIV 建模与二次开发

对涡激振动的数值模拟大多以柱体的横向振动研究为主，同时考虑横向和来流向的耦合振动研究相对较少[96,151~153,187~189]，其主要原因在于：对柱体结构涡激振动进行数值模拟，必须保证柱体周围网格质量非常好，才能有效预测涡激振动响应。一般使用网格质量高的结构化网格，但是当柱体结构发生较大振动位移时，周围流场网格会发生畸变，甚至产生负网格，导致计算失败。如果再考虑流向耦合振动，计算难度将非常大，计算成功率也将明显降低。如果采用非结构化网格，且采用网格重构技术，可以吸收柱体较大的振动位移，但是非结构化网格质量相比结构化网格质量较差，且采用非结构化网格必定需要大大增加网格量，从而大大增加了计算时间。此外，对涡激振动抑制装置设计研究，也就是柱体结构表面形状变复杂的情况，网格划分难度和计算难度也将大大增加。因此，寻求一种既可以保证网格质量，又能不大幅度增加网格数量，且可以避免网格畸变或者负网格问题的方法十分重要。

基于 CFD 商业软件 FLUENT 和结构动力学原理，通过用户自定义函数（UDF）及嵌套网格技术，可以建立二自由度弹性支撑柱体结构 VIV 数值模型。根据 2.3.3 节的计算流体力学基本理论，得到非定常不可压缩流体 RANS 方程：

$$\frac{\partial \overline{u}_i}{\partial x_i}=0 \tag{5.6}$$

$$\frac{\partial \overline{u}_i}{\partial t}+\frac{\partial \overline{u}_i\overline{u}_j}{\partial x_j}=-\frac{1}{\rho_f}\frac{\partial \overline{p}}{\partial x_i}+\mu\nabla^2\overline{u}_i-\frac{\partial \overline{u'_iu'_j}}{\partial x_j} \tag{5.7}$$

式(5.7)中，

$$\overline{u'_iu'_j}=\mu_t\left(\frac{\partial u_i}{\partial x_j}+\frac{\partial u_j}{\partial x_i}\right)+\frac{2}{3}k_t\delta_{ij}$$

式中，ρ_f 为不可压缩流体的密度；u_i 为 i 方向上的瞬时速度分量；u'_i 为 i 方向上速度脉动量；$\overline{u}_i$ 为速度的时间平均值；x_i、t、p、μ 分别为笛卡尔坐标系、时间、压力、运动黏度；μ_t 为湍流黏度，下标"t"表示湍流；k_t 为湍动能；δ_{ij} 是 Kronecker delta 符号，就是当 $i=j$ 时，$\delta_{ij}=1$，当 $i\neq j$ 时，$\delta_{ij}=0$。

湍流模型选用 SST k-ω 湍流模型。通过计算流场，可以得到二维柱体表面的压力分布，进而可以得到作用在二维柱体上的升力和阻力系数：

$$F_D=\frac{1}{2}C_D\rho_f U^2 D \tag{5.8}$$

$$F_L=\frac{1}{2}C_L\rho_f U^2 D \tag{5.9}$$

结合方程(5.2)，二自由度弹性支撑柱体运动的控制方程可以写为：

$$\ddot{x}+2\zeta\omega_0\dot{x}+\omega_0^2 x=\frac{1}{2m}C_D\rho_f U^2 D$$

$$\ddot{y}+2\zeta\omega_0\dot{y}+\omega_0^2 y=\frac{1}{2m}C_L\rho_f U^2 D$$

(5.10)

二自由度弹性支撑刚性柱体在流体作用下的结构示意图如图 5.2(a) 所示，二维二自由度振动柱体 VIV 模型示意图如图 5.2(b) 所示。一般柱体流场的尾迹区域需要大于等于 22.5D（D 为柱体直径），整体局域高度一般需要大于等于 20D，柱体振动才不受流体区域边界的影响。因此，综合考虑计算条件的情况下，流场域的尺寸大小如图 5.2 中标注所示，尾迹区域 30D，柱体前端和上下距离柱体都是 10D。包围该柱体的组分网格外边界直径大小为 3D。流场入口边界条件为速度入口，出口为压力出口，上下壁面为滑移壁面，柱体表面（即动边界）为无滑移壁面。

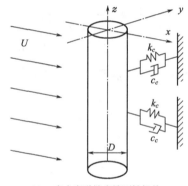

(a) 二自由度弹性支撑刚性柱体

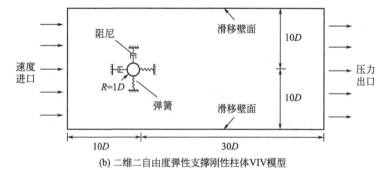

(b) 二维二自由度弹性支撑刚性柱体VIV模型

图 5.2 二自由度弹性支撑圆柱体 VIV 模型示意图

流场随着柱体边界的改变而改变，通过动网格技术来实现流场中柱体边界的运动。嵌套网格技术是最新的动网格技术，主要适用于刚性边界运动问题。

第5章 柱体结构涡激振动仿真与分析

如图5.3所示，流场域网格划分采用的是嵌套网格。如图5.3(a)所示，背景网格和嵌套网格都使用结构化网格，靠近柱体表面部分为边界层网格（$Y+<1$），较好地保证了网格质量。采用嵌套网格技术，可以无须担心网格畸变以及负网格导致求解失败等问题，同时不会较多地增加计算量。嵌套网格即多重网格相互重叠组合成的一组网格，有可能存在两套或者两套以上的网格相互重叠。嵌套网格求解的大致思路为：首先划分包裹柱体的组分网格和外流场的背景网格，求解器识别嵌套网格边界，对被组分网格遮蔽的背景网格部分进行"挖洞"；然后对嵌套区域边界单元进行插值，将背景区域的边界单元变量信息插值到嵌套区域的边界单元，如图5.3(b)所示；最后进行流场计算[178]。整个流场的计算网格如图5.3(c)所示。对于流场的数值计算，时间项采用全隐式积分方法，对流项则采用二阶迎风离散格式。控制方程中速度分量与压力的耦合则采用COUPLED算法进行处理。初始条件为 $x(0)=\dot{x}(0)=y(0)=\dot{y}(0)=0$。

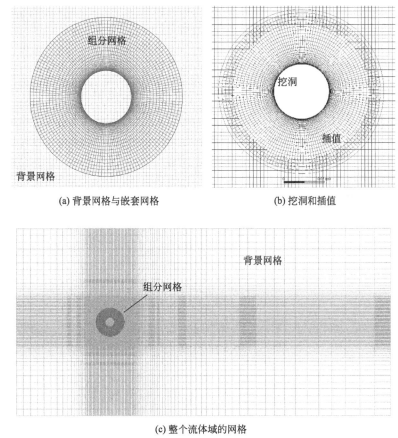

(a) 背景网格与嵌套网格　　(b) 挖洞和插值

(c) 整个流体域的网格

图5.3　二自由度弹性支撑圆柱体流场计算网格

本章流场域求解基于 CFD 商业软件 FLUENT，根据边界条件获得流场和二维柱体表面的压力、速度等信息。提取作用在柱体表面的力，然后代入柱体的结构运动方程，通过求解二维柱体的运动方程，得到当前时间步长下的柱体运动的位移和速度。同时利用得到的柱体位移和瞬时速度更新流场网格，然后进行下一个时间步的计算。这个双向流固耦合仿真过程是通过 FLUENT 软件的用户自定义函数（UDF）实现的[79]。

UDF 中可以使用标准 C 语言的库函数，也可使用 FLUENT 中预定义的宏。通过预定义宏可以获得 FLUENT 计算过程中的流场数据。FLUENT 中用户自定义函数是通过 DEFINE 宏来实现的。基于 CFD 的二自由度弹性支撑柱体 VIV 数值求解的计算流程如图 5.4 所示。图中虚线框内为通过 C 语言编制的 UDF 程序实现，编制的二自由度弹性支撑柱体 VIV 模型的 UDF 程序为：

```c
#include "udf.h"
#include "sg_mem.h"
#include "dynamesh_tools.h"
#define PI 3.1415926
#define ball1_ID 2
#define usrloop(n,m) for(n=0;n<m;++n)
#define mass 0.1
#define dtm 0.5
#define ke_si 0.002
#define ome_ga 0.306
real v_body1[ND_ND];
real a1_ctr;
real b1_ctr;
real t=0.0;
FILE*fp;

DEFINE_EXECUTE_AT_END(save_weiyi)
{
int n;
real un,xn,Un,Xn;
real K11,K22,K33,K44;
real vn,yn,Vn,Yn;
real K1,K2,K3,K4;
real x_cg1[3],f_glob1[3],m_glob1[3];
```

第 5 章　柱体结构涡激振动仿真与分析

```
Domain*domain=Get_Domain(1);
Thread*tf1=Lookup_Thread(domain,ball1_ID);
usrloop(n,ND_ND)

x_cg1[n]=f_glob1[n]=m_glob1[n]=0;
x_cg1[0]=a1_ctr;
x_cg1[1]=b1_ctr;

if(!Data_Valid_P())
return;
Compute_Force_And_Moment(domain,tf1,x_cg1,f_glob1,m_glob1,False);

un=v_body1[0];
xn=a1_ctr;
K1=f_glob1[0]/mass-2*ke_si*ome_ga*un-ome_ga*ome_ga*xn;
K2=f_glob1[0]/mass-(un+dtm*K1/2)*2*ke_si*ome_ga-ome_ga*ome_ga*(xn+un*dtm/2);
K3=f_glob1[0]/mass-(un+dtm*K2/2)*2*ke_si*ome_ga-ome_ga*ome_ga*(xn+un*dtm/2+dtm*dtm*K1/4);
K4=f_glob1[0]/mass-(un+dtm*K3)*2*ke_si*ome_ga-ome_ga*ome_ga*(xn+un*dtm+dtm*dtm*K2/2);
Un=un+dtm*(K1+2*K2+2*K3+K4)/6;
Xn=xn+dtm*un+dtm*dtm*(K1+K2+K3)/6;
v_body1[0]=Un;
a1_ctr=Xn;

vn=v_body1[1];
yn=b1_ctr;
K11=f_glob1[1]/mass-2*ke_si*ome_ga*vn-ome_ga*ome_ga*yn;
K22=f_glob1[1]/mass-(vn+dtm*K11/2)*2*ke_si*ome_ga-ome_ga*ome_ga*(yn+vn*dtm/2);
K33=f_glob1[1]/mass-(vn+dtm*K22/2)*2*ke_si*ome_ga-ome_ga*ome_ga*(yn+vn*dtm/2+dtm*dtm*K11/4);
K44=f_glob1[1]/mass-(vn+dtm*K33)*2*ke_si*ome_ga-ome_ga*ome_ga*(yn+vn*dtm+dtm*dtm*K22/2);
Vn=vn+dtm*(K11+2*K22+2*K33+K44)/6;
Yn=yn+dtm*vn+dtm*dtm*(K11+K22+K33)/6;
v_body1[1]=Vn;
```

```
b1_ctr=Yn;
t+=dtm;

fp=fopen("ball1_x.txt","a+");
fprintf(fp,"%5f,%.16f\n",t,x_cg1[0]);
fclose(fp);
fp=fopen("ball1_y.txt","a+");
fprintf(fp,"%5f,%.16f\n",t,x_cg1[1]);
fclose(fp);
}

DEFINE_CG_MOTION(ball1,dt,vel,omega,time,dtime)
{
NV_S(vel,=,0.0);
NV_S(omega,=,0.0);
vel[0]=v_body1[0];
vel[1]=v_body1[1];
}
```

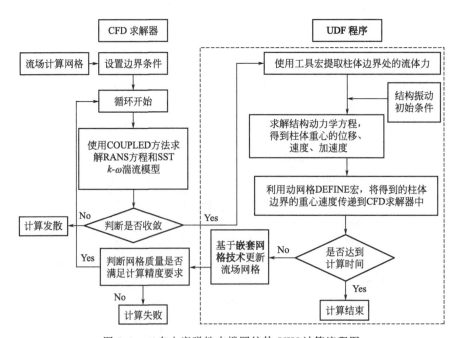

图 5.4 二自由度弹性支撑圆柱体 VIV 计算流程图

5.3 二维弹性支撑柱体 VIV 机理

5.3.1 基于 Van der Pol 模型的弹性支撑柱体 VIV 模型计算结果

首先采用 Van der Pol 尾流振子模型和文献［185］的基本参数进行仿真计算，然后与 Stappenbelt[185] 的实验数据进行对比。选取文献［185］中的两组参数，一组是柱体直径 $D=0.0554\mathrm{m}$，柱体的阻尼比 $\zeta=0.0056$，柱体的圆频率 $\omega_0=7.486\mathrm{rad/s}$，质量比 $m^*=6.54$；另一组参数是 $D=0.0554\mathrm{m}$，$\zeta=0.0057$，$\omega_0=6.0276\mathrm{rad/s}$，$m^*=10.63$。直接采用 Runge-Kutta 法计算立柱涡激振动的结构动力学方程，得到涡激振动响应的振幅。图 5.5(a) 为圆柱的无量纲振幅随约化速度的数据分布与实验数据对比图。从图中可以看出，当 Van der Pol 尾流振子模型质量比较大时，基本上可以较好地捕捉到柱体的最大振幅，且整体趋势和实验数据基本吻合。文献［185］对不同质量比、相同尺寸、相同支撑刚度的柱体做了实验，质量比越小，来流向对横向振动的影响越大。从 Van der Pol 的计算结果可以看出，质量较小时，误差较大，但是该方法计算效率非常高。图 5.5(b) 为 $U_r=7$ 时，两种质量比情况下的柱体振动响应。图 5.5(c) 为 $U_r=7$ 时，两种质量比情况下的柱体振动响应对应的频谱图，从图中可以读出结构的振动响应频率。计算出两种高质量比情况下所有 U_r 对应的响应频率，并除以柱体的固有频率，得到图 5.5(d)。从图 5.5(d) 可以看出，当约化速度为 4~8 时，柱体的实际振动频率 f_v 与固有频率 f_n 之

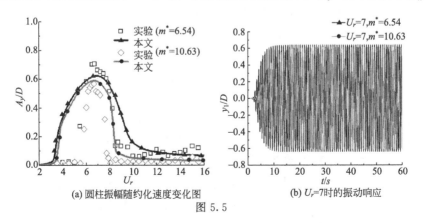

(a) 圆柱振幅随约化速度变化图　　(b) $U_r=7$ 时的振动响应

图 5.5

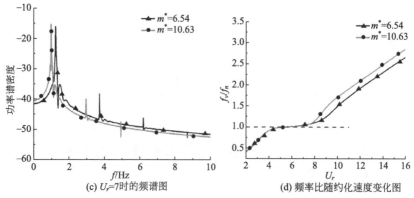

(c) $U_r=7$ 时的频谱图 (d) 频率比随约化速度变化图

图 5.5 基于 Van der Pol 尾流振子模型的单自由度柱体 VIV 计算结果

比接近 1，说明此时发生了频率锁定现象，对应着图 5.5(a)，在该区间内的振幅相比于其他约化速度区间的振幅显著变大。因此，用于描述涡激升力的 Van der Pol 尾流振子模型计算效率高，也基本上可以捕捉到柱体的涡激振动特性。

5.3.2 基于 CFD 模型的弹性支撑柱体 VIV 模型计算结果

为了建立更加准确的 VIV 模型，且考虑柱体流向对横向振动的影响，采用高保真 CFD 耦合结构动力学方程的方法研究低质量比柱体结构的涡激振动特性。低质量比柱体的涡激振动特性相比高质量比的要复杂很多，更难准确预测其涡激振动特性[185]。以著名的 Khalak 和 Williamson 实验模型[184]为例验证本节基于 CFD 的二自由度柱体 VIV 模型的准确性。实验模型中弹性支撑的刚性圆柱的结构参数为 $m=2.7325\text{kg}$、$\zeta=0.00542$、$k=17.26\text{N/m}$、$f_n=0.4\text{Hz}$，质量比为 $m^*=2.4$，质量阻尼比为 $m^*\zeta=0.013$，约化速度 U_r 的变化范围是 0～16，相应的雷诺数从 0 增加到 7000，时间步长取 0.005s。计算模型如图 5.2 所示，所使用的嵌套网格如图 5.3 所示，计算流程如图 5.4 所示。

图 5.6(a) 为计算出的弹性支撑柱体在不同约化速度下的运动轨迹，从图中可以看出，运动轨迹基本上都是"8"字形，横向振幅比来流向振幅大很多。当 $U_r=4\sim10$ 时，柱体的振幅相对其他约化速度的较大。对图 5.6(a) 中的柱体的振动响应一一作频谱分析，得到图 5.6(b)、(c)。用图 5.6(a) 中的运动轨迹的最大幅值以及图 5.6(b)、(c) 里的频率响应画出图 5.6(d) 和 (e)，与实验数据对比，误差较小，验证了此计算方法的正确性。从图 5.6(d) 可以看出，数值仿真出 3 种响应分支：当 $U_r=3\sim4$ 时，原始分支向上端分支转变；当 $U_r=5\sim6$ 时，出现下端分支；从 $U_r=11$ 开始，圆柱体的响应位移又回落到一个很小的数值。在上端分支中振幅达到最大值 0.98，而在下端分支中振幅最大值为 0.642。从图 5.6(e) 可以看出，在频率锁定区间 $U_r=4\sim10$ 内，

柱体的实际振动频率 f_v 与固定柱体的泄涡频率 f_{St} 分离，不再符合 St 与 Re 关系，同时柱体的实际涡泻频率 f_v 与柱体固有频率 f_n 比值稳定在 1.15 附近；而在解锁区域，柱体的实际振动频率 f_v 与固定柱体的涡脱频率 f_{St} 相同。这与前人的实验结果大致相同。相比图 5.5(a)，从图 5.6 也可以看出低质量比情况下频率锁定区间较大。

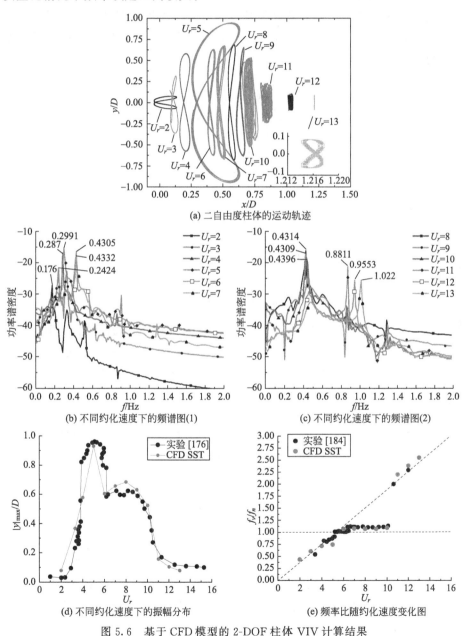

图 5.6 基于 CFD 模型的 2-DOF 柱体 VIV 计算结果

图 5.7 增加了 $U_r=4.3$、4.5 时柱体最大横向振幅计算结果,并对比了文献[79]、[186]的仿真结果,本节的计算结果更贴近实验数据,尤其在上分支处,文献[79]、[186]都未能较好地预测到上分支。文献[79]、[186]采用的都是非结构化网格,单自由度柱体振动模拟,且文献[150]的非结构化网格数量相比文献[79]少很多,因此文献[186]计算结果误差最大。相比之下,本节所采用的嵌套网格技术具有突出优势,不仅可以使用高质量的结构化网格,又可以考虑来流向振动,而且不会出现负网格导致计算失败的问题。

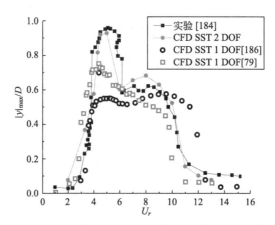

图 5.7 不同约化速度下的柱体最大横向振幅分布

由图 5.6(b) 可知,$U_r=5$ 时的响应频率为 0.2991Hz,那么周期 $T=3.34s$。$U_r=5$ 时的横向振幅最大,图 5.8 给出了 $U_r=5$ 时弹性支撑柱体 75~78.5s 的涡量云图,包含了一个周期的运动。从图中可以看出,$U_r=5$ 时的涡脱模式为 P+S 模式(即一个涡脱周期内有一个单个涡+一对涡形成)。Govardhan 和 Williamson 的实验研究表明一般在柱体振幅较大时涡脱模式为 P+S 或者 2P(即在一个涡脱周期内有 2 对尾涡形成),在振幅较小的时候涡脱模式为 2S(即在一个涡脱周期内有 2 个单独的尾涡形成)。图 5.8 中的黑虚线为

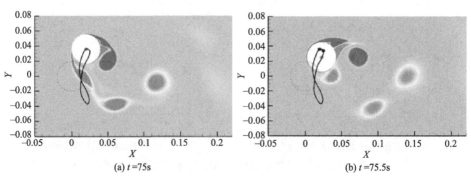

(a) $t=75s$

(b) $t=75.5s$

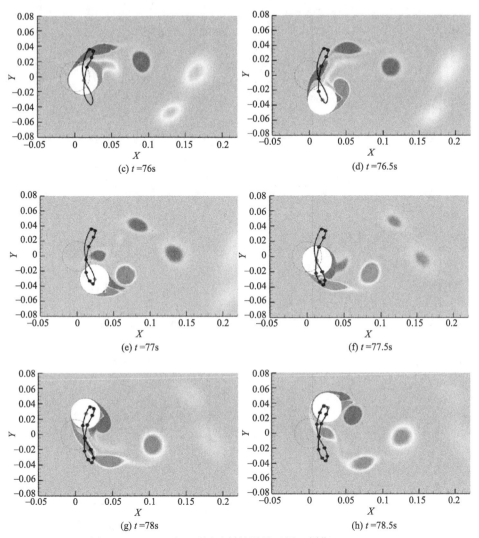

图 5.8 $U_r = 5$ 时，不同时刻的涡量云图（周期 $T = 3.34$s）

柱体的原始位置，红点为柱体当前时刻的中心位置，从图中可以看出，柱体振动游走的轨迹是一个"8"字形，与图 5.6(a) 的仿真结果一致。

图 5.9、图 5.10 分别为 $U_r = 2$ 和 $U_r = 13$ 时弹性支撑柱体 75~78.5s 的涡量云图。从图 5.9 和图 5.10 都可以看出，柱体尾迹的涡脱模式为 2S，同时可以看到柱体相对原始位置振幅很小。另外，从图 5.10 还可以看出，当 $U_r = 13$ 时，柱体相对原始位置来流向方向有较大的变形，但是来流向的振幅很小（图中黑色虚线为柱体原始位置）。本节的柱体涡量云图仿真结果与前人实验研究结论一致。

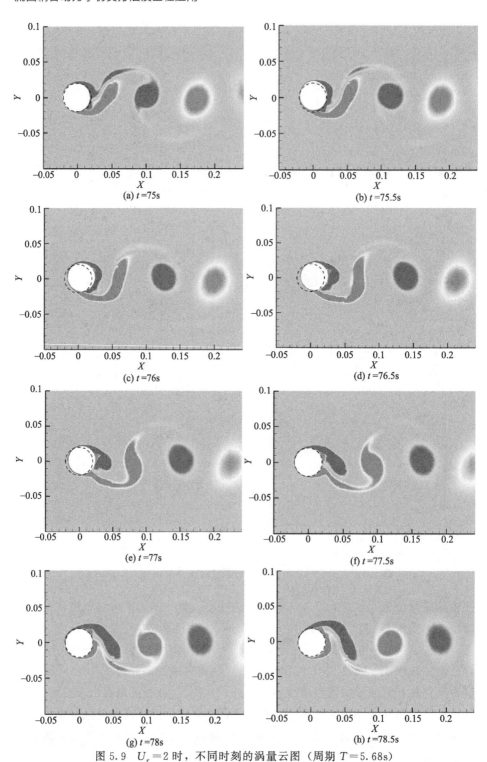

图 5.9 $U_r=2$ 时，不同时刻的涡量云图（周期 $T=5.68$s）

第 5 章 柱体结构涡激振动仿真与分析

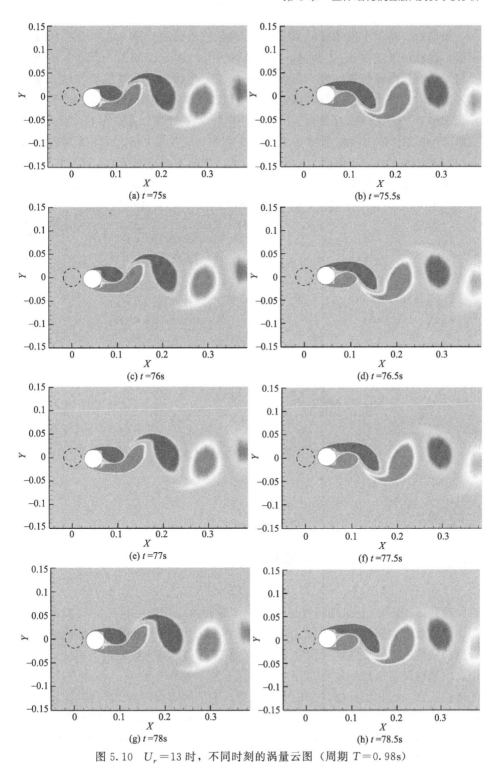

图 5.10 $U_r=13$ 时，不同时刻的涡量云图（周期 $T=0.98$s）

类似地，基于本书建立的 CFD 柱体涡激振动模型计算 5.3.1 节中的柱体模型，计算结果如图 5.11 所示。计算结果表明，基于 CFD 双向耦合的涡激振动模型具有较高的仿真精度，相比 Van der Pol 尾流振子模型能更好地捕捉到锁定区间内的最大振幅以及可以更准确地预测频率锁定区间范围，但是计算效率远远小于 Van der Pol 尾流振子模型。同样的单核 CPU 计算条件下，采用 CFD 二维弹性支撑柱体涡激振动仿真系统计算一个工况需要 50h 左右，而采用 Van der Pol 尾流振子模型仅需要 10s 左右的时间。因此本章建立的 CFD 模型更适用于涡激振动现象的机理研究。而对于计算量巨大的三维柱体结构涡激振动，则可以使用 Van der Pol 尾流振子模型结合 MSTMM 进行快速仿真预测。

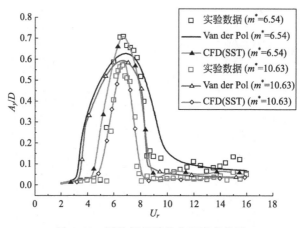

图 5.11 圆柱振幅随约化速度变化图

5.4 三维柔性柱体涡激振动

对柱体 VIV 进行机理研究通常将柱体简化为二维刚性模型，而实际工程问题中遇到的大多是三维柔性柱体的 VIV 问题。不同于简单的二维模型，实际细长结构通常具有结构几何非线性，而流体流动具有三维效应。因此，二维仿真结果难以对工程问题作出指导。在风工程和海洋工程中，柱体 VIV 引起的结构疲劳损伤在细长柱体结构十分常见。本节针对海洋 RTP 立管和风力机塔筒进行多体动力学建模，实现对结构的模态分析。并在求得结构模态振型的基础上，加入 Van der Pol 尾流振子模型，建立立管和塔筒的涡激振动模型，实现对工程中三维结构涡激振动的预测。

5.4.1 三维 RTP 立管涡激振动

5.4.1.1 RTP 立管物理模型简化

涡激振动是海洋立管发生破坏的主要原因之一,因此对复合材料柔性立管涡激振动快速仿真,预测复合材料立管的涡激振动行为十分重要[44~53]。RTP产品的种类繁多,本节仅以图 1.6 所示的复合材料预制增强带 RTP 立管作为研究对象,探索适合工程的复合材料立管的建模方法,并研究其涡激振动行为,为工程上类似的复合材料立管的涡激振动快速分析提供参考。如图 1.5 所示,水深小于 500m,一般采用传统的固定式平台或塔式平台。本节研究的立管长度在 50~150m 之间,因此采用塔式平台。针对密度与水接近的 RTP 立管,忽略立管重力,考虑均匀来流和剪切流引起的涡激升力、立管顶部的顶张力、连接管道的刚性接头。简化后的连接在张力腿平台上的 RTP 立管模型如图 5.12 所示,立管下端铰接在位于海底的

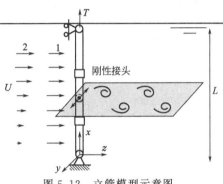

图 5.12 立管模型示意图

万向节上,上端铰接于浮体上。图中 T 为顶张力,数字 1 表示均匀来流,数字 2 表示剪切流。研究所用到的立管参数如表 5.1 所示。忽略平台的振动,立管边界条件可视为两端简支,另外做如下假设:

① 只考虑立管的横向振动,立管的运动始终在横向振动方向的平面内;
② 不考虑立管的扭转转动;
③ 立管内部流体为油,视为附加质量,不考虑内流速度对立管振动的影响;
④ 忽略立管本身的结构阻尼,仅考虑立管振动引起的水动力阻尼;
⑤ 立管应变很小,应力应变为线性关系;
⑥ 海流沿水深为均匀来流或者切线变化。

表 5.1 立管参数表

名称	参数
RTP 管外径	365mm
RTP 管内径	338mm

RTP 管道一般由内管、增强层和外管组成。如表 5.2 所示,本节研究的 RTP 立管的材料包括高密度聚乙烯(HDPE)、中密度聚乙烯(MDPE)和芳纶纤维。

表 5.2 RTP 管道材料性质

材料	密度/kg·m^{-1}	弹性模量/GPa	泊松比
芳纶纤维	1400	61.722	0.36
HDPE	950	1.020	0.41
MDPE	930	0.700	0.41

5.4.1.2 RTP 立管动力学特性建模

考虑柔性立管刚性接头等结构细节，基于多体系统传递矩阵法计算其振动特性。铰-铰约束的带有顶张力的立管的欧拉梁模型如图 5.13 所示。本节采取将梁分段的方法来建立柔性立管的力学模型。为了便于计算，以刚性接头的长度为参考长度，将 RTP 立管分为 n 段，那么刚性接头的长度为 L/n（本节针对 150m 长 RTP 立管计算，取 $n=80$）。这样计算中可以任意选取刚性接头的个数，只需将对应的梁元件的材料改为刚性材料即可。

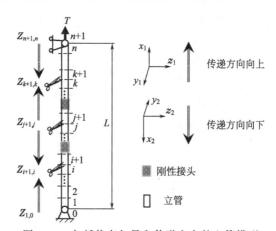

图 5.13 包括状态矢量和传递方向的立管模型

假设图 5.13 中任一段包含顶张力 T 的梁振动控制方程为[190,191]：

$$EI\frac{\partial^4 y}{\partial x^4} - T\frac{\partial^2 y}{\partial x^2} + \overline{m}\frac{\partial^2 y}{\partial t^2} = 0 \tag{5.11}$$

令 $y(x,t)=Y(x)\mathrm{e}^{\mathrm{i}\omega t}$，则方程(5.11)变为：

$$\frac{\partial^4 Y(x)}{\partial x^4} + \left(-\frac{T}{EI}\right)\frac{\partial^2 Y(x)}{\partial x^2} - \frac{\overline{m}\omega^2}{EI}Y(x) = 0 \tag{5.12}$$

方程(5.12)的通解为：

$$Y(x) = A_1\cosh(\lambda_1 x) + A_2\sinh(\lambda_1 x) + A_3\cos(\lambda_2 x) + A_4\sin(\lambda_2 x) \tag{5.13}$$

式中，$\lambda_1 = \sqrt{-(-T/EI)/2 + \sqrt{[(-T/EI)^2/4] + \dfrac{\overline{m}\omega^2}{EI}}}$；

$$\lambda_2 = \sqrt{(-T/EI)/2 + \sqrt{[(-T/EI)^2/4] + \frac{\overline{m\omega}^2}{EI}}}。$$

同时，对于 Euler-Bernoulli 梁，由 $Y(x)$ 可以得到模态坐标系下的角位移、内力矩、内力：

$$\Theta_z = \frac{dY}{dx}, M_z = EI\frac{d^2Y}{dx^2}, Q_y = T\Theta_z + \frac{dM_z}{dx} \quad (5.14)$$

由式(5.13)、式(5.14)可得：

$$Z(x) = B(x)a \quad (5.15)$$

式中，$Z(x)$ 为状态矢量，$Z(x) = [Y\Theta_z M_z Q_y]^T$；$a = [A_1 A_2 A_3 A_4]^T$；

$$B(x) = \begin{bmatrix} \cosh(\lambda_1 x) & \sinh(\lambda_1 x) \\ \lambda_1 \sinh(\lambda_1 x) & \lambda_1 \cosh(\lambda_1 x) \\ EI\lambda_1^2 \cosh(\lambda_1 x) & EI\lambda_1^2 \sinh(\lambda_1 x) \\ (EI\lambda_1^3 + T\lambda_1)\sinh(\lambda_1 x) & (EI\lambda_1^3 + T\lambda_1)\cosh(\lambda_1 x) \\ \cos(\lambda_2 x) & \sin(\lambda_2 x) \\ -\lambda_2 \sin(\lambda_2 x) & \lambda_2 \cos(\lambda_2 x) \\ -EI\lambda_2^2 \cos(\lambda_2 x) & -EI\lambda_2^2 \sin(\lambda_2 x) \\ (EI\lambda_2^3 - T\lambda_2)\sin(\lambda_2 x) & (T\lambda_2 - EI\lambda_2^3)\cos(\lambda_2 x) \end{bmatrix}$$

令式(5.15)中 $x=0$，$x=l$，则 $Z(l) = B(l)B^{-1}(0)Z(0)$。

因此任一段梁的传递矩阵为：

$$U = B(l)B^{-1}(0) \quad (5.16)$$

由于柔性立管非常细长，如图 5.13 所示，将立管分成四段，并使用图 5.13 所示的传递方向，以减小同一方向传递过程中由过多矩阵相乘引起的高阶振型数值误差。柔性立管的传递方程为：

$$\begin{aligned} Z_{i+1,iup} &= U^{part1}Z_{1,0up} \\ Z_{i+1,idown} &= U^{part2}Z_{j+1,jdown} \\ Z_{k+1,kup} &= U^{part3}Z_{j+1,jup} \\ Z_{k,k+1down} &= U^{part4}Z_{n+1,ndown} \\ CZ_{i+1,idown} &= Z_{i+1,iup} \\ CZ_{k+1,kdown} &= Z_{k+1,kup} \\ CZ_{1,0down} &= Z_{1,0up} \\ CZ_{n+1,ndown} &= Z_{n+1,nup} \end{aligned} \quad (5.17)$$

式(5.17)中，下标为 up 和 $down$ 的状态矢量分别表示连接点处的上方和下方对应的状态矢量。另外，由图 5.13 中的坐标系和传递方向以及 MSTMM 书中的符号约定可知，式(5.17) 中[136]：

$$C = \begin{bmatrix} -1 & 0 & 0 & 0 \\ 0 & 1 & 0 & 0 \\ 0 & 0 & -1 & 0 \\ 0 & 0 & 0 & 1 \end{bmatrix} \quad (5.18)$$

所以柔性立管的总传递方程：

$$U_{all} Z_{all} = 0 \quad (5.19)$$

其中，

$$U_{all} = \begin{bmatrix} U^{part1} & -CU^{part2} & 0_{4\times 4} & 0_{4\times 4} \\ 0_{4\times 4} & 0_{4\times 4} & U^{part3} & -CU^{part4} \\ 0_{4\times 4} & C & -I & 0_{4\times 4} \end{bmatrix} \quad (5.20)$$

$$Z_{all}^{T} = \begin{bmatrix} Z_{1,0up}^{T} & Z_{j+1,jdown}^{T} & Z_{j+1,jup}^{T} & Z_{n+1,ndown}^{T} \end{bmatrix}^{T} \quad (5.21)$$

式中，$U^{part1} = U_i \cdots U_3 U_2 U_1$，$U^{part2} = U_{i+1} \cdots U_{j-1} U_j$，$U^{part3} = U_k \cdots U_{j+2} U_{j+1}$，$U^{part4} = U_{k+1} \cdots U_n U_{n+1,n}$。$U_1$、$U_2$、$\cdots$、$U_n$ 分别代表柔性立管每一段的传递矩阵，可以充分考虑柔性立管具体的结构细节。铰-铰连接的柔性立管的边界条件为：$Z_{1,0up} = [0, \Theta_z, 0, Q_y]^T$，$Z_{j+1,jdown} = [Y, \Theta_z, M_z, Q_y]^T$，$Z_{j+1,jup} = [Y, \Theta_z, M_z, Q_y]^T$，$Z_{n+1,ndown} = [0, \Theta_z, 0, Q_y]^T$。

将系统边界条件代入式(5.19)，可得系统特征方程

$$\overline{U}_{all} \overline{Z}_{all} = 0 \quad (5.22)$$

求解方程(5.22) 即可得到系统的固有频率 $\omega_k (k=1,2,\cdots)$，然后求出系统边界点状态矢量 $\overline{Z}_{all}$ 和 Z_{all}，进而通过元件传递方程得到对应于固有频率 ω_k 的系统全部连接点的状态矢量，得到 RTP 立管系统的振型。

5.4.1.3 RTP 立管动力学方程

根据第 2 章介绍的 MSTMM 基本理论和 Van der Pol 尾流振子模型基本理论，RTP 立管体动力学方程为

$$Mv_{tt} + Kv = f \quad (5.23)$$

式中，M、K 分别为质量矩阵、刚度矩阵。

由于式(5.23) 右边的涡激力项不解耦，令 $V = [V^1 \quad V^2 \quad \cdots \quad V^n]$，$q = [q^1 \quad q^2 \quad \cdots \quad q^n]^T$，$n$ 表示立管系统模态叠加所用的模态阶数，本节对立管的涡激振动计算取前 10 阶模态，即 $n=10$。$v = Vq$，可以将式(5.23) 转化到模态坐标系中，则有：

$$MV\ddot{q} + KVq = f \quad (5.24)$$

根据式(2.42)、式(2.43)可得：

$$MV\ddot{q}+KVq=\left(-\frac{1}{2}C_D\rho DU\right)V\dot{q}+\left(\frac{1}{4}C_{L0}\rho DU^2\right)q_v \quad (5.25a)$$

$$\ddot{q}_v+\varepsilon\Omega_f(q_v^2-1)\dot{q}_v+\Omega_f^2 q_v=\frac{A}{D}V\ddot{q} \quad (5.25b)$$

利用增广特征矢量的正交性，在式(5.25a)两边同时乘以 V^T，即：

$$V^T MV\ddot{q}+V^T KVq=V^T\left[\left(-\frac{1}{2}C_D\rho DU\right)V\dot{q}+\left(\frac{1}{4}C_{L0}\rho DU^2\right)q_v\right] \quad (5.26)$$

令 $\overline{M}=V^T MV$，$\overline{K}=V^T KV$，则：

$$\overline{M}\ddot{q}+\overline{K}q=V^T\left[\left(-\frac{1}{2}C_D\rho DU\right)V\dot{q}+\left(\frac{1}{4}C_{L0}\rho DU^2\right)q_v\right] \quad (5.27a)$$

$$\ddot{q}_v+\varepsilon\Omega_f(q_v^2-1)\dot{q}_v+\Omega_f^2 q_v=\frac{A}{D}V\ddot{q} \quad (5.27b)$$

将式(5.27)写成状态空间的形式，令 $x_1=q$，$x_2=\dot{q}$，$x_3=q_v$，$x_4=\dot{q}_v$，则：

$$\begin{cases} \dot{x}_1=x_2 \\ \dot{x}_2=\dfrac{V^T}{\overline{M}}\left[\left(-\dfrac{1}{2}C_D\rho DU\right)Vx_2+\left(\dfrac{1}{4}C_{L0}\rho DU^2\right)x_3\right]-\boldsymbol{\omega}^2 x_1 \\ \dot{x}_3=x_4 \\ \dot{x}_4=\dfrac{A}{D}V\dot{x}_2-\varepsilon\Omega_f(x_3^2-1)x_4-\Omega_f^2 x_3 \end{cases} \quad (5.28)$$

采用 Runge-Kutta 法求解式(5.28)，其初始条件 $q=\dot{q}=\mathbf{0}_{1\times10}$，$q_v=\mathbf{0.2}_{1\times80}$，$\dot{q}_v=\mathbf{0}_{1\times80}$，时间步长为 0.01s。

5.4.1.4 RTP 立管振动特性及涡激振动模型验证

计算结构的固有振动特性，包括固有频率和振型，是结构振动分析的基础，在工程的实际应用以及求解结构动力响应方面具有重要的意义。

以文献[192]中的立管参数为例，采用 MSTMM 计算了细长立管的振动特性。图 5.14 为采用 MSTMM 计算顶张力为 817N 的立管的干模态前 8 阶圆频率计算结果，与文献[192]中的理论分析结果对比如表 5.3 所示，误差小于 0.11%，因此验证了基于 MSTMM 立管动力学特性计算模型的准确性。计算立管的湿模态时，需要将立管的附加质量考虑进去，工程上一般将圆柱形立管的附加质量简化为立管外径对应的圆柱排开流体介质的质量。图 5.15 为立管的湿模态前 8 阶圆频率计算结果，换算成频率后结果如表 5.4 所示，对应的质量归一化后的振型如图 5.16 所示。

表 5.3 立管干模态前 8 阶频率对比

	f_1	f_2	f_3	f_4	f_5	f_6	f_7	f_8
文献[192]给出的频率/Hz	1.79	3.67	5.73	8.04	10.65	13.62	16.96	20.71
采用 MSTMM 得到的频率/Hz	1.789	3.669	5.726	8.031	10.642	13.603	16.947	20.696
误差	0.05%	0.02%	0.06%	0.11%	0.07%	0.12%	0.07%	0.06%

表 5.4 立管湿模态前 8 阶频率

湿模态	f_1	f_2	f_3	f_4	f_5	f_6	f_7	f_8
采用 MSTMM 得到的频率/Hz	1.486	3.049	4.758	6.673	8.843	11.303	14.082	17.197

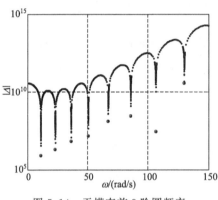

图 5.14 干模态前 8 阶圆频率

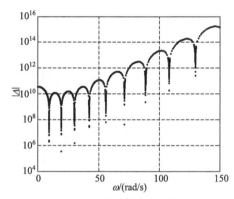

图 5.15 湿模态前 8 阶圆频率

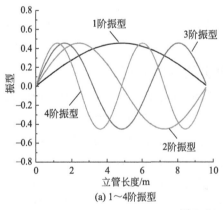

(a) 1~4 阶振型

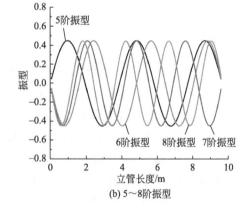

(b) 5~8 阶振型

图 5.16 湿模态振型

在海流作用下，立管上各点由旋涡脱落引起的振动可视为立管各模态振动的叠加（一般为前几阶模态），且一般存在主导振动模态。以文献[192]中的立管为例，基于 MSTMM 和 Van der Pol 尾流振子模型，通过式(5.26)计算带有顶张力的立管的涡激振动响应。均匀来流速度为 0.2m/s，直径为 0.02m，所以 Re 大概为 3988，根据图 2.11 所示的 St 和 Re 的关系，大概取 St 为 0.23。Van der Pol 尾流振子模型的计算精度一定程度上取决于经验系数的选取，本节选取 $A=12$、$\varepsilon=0.3$、$C_{L0}=0.25$、$C_D=1.2$[151,192~194]。图 5.17 所示为仿真得到的沿立管轴向的涡激振动最大振幅分布。与文献 [192] 的实验数据和 CFD 仿真数据对比，误差较小，验证了本方法的可行性。

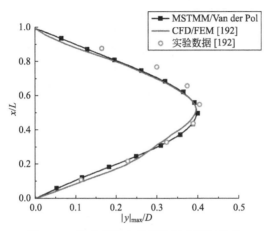

图 5.17 沿立管轴向的涡激振动振幅分布

5.4.1.5 RTP 立管涡激振动特性分析

一般表层海流的水平流速为 0.01~0.3m/s，深处的水平流速则在 0.01m/s 以下。基于 MSTMM 和 Van der Pol 尾流振子模型求解立管的涡激振动响应，取 Van der Pol 尾流振子模型中系数 $A=12$、$\varepsilon=0.3$、$C_{L0}=0.25$、$C_D=1.2$[151,195]，St 取 0.2。

首先计算顶张力为 20000N，RTP 立管长度为 50m，均匀来流速度为 0.1~0.6m/s 的立管沿轴向的涡激振动响应振幅分布。如图 5.18 所示，50m 长的 RTP 立管在 0.1~0.6m/s 的来流速度范围内，最大振幅发生在立管的中间位置，且都是一阶模态主导的振动，这是由于立管较短，刚度较大，没有激发出较高阶模态。当来流速度为 0.3~0.4m/s 时，立管的振幅较大，随着速度继续增加，立管的振幅降低，说明此时发生了频率锁定现象。一般认为 $f_v \approx (0.9\sim 1.4)f_n$ 时为频率锁定区域[196]。

50m 长 RTP 立管的第一阶湿模态频率为 0.1659Hz，第二阶为 0.5655Hz。计算 0.1~0.6m/s 来流速度情况下立管的涡激振动频率，图 5.19(a) 所示为来流速度 0.3m/s 时沿立管轴向的涡激振动响应频率分布，响应频率一致，都为 0.1617Hz。图 5.19(b) 为每一个速度下的涡激振动频率和第一阶湿模态频

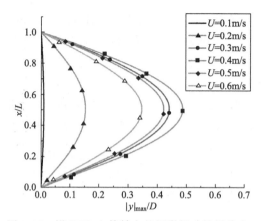

图 5.18　沿 RTP 立管轴向的涡激振动振幅分布 1

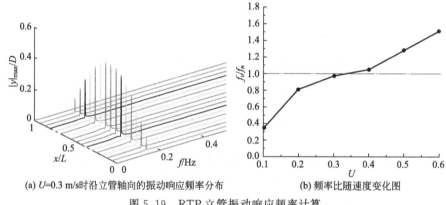

(a) U=0.3 m/s时沿立管轴向的振动响应频率分布　　(b) 频率比随速度变化图

图 5.19　RTP 立管振动响应频率计算

率之比，从图中可以看出，当来流速度为 0.3～0.4m/s 时频率比接近 1，发生了频率锁定。

立管参数确定以后，立管的固有频率就确定了，但涡激升力的频率会随流速的增大而增大，这就导致不同流速下立管涡激振动激发的模态不同。从图 5.20 可以看出，对 150m 长顶张力为 60000N 的立管来说，流速越大，立管涡激振动激发模态越高，但沿着立管轴向的最大振幅略有减小，说明立管涡激振动位移主要受低阶模态控制。这是由于 150m 长立管相对于 50m 长立管刚度大幅度减小，容易激发出高阶模态为主导的振动响应。图 5.21(a)、(b)、(c) 分别是 L=150m，T=60000N 的立管在 U=0.1m/s、0.2m/s、0.3m/s 时的 y/D 历时云图。图中水平坐标表示时间，垂向坐标表示立管长度方向位置，灰度代表的是不同的 y/D 的值。从图 5.21(a) 可以看出，立管主要是以第 1 阶模态为主导的振动，从图 5.21(b) 可以看出立管在来流速度为 0.2m/s 时，发生第 1 阶和第 2 阶模态切换现象，这是由柔性立管各阶振型对应的频率比较相近造成的。图 5.21(c) 为立管在来流速度为 0.3m/s 时，发生以第 3 阶模态为主导的振动历时云图。

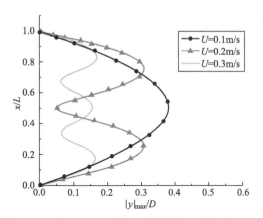

图 5.20　沿 RTP 立管轴向的涡激振动振幅分布 2

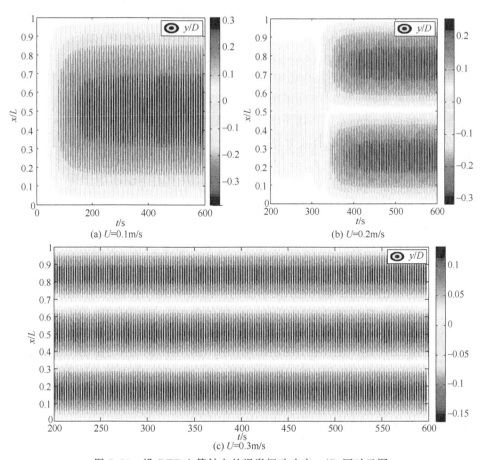

图 5.21　沿 RTP 立管轴向的涡激振动响应 y/D 历时云图

5.4.2 三维风力机塔筒涡激振动

5.4.2.1 风力机塔筒物理模型简化

本节仅以水平轴顺风向三叶片风力机作为研究对象,探索适合工程的风力机塔筒的建模方法,并研究其涡激振动行为,为工程上类似的风力机塔筒的涡激振动快速分析提供参考。风力机是一个结构复杂的多刚柔体系统,风力机塔筒底部靠桩土固定,塔筒顶部连接机舱,机舱通过传动轴与外部的轮毂和叶片相连。风力发电机组的叶片和塔架都是大型柔性结构,而机舱可以看作是一个刚体。因此,在风力机多体动力学模型中应考虑刚柔耦合效应。为方便生产和运输,塔筒通常需要分成多段,因此塔筒截面沿轴向存在非线性变化,而细长的塔筒安装时要通过法兰和螺栓分段连接。

为了对风力机系统结构振动特性进行分析,首先需要建立简化的风力机物理模型。风力机塔筒为非线性变截面的薄壁金属外壳结构,为了充分考虑塔筒不同截面的结构特性,根据风力机塔筒模型中不同截面的结构特点,在模型中将塔筒沿轴向划分为若干段。各段按实际尺寸假设为不同参数的 Euler-Bernoulli 梁来处理,而不是将它简单简化为一根等截面的梁。由于主要目的是研究塔架的涡激振动,所以忽略了塔架的剪切效应和扭转效应,对模型进行了适当简化。连接塔筒的法兰和螺栓增加了塔筒的局部厚度,增加的局部厚度对塔筒的刚度产生影响,因此不能忽略。文献 [197]、[198] 中将法兰、螺栓和支撑它的平台建模为另一个具有较大壁厚的壳段,本节模型中将其简化为作用在塔筒内部的质量块,忽略螺栓的作用。

风力机顶部机舱内和风轮存在复杂的结构,由于本节主要研究风力机停放状态下的塔筒结构稳定性,所以忽略叶片、轮毂及塔筒内部传动轴、齿轮箱和发电机等部件连接的作用,将其简化为一存在质量偏心的空间刚体。空间刚体自身重量对塔筒施加压力,刚体质量偏心产生弯矩。进行力学性能分析时,考虑塔顶叶轮、机舱的压力和塔筒自身重力作用。

风力机简化模型如图 5.22 所示,根据图中定义所用坐标系,z 轴为来流方向,y 轴垂直于来流方向,x 轴为塔筒轴向方向,与重力方向一致。图中序号为各元件的编号,沿着图中箭头方向排序,G 代表各元件所受重力,Z 代表状态矢量。元件 m 代表简化为质量块的法兰、螺栓和平台,模型中也考虑该元件自身重量。元件 n 代表简化为刚体的风力机顶部构件,其重心可能不在塔筒中心轴线上,因此对塔筒产生弯矩。

考虑计算效率和研究重点,对风力机结构建模做出如下假设和简化:

① 假设不存在沿 x 轴的扭转运动,忽略塔筒模型扭转运动;

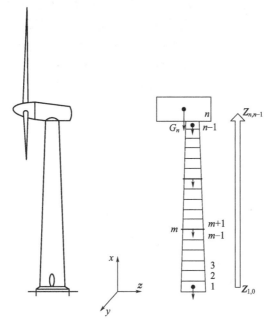

图 5.22 风力机简化模型示意图

② 假设风力机叶片、轮毂和机舱为一个存在质量偏心的空间刚体,忽略其中复杂部件的影响;

③ 忽略塔筒自身的结构阻尼;

④ 根据塔架的高质量比特性,忽略塔筒内部空气质量;

⑤ 假设塔筒内部法兰为集中质量,忽略螺栓、螺丝和螺孔造成的影响;

⑥ 假设塔筒截面始终保持圆形,不考虑壳体截面变形;

⑦ 假设塔筒表面平滑,不存在焊缝凹陷;

⑧ 假设塔筒为梁结构,不存在剪切效应和局部屈曲效应;

⑨ 假设塔筒与机舱为固定连接,不考虑机舱相对于塔筒的扭转;

⑩ 忽略风力机内部爬梯、电缆架、平台等对塔架整体强度影响较小的复杂部件。

5.4.2.2 风力机塔筒动力学特性建模

风力机多体动力学建模时,受力载荷要考虑风力机顶端质量、塔筒自身重力和质量偏心产生的弯矩。基于 5.4.2.1 节中的风力机简化模型,定义传递方向为塔筒底部向顶端刚体方向,如图 5.22 中箭头指向。塔筒被划分为多段元件,按传递方向对系统中的元件进行编号。根据模型中所有元件的运动和相互作用,状态矢量可统一为 $\boldsymbol{Z}=[Y, Z, \Theta_y, \Theta_z, M_y, M_z, Q_y, Q_z]^{\mathrm{T}}$。塔架基础的边界条件采用固定边界,顶端为自由振动。

使用 MSTMM 建立多体动力学模型,首先需要得到各元件的传递矩阵。为了充分考虑塔筒不同截面的结构特性,将非线性变截面的风力机塔筒简化为多段等截面不同参数分布的 Euler-Bernoulli 梁。梁模型考虑重力作用,忽略其剪切效应,为上方元件提供支撑力。由于来流作用,风力机塔筒在流向和横向上都有一定振幅的运动。假设图 5.22 塔筒中任一段的梁振动控制方程为:

$$EI\frac{\partial^4 y}{\partial x^4}+G\frac{\partial^2 y}{\partial x^2}+\overline{m}\frac{\partial^2 y}{\partial t^2}=0 \quad (5.29\mathrm{a})$$

$$EI\frac{\partial^4 z}{\partial x^4}+G\frac{\partial^2 z}{\partial x^2}+\overline{m}\frac{\partial^2 z}{\partial t^2}=0 \quad (5.29\mathrm{b})$$

式中,G 为梁元件上部结构重力对该元件的作用。

令 $y(x,t)=Y(x)\mathrm{e}^{\mathrm{i}\omega t}$ 和 $z(x,t)=Z(x)\mathrm{e}^{\mathrm{i}\omega t}$,将其代入式(5.29),使偏微分方程变为 4 阶常微分方程:

$$\frac{\partial^4 Y(x)}{\partial x^4}+\frac{G}{EI}\frac{\partial^2 Y(x)}{\partial x^2}-\frac{\overline{m}\omega^2}{EI}Y(x)=0 \quad (5.30\mathrm{a})$$

$$\frac{\partial^4 Z(x)}{\partial x^4}+\frac{G}{EI}\frac{\partial^2 Z(x)}{\partial x^2}-\frac{\overline{m}\omega^2}{EI}Z(x)=0 \quad (5.30\mathrm{b})$$

该方程可计算得通解:

$$Y(x)=A_1\cosh(\lambda_1 x)+A_2\sinh(\lambda_1 x)+A_3\cos(\lambda_2 x)+A_4\sin(\lambda_2 x) \quad (5.31\mathrm{a})$$

$$Z(x)=A_5\cosh(\lambda_1 x)+A_6\sinh(\lambda_1 x)+A_7\cos(\lambda_2 x)+A_8\sin(\lambda_2 x) \quad (5.31\mathrm{b})$$

式中,$A_1 \sim A_8$ 为常数;$\lambda_1=\sqrt{-\frac{G}{2EI}+\sqrt{\frac{1}{4}\left(\frac{G}{EI}\right)^2+\frac{\overline{m}\omega^2}{EI}}}$;$\lambda_2=\sqrt{\frac{G}{2EI}+\sqrt{\frac{1}{4}\left(\frac{G}{EI}\right)^2+\frac{\overline{m}\omega^2}{EI}}}$。

根据 Euler-Bernoulli 梁特性,可得到模态坐标系下的角位移 Θ_y、Θ_z,力矩 M_y、M_z 和内力 Q_y、Q_z:

$$\begin{aligned}\Theta_y=\frac{\mathrm{d}Z}{\mathrm{d}x},M_y=EI\frac{\mathrm{d}\Theta_y}{\mathrm{d}x},Q_z=G\Theta_y+\frac{\mathrm{d}M_y}{\mathrm{d}x}\\ \Theta_z=\frac{\mathrm{d}Y}{\mathrm{d}x},M_z=EI\frac{\mathrm{d}\Theta_z}{\mathrm{d}x},Q_y=G\Theta_z+\frac{\mathrm{d}M_z}{\mathrm{d}x}\end{aligned} \quad (5.32)$$

由式(5.31)、式(5.32) 可得:

$$\boldsymbol{B}(x) = \begin{bmatrix} \cosh(\lambda_1 x) & \sinh(\lambda_1 x) & \cos(\lambda_2 x) & \sin(\lambda_2 x) & \cdots \\ 0 & 0 & 0 & 0 & \\ \lambda_1\sinh(\lambda_1 x) & \lambda_1\cosh(\lambda_1 x) & -\lambda_2\sin(\lambda_2 x) & \lambda_2\cos(\lambda_2 x) & \\ 0 & 0 & 0 & 0 & \\ EI\lambda_1^2\cosh(\lambda_1 x) & EI\lambda_1^2\sinh(\lambda_1 x) & -EI\lambda_2^2\cos(\lambda_2 x) & -EI\lambda_2^2\sin(\lambda_2 x) & \\ 0 & 0 & 0 & 0 & \\ (EI\lambda_1^3+G\lambda_1)\sinh(\lambda_1 x) & (EI\lambda_1^3+G\lambda_1)\cosh(\lambda_1 x) & (EI\lambda_2^3-G\lambda_2)\sin(\lambda_2 x) & (G\lambda_2-EI\lambda_2^3)\cos(\lambda_2 x) & \\ 0 & 0 & 0 & 0 & \\ \cosh(\lambda_1 x) & \sinh(\lambda_1 x) & \cos(\lambda_2 x) & \sin(\lambda_2 x) & \\ \lambda_1\sinh(\lambda_1 x) & \lambda_1\cosh(\lambda_1 x) & -\lambda_2\sin(\lambda_2 x) & \lambda_2\cos(\lambda_2 x) & \\ EI\lambda_1^2\cosh(\lambda_1 x) & EI\lambda_1^2\sinh(\lambda_1 x) & -EI\lambda_2^2\cos(\lambda_2 x) & -EI\lambda_2^2\sin(\lambda_2 x) & \\ 0 & 0 & 0 & 0 & \\ (EI\lambda_1^3+G\lambda_1)\sinh(\lambda_1 x) & (EI\lambda_1^3+G\lambda_1)\cosh(\lambda_1 x) & (EI\lambda_2^3-G\lambda_2)\sin(\lambda_2 x) & (G\lambda_2-EI\lambda_2^3)\cos(\lambda_2 x) & \end{bmatrix} \tag{5.33}$$

简化为梁结构的塔筒传递矩阵形式：
$$U=B(l)B^{-1}(0) \qquad (5.34)$$

模型中将法兰、螺栓和支撑其的平台简化为集中质量作用在塔筒内部。多体系统传递矩阵库[136,199]中，已经列出了许多常用机械结构的传递矩阵。参考传递矩阵库，该坐标系中集中质量的传递矩阵形式如下：

$$U_{mass}=\begin{bmatrix} 1 & 0 & 0 & 0 & 0 & 0 & 0 & 0 \\ 0 & 1 & 0 & 0 & 0 & 0 & 0 & 0 \\ 0 & 0 & 1 & 0 & 0 & 0 & 0 & 0 \\ 0 & 0 & 0 & 1 & 0 & 0 & 0 & 0 \\ 0 & 0 & 0 & 0 & 1 & 0 & 0 & 0 \\ 0 & 0 & 0 & 0 & 0 & 1 & 0 & 0 \\ m_i\omega^2 & 0 & 0 & 0 & 0 & 0 & 1 & 0 \\ 0 & m_i\omega^2 & 0 & 0 & 0 & 0 & 0 & 1 \end{bmatrix} \qquad (5.35)$$

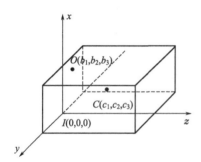

图 5.23 空间刚体模型

塔筒顶部支撑的叶轮、机舱等风力机部件被简化为一空间刚体，模型如图5.23所示。图中 $I(0,0,0)$ 代表输入点坐标，$O(b_1,b_2,b_3)$ 代表输出点坐标，$C(c_1,c_2,c_3)$ 代表质心坐标。空间刚体的传递矩阵已在文献[136]中给出，根据风力机模型中的状态矢量和坐标系进行修改。

由于刚体质心并不一定在塔筒轴线上，在本模型中其传递矩阵为：

$$U_{rigid}=\begin{bmatrix} I_2 & -\tilde{l}_{IO} & 0_{2\times 2} & 0_{2\times 2} \\ 0_{2\times 2} & I_2 & 0_{2\times 2} & 0_{2\times 2} \\ m\omega^2\tilde{l}_{CO} & -\omega^2(m\tilde{l}_{IOC}+J) & I_2 & \tilde{l}_{IO} \\ m\omega^2 I_2 & -m\omega^2\tilde{l}_{IC} & 0_{2\times 2} & I_2 \end{bmatrix} \qquad (5.36)$$

式中，

$$\tilde{l}_{IO}=\begin{bmatrix} 0 & -b_1 \\ b_1 & 0 \end{bmatrix}, \tilde{l}_{CO}=\begin{bmatrix} 0 & c_1-b_1 \\ b_1-c_1 & 0 \end{bmatrix}, J=\begin{bmatrix} J_y & -J_{yz} \\ -J_{yz} & J_z \end{bmatrix}$$

$$\tilde{l}_{IC}=\tilde{l}_{IO}-\tilde{l}_{CO}=\begin{bmatrix} 0 & -c_1 \\ c_1 & 0 \end{bmatrix}, \tilde{l}_{IOC}=\begin{bmatrix} -b_3c_3-b_1c_1 & b_3c_2 \\ b_2c_3 & -b_1c_1-b_2c_2 \end{bmatrix}$$

$$(5.37)$$

式中，J 为刚体相对于输入点的惯量矩阵，下标代表转动轴。

根据 MSTMM 对线性多体系统的定义，使用各元件的传递矩阵，可建立系统总传递方程为：

$$Z_{n+1,n} = U_n U_{n-1} \cdots U_i \cdots U_2 U_1 Z_{1,0} = U_{all} Z_{1,0} \tag{5.38}$$

式中，U_i 代表序号为 i 的元件的传递矩阵。

按传递方向拼接各元件传递矩阵，得到总传递矩阵为 $U_{all} = U_n U_{n-1} \cdots U_i \cdots U_2 U_1$。

为方便求解，将式（5.38）改写成如下形式：

$$\begin{bmatrix} U_{all} & -I_{8\times 8} \end{bmatrix} \begin{bmatrix} Z_{1,0} \\ Z_{n+1,n} \end{bmatrix} = \overline{U}_{all} \overline{Z}_{all} = 0 \tag{5.39}$$

式中，$I_{8\times 8}$ 代表 8 阶单位矩阵。

确认系统两端边界条件；塔筒底端为固定边界，则状态矢量为 $Z_{1,0} = [0, 0, 0, 0, M_y, M_z, Q_y, Q_z]^T$；顶部构件为自由振动，则状态矢量为 $Z_{n+1,n} = [Y, Z, \Theta_y, \Theta_z, 0, 0, 0, 0]^T$。将边界条件代入式（5.39）即可求解频率方程 $\overline{U}_{all}(\omega) \overline{Z}_{all} = 0$，得到该风力机系统的固有频率 ω_k 和对应的模态振型 V_k。

5.4.2.3 风力机塔筒动力学方程

为了准确地模拟作用在风力机塔筒流向和横向上的流体力，风力机模型中采用考虑流向和横向振动耦合的双自由度尾流振子模型[200]。通过有序排列的各元件的运动方程，得到整个系统的运动方程。根据 MSTMM 基本理论，忽略阻尼项，建立塔筒体动力学方程：

$$Mv_{tt} + Kv = f \tag{5.40}$$

式中，M、K 分别为质量矩阵、刚度矩阵；v 为位移矩阵；f 为元件所受外力矩阵。

通过模态叠加理论 $v = Vq$，可将物理坐标中的位移转换到模态坐标中。其中，$V = [V^1 \quad V^2 \quad \cdots \quad V^n]$，$q = [q^1 \quad q^2 \quad \cdots \quad q^n]^T$，$n$ 表示系统模态叠加所用的模态阶数。

流体动力计算方面采用二自由度耦合的改进尾流振子模型[200]。该模型只包含一个 Van der Pol 方程，但它再现了圆柱运动与流体力的耦合，同时考虑了圆柱流向和横向振动的耦合。圆柱忽略结构阻尼，能在流向和横向两个自由度上运动。模型中圆柱质量为 m，弹性刚度为 k，长为 L，直径为 D，来流速度为 U，来流密度为 ρ。通过该尾流振子模型仿真圆柱上的流体力，圆柱的振动可用下式表达：

$$m\ddot{z} + kz = \frac{1}{2}\rho DLU^2 C_{VZ} \tag{5.41a}$$

$$m\ddot{y}+ky=\frac{1}{2}\rho DLU^2 C_{VY} \qquad (5.41b)$$

$$\ddot{q}_v+\varepsilon(q_v^2-1)\dot{q}_v+q_v-\kappa\omega_{st}^2 D\frac{\ddot{z}}{(\ddot{z})^2+\omega_{st}^4 D^2}q=A\frac{1}{\omega_{st}^2 D}\ddot{y} \quad (5.41c)$$

式中，$q_v=2C_{VL}/C_{L0}$；ε、A 和 κ 都为调谐参数；ω_{st} 为涡脱角频率。其中流向力系数 C_{VZ} 和横向力系数 C_{VY} 表达为：

$$C_{VZ}=\left[C_{DM}\left(1-\frac{\dot{z}}{U}\right)+C_{VL}\frac{\dot{y}}{U}\right]\sqrt{\left(1-\frac{\dot{z}}{U}\right)^2+\left(\frac{\dot{y}}{U}\right)^2}+\alpha C_{VL}^2\left(1-\frac{\dot{z}}{U}\right)\left|1-\frac{\dot{z}}{U}\right|$$
$$(5.42a)$$

$$C_{VY}=\left[-C_{DM}\frac{\dot{y}}{U}+C_{VL}\left(1-\frac{\dot{z}}{U}\right)\right]\sqrt{\left(1-\frac{\dot{z}}{U}\right)^2+\left(\frac{\dot{y}}{U}\right)^2} \quad (5.42b)$$

式中，$C_{VL}=qC_{L0}/2$；$C_{DM}=C_{D0}-\alpha C_{L0}^2/2$；$C_{L0}$ 为静止刚性圆柱的升力系数，常取 0.3；C_{D0} 为静止刚性圆柱的阻力系数，常取 1.2；α 为经验参数，常取 2.2。

将该改进的二自由度尾流振子模型运用到本模型中的各段塔筒元件流体力计算上，同时转换到模态坐标系中，可以得到风力机柔塔的涡激振动计算模型：

$$\boldsymbol{MV}_z \ddot{\boldsymbol{q}}_z+\boldsymbol{KV}_z \boldsymbol{q}_z=\frac{1}{2}\rho DLU^2 \boldsymbol{C}_{VZ}(\boldsymbol{V}_z\dot{\boldsymbol{q}}_z,\boldsymbol{V}_z\dot{\boldsymbol{q}}_y,\dot{\boldsymbol{q}}_v) \quad (5.43a)$$

$$\boldsymbol{MV}_y \ddot{\boldsymbol{q}}_y+\boldsymbol{KV}_y \boldsymbol{q}_y=\frac{1}{2}\rho DLU^2 \boldsymbol{C}_{VY}(\boldsymbol{V}_y\dot{\boldsymbol{q}}_z,\boldsymbol{V}_y\dot{\boldsymbol{q}}_y,\dot{\boldsymbol{q}}_v) \quad (5.43b)$$

$$\ddot{\boldsymbol{q}}_v+\varepsilon(\boldsymbol{q}_v^2-1)\dot{\boldsymbol{q}}_v+\boldsymbol{q}_v-\kappa\omega_{st}^2 D\frac{\boldsymbol{V}_z\ddot{\boldsymbol{q}}_z}{(\boldsymbol{V}_z\ddot{\boldsymbol{q}}_z)^2+\omega_{st}^4 D^2}\boldsymbol{q}_v=A\frac{1}{\omega_{st}^2 D}\boldsymbol{V}_y\ddot{\boldsymbol{q}}_y$$
$$(5.43c)$$

$$\boldsymbol{C}_{VX}=\left[C_{DM}\left(1-\frac{\boldsymbol{V}_z\dot{\boldsymbol{q}}_z}{U}\right)+C_{VL}\frac{\boldsymbol{V}_y\dot{\boldsymbol{q}}_y}{U}\right]\sqrt{\left(1-\frac{\boldsymbol{V}_z\dot{\boldsymbol{q}}_z}{U}\right)^2+\left(\frac{\boldsymbol{V}_y\dot{\boldsymbol{q}}_y}{U}\right)^2}+$$
$$\alpha C_{VL}^2\left(1-\frac{\boldsymbol{V}_z\dot{\boldsymbol{q}}_z}{U}\right)\left|1-\frac{\boldsymbol{V}_z\dot{\boldsymbol{q}}_z}{U}\right|$$
$$(5.43d)$$

$$\boldsymbol{C}_{VY}=\left[-C_{DM}\frac{\boldsymbol{V}_y\dot{\boldsymbol{q}}_y}{U}+C_{VL}\left(1-\frac{\boldsymbol{V}_z\dot{\boldsymbol{q}}_z}{U}\right)\right]\sqrt{\left(1-\frac{\boldsymbol{V}_z\dot{\boldsymbol{q}}_z}{U}\right)^2+\left(\frac{\boldsymbol{V}_y\dot{\boldsymbol{q}}_y}{U}\right)^2}$$
$$(5.43e)$$

式中，$\boldsymbol{q}_z$、$\boldsymbol{q}_v$ 分别代表广义坐标下流向和横向的位移；$\boldsymbol{V}_z$、$\boldsymbol{V}_y$ 分别代表流向和横向上的增广特征矢量。

利用增广特征矢量的正交性，式(5.43a) 和式(5.43b) 两边分别左乘 $\boldsymbol{V}_z^T$ 和 $\boldsymbol{V}_y^T$，可将式简化：

$$\overline{\boldsymbol{M}}_z \ddot{\boldsymbol{q}}_z + \overline{\boldsymbol{K}}_z \boldsymbol{q}_z = \boldsymbol{V}_z^{\mathrm{T}} \left[\frac{1}{2} \rho D L U^2 \boldsymbol{C}_{VZ} (\boldsymbol{V}_z \dot{\boldsymbol{q}}_z, \boldsymbol{V}_y \dot{\boldsymbol{q}}_y) \right] \quad (5.44\mathrm{a})$$

$$\overline{\boldsymbol{M}}_y \ddot{\boldsymbol{q}}_y + \overline{\boldsymbol{K}}_y \boldsymbol{q}_y = \boldsymbol{V}_y^{\mathrm{T}} \left[\frac{1}{2} \rho D L U^2 \boldsymbol{C}_{VY} (\boldsymbol{V}_z \dot{\boldsymbol{q}}_z, \boldsymbol{V}_y \dot{\boldsymbol{q}}_y) \right] \quad (5.44\mathrm{b})$$

式中，$\overline{\boldsymbol{M}}_z = \boldsymbol{V}_z^{\mathrm{T}} \boldsymbol{M} \boldsymbol{V}_z$、$\overline{\boldsymbol{K}}_z = \boldsymbol{V}_z^{\mathrm{T}} \boldsymbol{K} \boldsymbol{V}_z$、$\overline{\boldsymbol{M}}_y = \boldsymbol{V}_y^{\mathrm{T}} \boldsymbol{M} \boldsymbol{V}_y$、$\overline{\boldsymbol{K}}_y = \boldsymbol{V}_y^{\mathrm{T}} \boldsymbol{K} \boldsymbol{V}_y$ 均为对角矩阵。

令 $x_1 = \boldsymbol{q}_z$，$x_2 = \dot{\boldsymbol{q}}_z$，$x_3 = \boldsymbol{q}_y$，$x_4 = \dot{\boldsymbol{q}}_y$，$x_5 = \boldsymbol{q}_v$，$x_6 = \dot{\boldsymbol{q}}_v$，将方程写成状态空间的形式，使用变步长的 4 阶 Runge-Kutta 法对其进行求解，可得到柔塔的动力学响应。其初始条件 $\boldsymbol{q}_z = \dot{\boldsymbol{q}}_z = \boldsymbol{q}_y = \dot{\boldsymbol{q}}_y = \dot{\boldsymbol{q}}_v = 0$，$\boldsymbol{q}_v = 0.1$，时间步长为 0.01s。状态空间形式如下：

$$\begin{cases} \dot{x}_1 = x_2 \\ \dot{x}_2 = \dfrac{\boldsymbol{V}_z^{\mathrm{T}}}{\overline{\boldsymbol{M}}_z} \left[\dfrac{1}{2} \rho D L U^2 \boldsymbol{C}_{VZ} (\boldsymbol{V}_z x_2, \boldsymbol{V}_y x_4) \right] - \dfrac{\overline{\boldsymbol{K}}_z}{\overline{\boldsymbol{M}}_z} x_1 \\ \dot{x}_3 = x_4 \\ \dot{x}_4 = \dfrac{\boldsymbol{V}_y^{\mathrm{T}}}{\overline{\boldsymbol{M}}_y} \left[\dfrac{1}{2} \rho D L U^2 \boldsymbol{C}_{VY} (\boldsymbol{V}_z x_2, \boldsymbol{V}_y x_4) \right] - \dfrac{\overline{\boldsymbol{K}}_y}{\overline{\boldsymbol{M}}_y} x_3 \\ \dot{x}_5 = x_6 \\ \dot{x}_6 = A \dfrac{1}{\omega_{st}^2 D} \boldsymbol{V}_y \dot{x}_4 - \varepsilon (x_5^2 - 1) x_6 - x_5 + \kappa \omega_{st}^2 D \dfrac{\boldsymbol{V}_z \dot{x}_2}{(\boldsymbol{V}_z \dot{x}_2)^2 + \omega_{st}^4 D^2} x_5 \end{cases}$$

(5.45)

5.4.2.4 风力机塔筒振动特性及涡激振动模型验证

为了避免风力机塔筒在流速范围内的涡激共振，需要得到塔筒的振动频率，因此预测风力机塔筒振动特性对研究风力机塔筒结构稳定性具有重要意义。以文献 [197]、[198] 中的 NORDEX S70/1500 风力机塔筒为例，采用 MSTMM 和 FEM 分别建模进行模态分析。风力机塔筒总体质量为 91t，塔筒顶部机舱和叶轮质量分别为 60t 和 30t，重心分别距离塔筒轴线 1m 和 2.5m；塔筒底部直径 4.035m，厚度为 0.025m；塔筒顶部直径 2.955m，厚度为 0.014m。塔筒截面直径和厚度非线性变化。塔筒高度 13.4m、34.2m 和 61.8m 处都存在内部加劲法兰连接塔筒来增加整体的弯曲刚度，防止发生屈曲失效。塔筒材料为钢，型号为 S355，它被处理为一种理想的弹塑性材料，泊松比为 0.3，弹性模量为 200GPa，密度为 7850kg/m³，屈服应力为 355MPa。更多有关风力机塔筒参数的信息可见文献 [197]、[198]、[201]。

风力机塔筒有限元模型基于 ANSYS® Workbench 软件建立。模型中顶部机舱简化为 60t 的集中质量，叶轮简化为 30t 的集中质量。机舱质心沿流向距离塔筒轴线 1m，叶轮质心距离塔筒轴线 2.5m、距离机舱质心 3.5m。机舱和叶轮的重量作用在塔筒顶端，同时模型中考虑重力加速度 9.8m/s²。

图 5.24 为采用 MSTMM 计算风力机塔筒横向和流向的前 4 阶弯曲圆频率计算结果，图中横坐标为圆频率，纵坐标表示特征方程 $|\Delta|$ 的大小，当 $|\Delta|$ 接近 0 时对应的圆频率即为该阶模态的固有圆频率。固有圆频率 ω_k 除以 2π 即为固有频率 f_k。

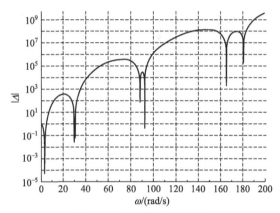

图 5.24 圆频率搜根结果

表 5.5 给出了 MSTMM 和 FEM 对 NORDEX S70 型号风力机塔筒的弯曲固有频率的计算结果，同时与文献 [197]、[198]、[201] 对该风力机的计算结果对比。从表中可以看出，MSTMM 计算出的第一阶弯曲模态频率与 FEM 计算的和文献中的结果十分接近。在多体动力学模型中，塔架支承的风机部件简化为存在质量偏心的空间刚体，所以计算出的 z 和 y 方向的固有频率值差别更明显。而文献 [197]、[198] 和本节有限元建模中仅仅将塔筒顶部结构当作偏离塔筒中心轴线的集中质量处理。文献 [201] 中为实地测试结果，顶端结构重心位置未知。表中显示 MSTMM 和本节 FEM 计算出的第二阶固有频率较为接近，而与文献 [197]、[198] 中有限元计算结果差别较大。推测原因是该风机的一些结构参数不明确，导致仿真模型存在一定差异。通过对比显示，基于 MSTMM 完成的模态分析结果具有一定的精度，足以证明 MSTMM 方法适于对风力机建模。

表 5.5 风力机柔塔前 4 阶弯曲模态频率对比

模态阶数	方向	固有频率 f_k/Hz				
		MSTMM	FEM	文献[198]	文献[201]	文献[197]
1	z	0.4982	0.5067	0.49	0.49	0.48
	y	0.5173	0.5071	0.49	0.48	

续表

模态阶数	方向	固有频率 f_k/Hz				
		MSTMM	FEM	文献[198]	文献[201]	文献[197]
2	z	4.7126	4.6078	4.32	3.84	4.17
	y	4.9593	4.7157	4.42	4.08	
3	z	14.1218	12.039	12.02	—	—
	y	15.0576	13.455	12.84	—	—
4	z	27.0659	—	—	—	—
	y	29.7126				

基于 MSTMM 和 FEM 方法得到的模态振型计算结果对比见表 5.6，从表中可看出两种方法计算出的振型一致。此外，FEM 计算中 z 方向的第三阶弯曲模态顶部壳体发生了变形，而多体动力学模型中不考虑壳体变化，因此基于 MSTMM 计算出的第三阶后的固有频率与 FEM 结果有一定差别。

表 5.6　风力机柔塔模态振型对比

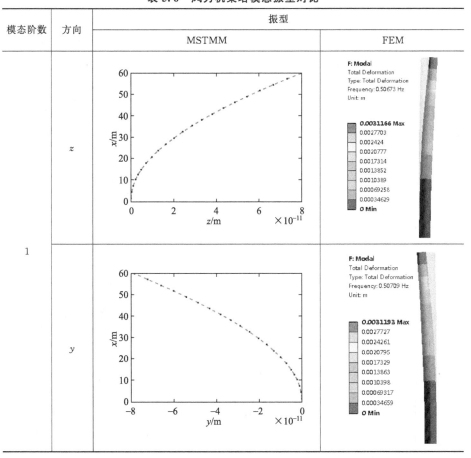

续表

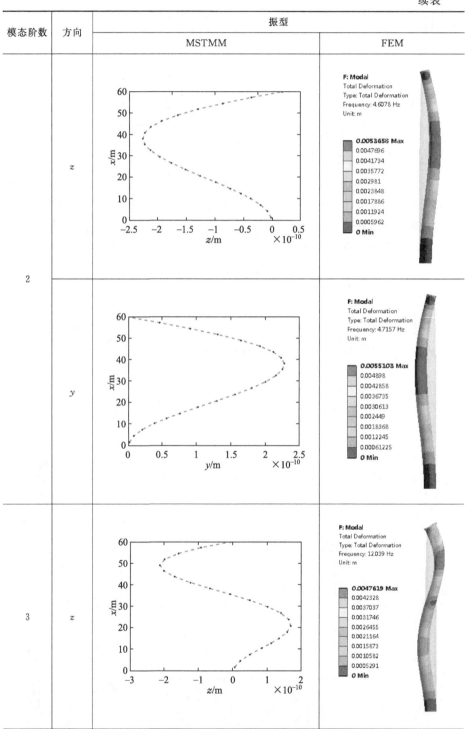

续表

模态阶数	方向	振型	
		MSTMM	FEM
3	y	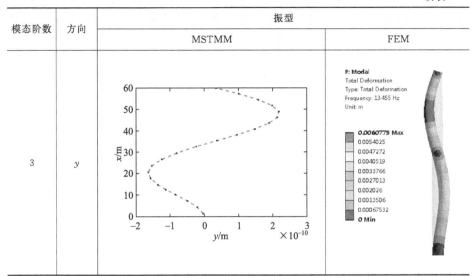	

综上，基于 MSTMM 建立的风力机结构模型能表现出风力机的基本振动特性，通过对模型求解可实现对风力机系统的振动特性分析。采用该方法省去了每改变一次参数就要对塔筒进行重新建模，也无须划分大量网格单元，且矩阵阶次低、计算量小、计算效率高。本节中基于 MATLAB 实现 MSTMM 计算，使用单线程计算出前 4 阶弯曲模态需要 13s。而在 ANSYS Workbench 中进行的有限元计算，使用 16 线程进行计算，计算到第 3 阶弯曲模态需要 175s。

5.4.2.5 风力机塔筒涡激振动特性分析

通常风从地面略过呈现剪切流的形态。本节计算中假设来流为定常流动，塔筒底部风速为 0.2m/s，塔筒顶端风速为 1m/s，为线性剪切流。塔筒绕流处于亚临界雷诺数范围内，将风剪切用函数表示如下：

$$U(H)=0.0137\times H+0.1798 \tag{5.46}$$

式中，H 代表塔筒的高度；$U(H)$ 代表在此高度处的来流速度。

流经塔筒的流体为空气，其密度为 $\rho=1.225 \text{kg/m}^3$。根据来流条件可知流动处于亚临界雷诺数范围内。由于此时塔筒后旋涡为有规则脱落，因此尾流振子模型适用于塔筒上流体力的计算。参考文献 [200]，取模型中经验系数 $A=12$、$\varepsilon=0.8$ 和 $\kappa=5$。

图 5.25 所示为计算所得风力机塔筒的振幅，其中，$z_{\max}$ 代表 z 方向塔筒横截面位移最大值，$z_{\min}$ 代表最小值，而 z_{middle} 代表中间值。从振幅可以看出，塔筒的振动以第一阶和第二阶模态为主导，塔筒轴向最大振幅出现在塔筒

中上段某处而不是顶端。单个塔筒结构往往顶部处运动幅度最大,而风力机塔筒的振动响应由于支撑叶轮、机舱等结构而改变。预测出风力机塔筒轴向振幅最大处,也是建立此模型的目的之一。

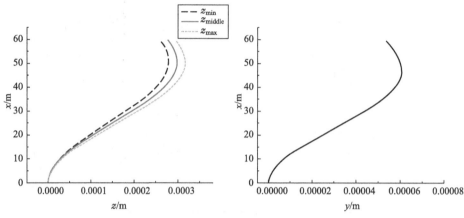

图 5.25 塔筒沿轴向振幅分布

图 5.26 所示为塔筒在 y 方向的振动历时云图,图中横坐标表示时间,纵坐标表示塔筒高度,颜色深浅代表塔筒相对于初始位置的振动位移。从图中可以看出,塔筒的振动响应沿轴向有规律地波动。塔筒的大幅振动主要集中在塔筒中上段,与图 5.25 所显示的一致。通常可以用行波和驻波响应形态来描述塔筒振动。图 5.26(a) 显示塔筒振动初期以驻波形态为主。随着时间的推移,产生最大振幅的位置开始沿展向移动,在图 5.26(b) 中可以观察到明显的行波效应。行波从能量输入区域向能量输出区域传播,导致能量集中在行波区,此处也更容易产生结构疲劳。

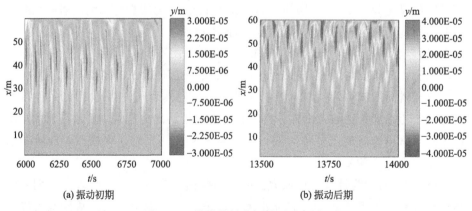

图 5.26 沿塔筒轴向振动历时云图

为了观察塔筒的振动频率，采用 Molet 小波变换针对塔筒顶部位移绘制时频尺度图，如图 5.27 所示。图中纵坐标表示振动频率，横坐标表示时间，颜色深浅表示振动频率的能量分布。从图 5.27(a) 中可以看到，塔筒顶部流向振动频率主要集中在 0.32Hz，同时也是旋涡脱落频率，振动能量表现出周期变化。在图 5.27(b) 中，塔筒顶部横向振动频率主要集中在 0.15Hz 左右，为流向频率的一半。同时横向振动频率在 0.49Hz 处也存在微小的振动能量，这刚好与上文中计算到的第一阶固有频率接近。

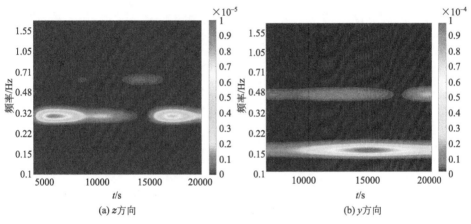

图 5.27 塔筒顶部振动时频尺度图

5.5 本章小结

本章基于 Van der Pol 尾流振子模型和 FLUENT 软件二次开发建立了二维弹性支撑柱体的涡激振动模型，并进一步研究了二维柱体结构的涡激振动响应及其机理。仿真结果表明，Van der Pol 尾流振子模型在低质量比情况下误差稍大，但基本上也可以捕捉到柱体的涡激振动特性，可以用于快速预测柱体结构的涡激振动特性。基于 CFD 和嵌套网格技术，同时考虑柱体来流向和振型振动，编制了流固耦合仿真系统。计算结果表明，涡激振动的机理是频率锁定，涡脱模式在振幅较大时的泄放模式是 2P 或者 P+S 模式，涡脱模式在柱体横向振幅较小时为 2S 模式。

基于二维柱体涡激振动的研究结果，将计算扩展到三维柔性柱体结构。本章以海洋立管和风力机塔筒为例，使用尾流振子模型和多体系统传递矩阵法（MSTMM）建立了立管和塔筒的多体动力学模型，进一步研究了三维柔性柱体的涡激振动响应。结果显示：流速越大，RTP立管涡激振动频率越高，但是在频率锁定区间的来流速度范围内，涡激振动响应频率与所激发出的某一阶模态为主导的振动对应的频率接近；风力机塔筒振动由第一阶和第二阶弯曲模态主导，塔筒轴向最大振幅出现在塔筒中上段某处。基于RTP立管和风力机塔筒建立的涡激振动模型也能为其他细长柔性结构的动力学建模与仿真提供参考。

第6章
柱体结构涡激振动抑制方法及仿真

6.1 引言

第5章探索了研究柱体结构涡激振动现象和机理的方法，本章主要以二维弹性支撑柱体模型和三维海洋立管为例，通过数值仿真探索不同装置对抑制柱体结构涡激振动的效果。目前对涡激振动抑制装置的设计主要采用水槽或风洞实验，但直接采用水槽、风洞实验时，实验次数多，准备周期长，实验代价高，且无法获得详细的流场信息，欠缺对涡激振动抑制装置流固耦合特性的机理研究。因此，如果先采用数值仿真方法对涡激振动抑制装置进行设计，然后再进行水槽、风洞实验，可以大大减少实验成本，同时提高产品设计效率。

近些年，大多数学者都采用二维模型对涡激振动抑制装置进行数值模拟，未考虑旋涡结构的三维效应[34]。对于二维柱体结构涡激振动的计算，经验模型基本适用，能捕获到柱体流固耦合振动的基本特性。相比 CFD 方法，经验模型具有较高的计算效率，且节约计算成本，适合作为涡激振动抑制装置前期设计的参考。而随着计算机技术和数值模拟技术的快速发展，基于 CFD 理论的数值模拟技术现已发展到完全可以模拟复杂几何外形的黏性流场绕流等问题的程度，可以为柱体结构涡激振动抑制装置计算出精确的瞬态流场载荷，因此 CFD 仿真可成为研究三维柱体结构涡激振动抑制装置的重要手段。

针对柱体结构涡激振动的特点，本书1.4节中详细地介绍了目前主要的涡激振动抑制方法。NES 是一种新型被动减振装置，具有宽频吸振的特性，其主要原理是靠共振俘获，将能量从结构传递给振子，并通过阻尼消耗掉能量。近几年，陆续有学者将其用于柱体结构涡激振动抑制研究，但都是针对单自由度振动的柱体，低雷诺数（$Re<200$）情况进行研究[83~86]。本章在 Van der Pol 尾流振子模型中又嵌入了新型被动减振装置 NES，研究了 NES 对柱体结构涡激振动的抑制效果。然后，建立基于 CFD 实现的 NES 作用下柱体涡激振动仿真程序，进一步计算出流场信息。涡激振动的抑制方法有很多种，而在海洋立管中最常用的是螺旋列板装置。本章采用 CFD/FEM 双向耦合模型对低雷诺数的短柔性立管安装不同结构参数的螺旋列板，并进行涡激振动仿真计算，以减小计算量，分析螺旋列板的安装位置、结构参数对立管涡激振动响应的影响规律。

6.2 安装 NES 的二维弹性支撑柱体涡激振动减振

6.2.1 NES 简介

NES 是一种无优先抑制频率的被动减振器[202~204]，与调谐质量阻尼器（TMD）和调谐液体阻尼器（TLD）的窄频带不同。它能在较宽的频率范围内实现能量捕获，将主要结构中的能量传递到 NES，并通过其阻尼器耗散掉。NES 已应用于各种工程领域，如复合材料层合板、航天器和汽车传动系统[205~207]，以减轻不必要的结构振动。由于其强烈的惯性非线性，NES 具有定向能量传递（TET）的特性，即能量从主结构单向不可逆地传递到 NES[203,208]。

目前，被用于抑制柱体涡激振动的 NES 主要有两种类型，即平动非线性能量阱（Translational NES，T-NES）和旋转非线性能量阱（Rotational NES，R-NES）。图 6.1 所示为两种 NES 作用在柱体内部的结构示意图。从图中可以看出，T-NES 由具有立方非线性的弹簧 k_{nes}、线性阻尼器 c_{nes} 和质量振子 m_{nes} 构成，质量振子通过弹簧和阻尼器与柱体结构相连。而 R-NES 由顶端附有质量块 m_N 的刚性杆构成，该质量块能以固定半径 r 绕圆柱体轴线旋转，传递到 R-NES 上的能量通过其上的线性阻尼器 c_N 耗散。由于 NES 使柱体结构振动改变，来流中流体力作用也会因为柱体运动轨迹的变化而产生相应改变，即产生流固耦合作用。因此，需建立合理的 NES 作用下的二自由度柱体涡激振动模型对柱体减振进行研究。本节分别使用 CFD 模型和 Van der Pol 尾流振子模型对 NES 作用下的柱体涡激振动进行预测。

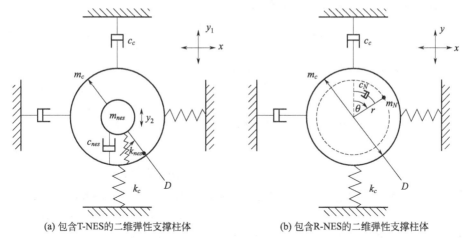

(a) 包含T-NES的二维弹性支撑柱体　　(b) 包含R-NES的二维弹性支撑柱体

图 6.1　包含 NES 的二自由度柱体

6.2.2　基于 Van der Pol 尾流振子模型的 R-NES 减振

从图 6.1(b) 所示的包含 R-NES 的柱体结构可以看出，该结构非线性的本质为 R-NES 中质量块的转动与圆柱结构运动之间的惯性耦合。同样，R-NES 可以放置在空心圆柱的内部，不改变柱体几何外形。根据式(5.1)，定义本节模型中无量纲参数：

$$X=\frac{x}{D}, Y=\frac{y}{D}, \tau=\omega_s t \tag{6.1}$$

式中，ω_s 为旋涡脱落频率，则斯特罗哈尔数 $St=\omega_{st}D/(2\pi U)$。

由于 R-NES 中质量块为圆周运动，单自由度模型难以表现出旋转质量块对圆柱的作用，因此选择改进的双自由度尾流振子模型[200]对柱体中的流体力进行仿真。该模型考虑了柱体流向和横向振动耦合，无量纲形式的模型如下：

$$\ddot{X}+2\zeta_x\Omega\dot{X}+\Omega^2 X=\frac{C_{VX}}{2\pi^3 St^2(m^*+C_a)} \tag{6.2a}$$

$$\ddot{Y}+2\zeta_y\Omega\dot{Y}+\Omega^2 Y=\frac{C_{VY}}{2\pi^3 St^2(m^*+C_a)} \tag{6.2b}$$

$$\ddot{q}+\varepsilon(q^2-1)\dot{q}+q-\kappa\frac{\ddot{X}}{\ddot{X}^2+1}q=A\ddot{Y} \tag{6.2c}$$

式中，$q=2C_{VL}/C_{L0}$；$\Omega=\omega_0/\omega_{st}$；$\varepsilon$、$A$ 和 κ 都为调谐参数；(˙)代表对时间 t 的导数。

其中流向力系数和横向力系数为：

$$C_{VX}=[C_{DM}(1-2\pi St\dot{X})+C_{VL}2\pi St\dot{Y}]\sqrt{(1-2\pi St\dot{X})^2+(2\pi St\dot{Y})^2}+\alpha C_{VL}^2(1-2\pi St\dot{X})|1-2\pi St\dot{X}|$$

(6.3a)

$$C_{VY}=[-C_{DM}2\pi St\dot{Y}+C_{VL}(1-2\pi St\dot{X})]\sqrt{(1-2\pi St\dot{X})^2+(2\pi St\dot{Y})^2}$$

(6.3b)

式中，$C_{VL}=qC_{L0}/2$；$C_{DM}=C_{D0}-\alpha C_{L0}^2/2$；$C_{L0}$ 为静止刚性圆柱的升力系数，取 0.3；C_{D0} 为静止刚性圆柱的阻力系数，取 1.2；α 为经验参数，取 2.2[200]。

根据 R-NES 结构原理可知，结构内一个质量块 m_N 以一定旋转半径 r 绕中心轴转动，NES 内线性阻尼 c_N 同时将质量块运动能量耗散。系统总质量为 $M=m_a+m_c+m_N$。R-NES 与流体之间没有直接接触，因此来流中的能量通过柱体的振动传递到 NES 中耗散。结合尾流振子模型，建立在 R-NES 作用下的二自由度弹性支撑柱体的涡激振动模型：

$$\ddot{X}+\beta\hat{r}[\cos\theta\cdot\ddot{\theta}-\sin\theta\cdot(\dot{\theta})^2]+2\zeta\Omega\dot{X}+\Omega^2 X=\frac{C_{VX}}{2\pi^3 St^2(m^*+Ca)}$$

(6.4a)

$$\ddot{Y}-\beta\hat{r}[\sin\theta\cdot\ddot{\theta}+\cos\theta\cdot(\dot{\theta})^2]+2\zeta\Omega\dot{Y}+\Omega^2 Y=\frac{C_{VY}}{2\pi^3 St^2(m^*+Ca)}$$

(6.4b)

$$\ddot{\theta}+\frac{1}{\hat{r}}(\cos\theta\cdot\ddot{X}-\sin\theta\cdot\ddot{Y})+2\zeta_\theta\Omega\dot{\theta}=0 \qquad (6.4c)$$

$$\ddot{q}+\varepsilon(q^2-1)\dot{q}+q-\kappa\frac{\ddot{X}}{\ddot{X}^2+1}q=A\ddot{Y} \qquad (6.4d)$$

式中，θ 为旋转角度，以图 6.1(b) 中所示虚线位置为起点；ζ_θ 为 NES 阻尼比，$\zeta_\theta=c_N/(2m_N r^2\omega_0)$。并定义了 R-NES 的无量纲结构参数：无量纲质量参数 $\beta=m_N/(m_c+m_a+m_N)$，无量纲阻尼参数 $\xi=c_N/c_c$，无量纲旋转半径 $\hat{r}=r/D$。

编制的在 R-NES 作用下的二自由度弹性支撑柱体 VIV 模型的 MATLAB 程序如下：

```
clc
clear
```

```
global CD0 CL0 CDM omega St epsilon mratio ca kappa ke_si A alpha mnew rr kesi_thi
Ur=8;
d=0.0554;
rou=1000;
ca=1;
St=0.2;
alpha=2.2;
CL0=0.3;
CD0=1.2;
CDM=CD0-alpha*CL0^2/2;
A=10;
epsilon=0.08;
kappa=5;
ke_si=0.006;
mratio=2.36;
f0=1.711;
wn=2*pi*f0;
U=Ur(i)*f0*d;
wst=2*pi*St*U/d;
omega=wn/wst;
mnew=0.1;
cc=0.008;
rr=0.3;
r=rr*d;
M=(mratio+1)*rou*d^2*pi/4*(mnew/(1-mnew)+1);
c=2*wn*M*ke_si;
cnes=cc*c;
kesi_thi=cnes/(2*mnew*M*r^2*wn);

[t,y]=ode45(@rotativeNES2,[0:0.01:1500],[0 0 0 0 0 0 0.01 0]);
responsex=y(:,3);
responsexx=y(:,4)*wst*d;
responsey=y(:,5);
responseyy=y(:,6)*wst*d;
responsethi=y(:,1);
responsethii=y(:,2)*wst;
tt=t/wst;
figure(1)
```

```
plot(tt,responsex,'r');
figure(2)
plot(tt,responsey,'b');
figure(3)
plot(tt,responsethi,'k');
figure(4)
plot(tt,responsethii,'k');

sy=y(:,5);
Fs=1/0.01*wst;
nfft=length(sy)-1;
X=fft(sy,nfft);
X=X(1:nfft/2);
mx=10*log10(abs(X)/(nfft/2));
f=(0:nfft/2-1)*Fs/nfft;
figure(5)
plot(f,mx,'-k','LineWidth',2);

function dy=rotativeNES2(t,y)
    global CL0 CDM omega St epsilon mratio ca kappa ke_si A alpha mnew rr kesi_thi

    y1=y(1);
    y2=y(2);
    y3=y(3);
    y4=y(4);
    y5=y(5);
    y6=y(6);
    y7=y(7);
    y8=y(8);

    CVL=0.5*y7*CL0;

CVX=(CDM*(1-2*pi*St*y4)+CVL*2*pi*St*y6)*sqrt((1-2*pi*St*y4)^2+(2*pi*St*y6)^2)+alpha*CVL^2*(1-2*pi*St*y4)*abs(1-2*pi*St*y4);

CVY=(-CDM*2*pi*St*y6+CVL*(1-2*pi*St*y4))*sqrt((1-2*pi*St*y4)^2+(2*pi*St*y6)^2);
```

```
    CX=CVX/(2*pi^3*St^2*(mratio+ca));
    CY=CVY/(2*pi^3*St^2*(mratio+ca));

    dy1=y2;

dy2=-((cos(y1)*CX-sin(y1)*CY+sin(y1)*2*ke_si*omega*y6-cos(y1)*2*ke_si*
omega*y4+sin(y1)*omega^2*y5-cos(y1)*omega^2*y3)/rr+2*kesi_thi*omega*y2)/
(1-mnew);
    dy3=y4;

dy4=CX-2*ke_si*omega*y4-omega^2*y3-mnew*rr*(cos(y1)*(dy2)-sin(y1)*y2^2);
    dy5=y6;

dy6=CY-2*ke_si*omega*y6-omega^2*y5+mnew*rr*(sin(y1)*(dy2)+cos(y1)*y2^2);
    dy7=y8;

dy8=A*(dy6)-epsilon*(y7^2-1)*y8-y7+kappa*(dy4/(1+dy4^2))*y7;

    dy=[dy1;
        dy2;
        dy3;
        dy4;
        dy5;
        dy6;
        dy7;
        dy8];
end
```

使用变步长的 4 阶 Runge-Kutta 法对式(6.4)求解即可得到 R-NES 作用下的柱体振动响应。计算时间步长取 $\Delta\tau=0.01$，计算初始条件为 $X=\dot{X}=Y=\dot{Y}=\dot{q}=0$，$q=0.01$。现以如下柱体的结构参数为例来研究 R-NES 对两种不同质量比的柱体结构涡激振动的影响及机理：$m^*=2.36$，$\zeta=0.006$，$\omega_0=10.75$；$m^*=6.54$，$\zeta=0.006$，$\omega_0=7.92$。

针对 $m^*=6.54$ 的圆柱内安装的 R-NES 结构参数为 $\beta=0.1$，$\hat{r}=0.3$，$\xi=0.002$。如图 6.2 所示为柱体横向振幅随来流速度的数据分布。图中还对四个不同的来流速度捕捉到了具有代表性的几种柱体运动轨迹。从图中可以看出，

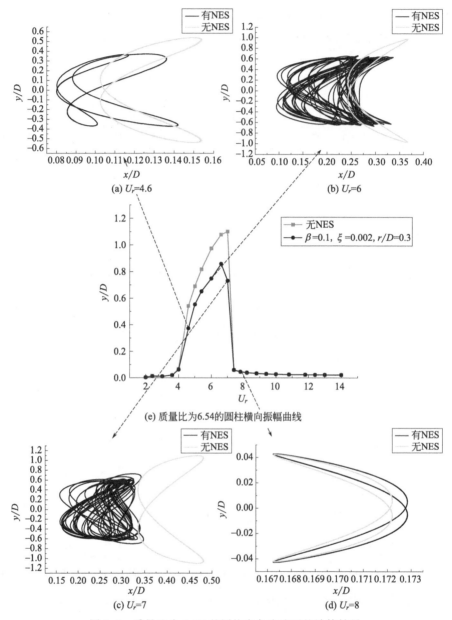

图 6.2 质量比为 6.54 的圆柱在各流速下的计算结果

当来流速度在柱体共振区间时，R-NES作用效果比较强（$U_r=7$、$U_r=6$柱体振幅有效减少），圆柱运动轨迹都呈现出比较混乱的状态，没有体现出运动规律。带有R-NES的柱体虽然流向振动振幅增大，但运动轨迹在流向上更接近初始位置。当$U_r=8$时，柱体振幅较小，R-NES也并没有体现出对柱体振动的抑制效果，圆柱按固定的轨迹运动，并且流向上的振幅反而有些许增大。在$U_r=4.6$

第6章 柱体结构涡激振动抑制方法及仿真

的来流中，VIV 处于频率锁定初期，柱体运动轨迹不同于原来单个柱体时的"8"字形运动，也不是毫无规律的混乱运动，而是沿着另一种复杂的固定轨迹运动。有序的运动轨迹反映出 R-NES 可能并不能发挥出定向能量传递作用。

当 NES 对圆柱 VIV 抑制效果比较强烈时，柱体的运动路径比较无序，此时 R-NES 内置质量块运动方式也会产生变化。图 6.3 所示为圆柱在四种流速下的柱体横向振动响应和质量块位移，横向振动响应图中的虚线表示单个圆柱 VIV 时的振幅。当 $U_r=8$ 时，R-NES 质量块只在较小的固定角度内往返运动，此时柱体中能量只有较少一部分能传到 NES 中并通过 NES 线性阻尼耗散掉。而在 $U_r=7$ 和 $U_r=6$ 时，当 NES 作用效果比较强时，质量块运动方式较无规则，质量块在不定时间段内进行单向高速的圆周运动。在图 6.3(b)、(c) 中已标示，柱体横向振动的减弱通常都伴随着在这个时间段内质量块以较高的角速度单向旋转。当圆柱从来流中获得的能量传递到了质量块的运动中，质量块以较高的角速度旋转。在高速运动中 R-NES 线性阻尼对能量消耗的效率也更高，最终反映在柱体横向振动的减弱上。在该质量比圆柱的三种 NES 作用机制中，NES 质量块以高角速度无序转动时最能达到对柱体 VIV 抑制的理想状态，此时柱体的运动轨迹也比较无序。

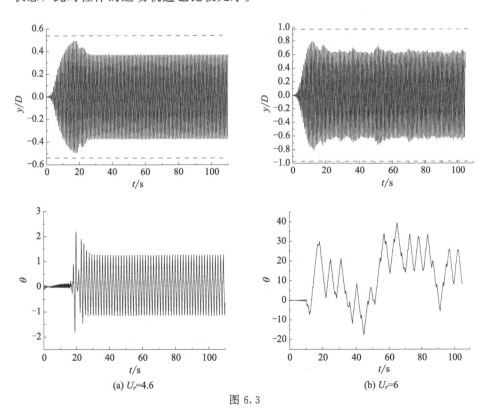

图 6.3

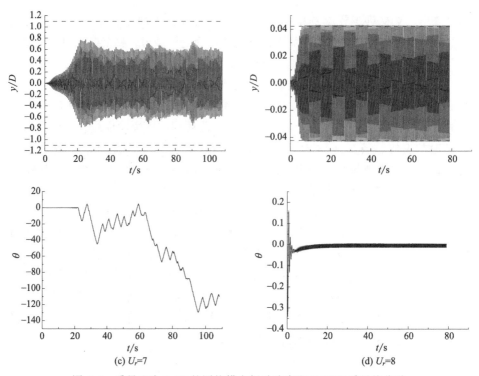

图 6.3 质量比为 6.54 的圆柱横向振动响应和 R-NES 质量块位移

图 6.4 给出柱体在不同速度下横向振动的频率,图 6.4(a)~(d) 为横向振动响应经过小波变换后生成的时频云图。从图中可以看出,在 R-NES 作用下柱体横向振动的主要频率保持不变,频率锁定现象依旧发生。但在柱体涡激振动得到明显抑制的风速下,柱体振动频率出现波动,如图 6.4(b)、(c) 所示。柱体振动频率的波动由 R-NES 的间歇作用产生,因此此时也对柱体的涡激振动产生了抑制效果。

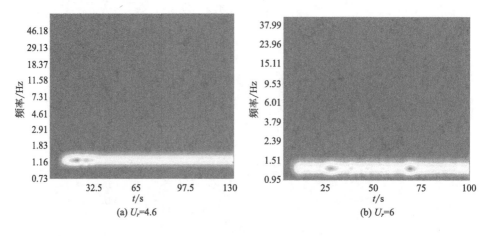

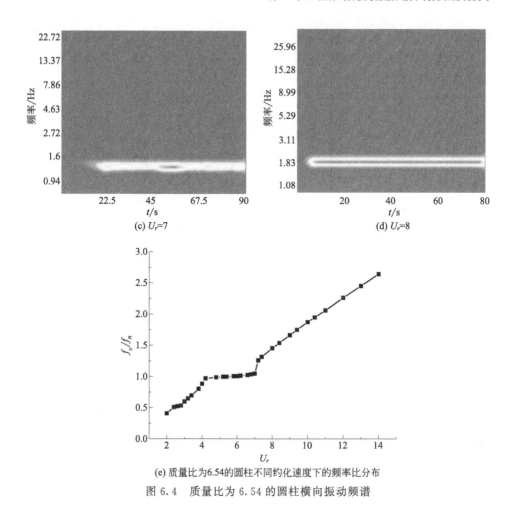

(e) 质量比为6.54的圆柱不同约化速度下的频率比分布

图 6.4 质量比为 6.54 的圆柱横向振动频谱

为了观察到更清晰的柱体动力学特征，针对 $m^*=2.36$ 的圆柱选择的 R-NES 结构参数为 $\beta=0.1$，$\xi=0.008$，$\hat{r}=0.3$。如图 6.5 所示为 $m^*=2.36$ 的柱体在 R-NES 作用下的振幅曲线对比和两种来流速度下的运动轨迹。在两种风速下，柱体都按固定轨迹运动，与单个柱体 VIV 时的运动轨迹相似。图中没有出现 $m^*=6.54$ 的圆柱中出现的无规则运动现象，而柱体的横向振幅也几乎没有减小。

图 6.6 展示了在 $U_r=5$ 和 $U_r=8$ 情况下，柱体的横向振动响应和 NES 中旋转质量块的位移。图中显示，在两种流速下 NES 质量块都以相同模式运动。两者的区别在于，共振区间内的风速下，质量块来回振荡的范围更大、速度更快，因此 NES 线性阻尼单位时间内耗散的能量更多。所以 $U_r=8$ 时旋转 NES 对柱体横向 VIV 的减振效果比 $U_r=5$ 时更明显。同样基于小波变换展示出柱体在这两种速度下横向振动频率随时间的变化，如图 6.7 所示。图中柱体振动

频率随时间保持不变，对应 R-NES 产生的减振效果也较差。根据以上的现象可以推断，当 R-NES 对柱体涡激振动产生明显的抑制作用时，柱体振动频率通常存在波动变化。

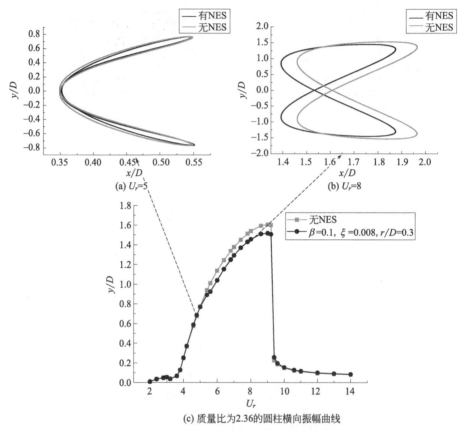

图 6.5 质量比为 2.36 的圆柱在各流速下的计算结果

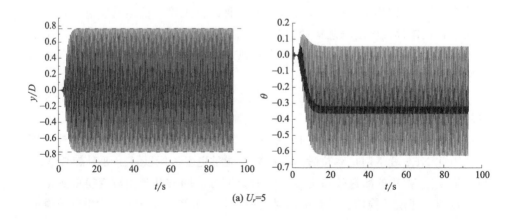

(a) $U_r=5$

第 6 章 柱体结构涡激振动抑制方法及仿真

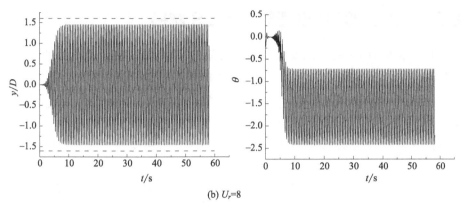

(b) $U_r=8$

图 6.6 质量比为 2.36 的圆柱横向振动响应和 R-NES 质量块位移

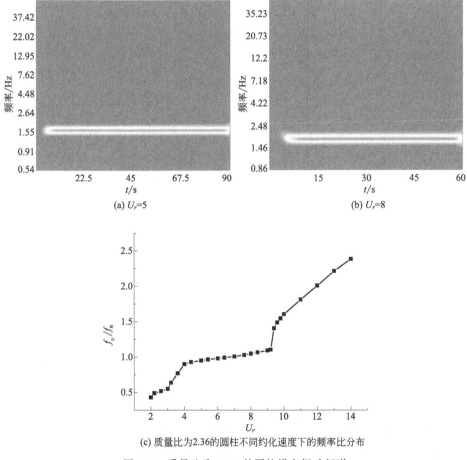

(a) $U_r=5$ (b) $U_r=8$

(c) 质量比为2.36的圆柱不同约化速度下的频率比分布

图 6.7 质量比为 2.36 的圆柱横向振动频谱

169

6.2.3 基于 CFD 模型的 T-NES 减振

根据图 6.1(a) 所示的安装在柱体内部的 T-NES 结构示意图，可以建立 T-NES 作用下的柱体结构动力学模型。图中 T-NES 的质量为 m_{nes}、阻尼为 c_{nes}、立方非线性弹簧参数为 k_{nes}。非线性的回复力满足关系式 $F=k_{nes}y_2^3$，即 T-NES 具有硬化立方非线性刚度的特性。柱体自身质量为 m_c，阻尼为 c_c，弹簧刚度为 k_c。结合式(5.2)，T-NES 作用下的二自由度弹性支撑的柱体运动的控制方程为：

$$m_c \ddot{x}_1 + c_c \dot{x}_1 + k_c x_1 = F_D(t) \tag{6.5a}$$

$$(m_c - m_{nes})\ddot{y}_1 + c_c \dot{y}_1 + k_c y_1 + c_{nes}(\dot{y}_1 - \dot{y}_2) + k_{nes}(y_1 - y_2)^3 = F_L(t) \tag{6.5b}$$

$$m_{nes}\ddot{y}_2 + c_{nes}(\dot{y}_2 - \dot{y}_1) + k_{nes}(y_2 - y_1)^3 = 0 \tag{6.5c}$$

式中，x_1、y_1 表示柱体 x 和 y 方向的振动位移；y_2 是 T-NES 振子 y 方向的振动位移。

式(6.5) 又可以写为：

$$\ddot{x}_1 + 2\zeta\omega_0\dot{x}_1 + \omega_0^2 x_1 = \frac{1}{2} \times \frac{C_D \rho_f U^2 D}{m_c} \tag{6.6a}$$

$$(1-\beta)\ddot{y}_1 + 2\zeta\omega_0\dot{y}_1 + \omega_0^2 y_1 + 2\zeta_{nes}\omega_0(\dot{y}_1 - \dot{y}_2) + \frac{\gamma}{D^2}\omega_0^2(y_1 - y_2)^3 = \frac{1}{2} \times \frac{C_L \rho_f U^2 D}{m_c} \tag{6.6b}$$

$$\beta\ddot{y}_2 + 2\zeta_{nes}\omega_0(\dot{y}_2 - \dot{y}_1) + \frac{\gamma}{D^2}\omega_0^2(y_2 - y_1)^3 = 0 \tag{6.6c}$$

式中，$\omega_0 = \sqrt{\frac{k}{m_c}}$；$\zeta = \frac{c}{2\sqrt{km_c}}$；$\zeta_{nes} = \frac{c_{nes}}{2\sqrt{km_c}}$；$\beta = \frac{m_{nes}}{m_c}$；$\gamma = \frac{k_{nes}D^2}{k}$；同时，令 $\xi = \zeta_{nes}/\zeta$。

以如下柱体的结构参数为例来研究 T-NES 对柱体结构涡激振动的影响及机理。柱体结构参数：$m=15.708$kg、$k=2530.1$N/m、$\zeta=0.0013$、$D=0.02$m；柱体的湿模态频率 $f_n=2$Hz；雷诺数范围为 $2300 \sim 5600$，属于较高的雷诺数。包含边界条件的 NES 作用下的二自由度柱体涡激振动模型示意图如图 6.8 所示。流场入口边界条件为速度入口，出口为压力出口，上下壁面为滑移壁面，柱体表面（即动边界）为无滑移壁面。初始条件为 $x_1(0)=\dot{x}_1(0)=y_1(0)=\dot{y}_1(0)=y_2(0)=\dot{y}_2(0)=0$，时间步长为 0.005s。

类似图 5.4 根据流场的边界条件开始计算，首先获得流场信息，得到柱体

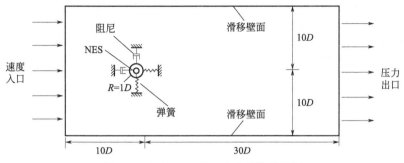

图 6.8　包含 NES 的二自由度柱体流场

上的压力,然后代入包含 T-NES 的柱体结构运动方程,得到柱体边界的位移和瞬时速度,采用嵌套网格技术更新流场,并进行下一个时间的双向流固耦合计算。T-NES 作用下的二自由度弹性支撑柱体 VIV 的计算流程如图 6.9 所示,编制的包含 T-NES 的 UDF 程序如下:

```
#include "udf.h"
#include "sg_mem.h"
#include "dynamesh_tools.h"
#define PI 3.1415926
#define ball1_ID 3
#define usrloop(n,m) for(n=0;n<m;++n)
#define mass 6.193536
#define beta 0.5
#define dtm 0.01
#define ke_si 0.0045
#define ke_si_nes 0.0036
#define k_nes 34.8
#define ome_ga 2.6502
real v_body1[ND_ND];
real vv_body1[2]={0.0,0.0};
real a1_ctr;
real b1_ctr;
real bb1_ctr=0;
real t=0.0;
FILE*fp;

DEFINE_EXECUTE_AT_END(save_weiyi)
```

```
{
int n;
real un,xn,Un,Xn;
real K1,K2,K3,K4;
real vn,yn,Vn,Yn,vvn,yyn,VVn,YYn;
real T1,T2,T3,T4;
real M1,M2,M3,M4;
real N1,N2,N3,N4;
real L1,L2,L3,L4;
real x_cg1[3],f_glob1[3],m_glob1[3];

Domain*domain=Get_Domain(1);
Thread*tf1=Lookup_Thread(domain,ball1_ID);
usrloop(n,ND_ND)

x_cg1[n]=f_glob1[n]=m_glob1[n]=0;
x_cg1[0]=a1_ctr;
x_cg1[1]=b1_ctr;

if(!Data_Valid_P())
return;
Compute_Force_And_Moment(domain,tf1,x_cg1,f_glob1,m_glob1,False);

un=v_body1[0];
xn=a1_ctr;
K1=f_glob1[0]/mass-2*ke_si*ome_ga*un-ome_ga*ome_ga*xn;
K2=f_glob1[0]/mass-(un+dtm*K1/2)*2*ke_si*ome_ga-ome_ga*ome_ga*(xn+un*dtm/2);
K3=f_glob1[0]/mass-(un+dtm*K2/2)*2*ke_si*ome_ga-ome_ga*ome_ga*(xn+un*dtm/2+dtm*dtm*K1/4);
K4=f_glob1[0]/mass-(un+dtm*K3)*2*ke_si*ome_ga-ome_ga*ome_ga*(xn+un*dtm+dtm*dtm*K2/2);
Un=un+dtm*(K1+2*K2+2*K3+K4)/6;
Xn=xn+dtm*un+dtm*dtm*(K1+K2+K3)/6;
v_body1[0]=Un;
a1_ctr=Xn;

vn=v_body1[1];
vvn=vv_body1[1];
```

```
yn=b1_ctr;
yyn=bb1_ctr;
T1=vn;
M1=(1/(1-beta))*(f_glob1[1]/mass-2*ke_si*ome_ga*vn-ome_ga*ome_ga*yn-2*ke_
si_nes*ome_ga*(vn-vvn)-(k_nes/mass)*(yn-yyn)*(yn-yyn)*(yn-yyn));
N1=vvn;
L1=(1/beta)*(-2*ke_si_nes*ome_ga*(vvn-vn)-(k_nes/mass)*(yyn-yn)*(yyn-yn)*
(yyn-yn));

T2=vn+dtm*M1/2;
M2=(1/(1-beta))*(f_glob1[1]/mass-2*ke_si*ome_ga*(vn+dtm*M1/2)-ome_ga*ome_
ga*(yn+dtm*T1/2)-2*ke_si_nes*ome_ga*((vn+dtm*M1/2)-(vvn+dtm*L1/2))-(k_
nes/mass)*((yn+dtm*T1/2)-(yyn+dtm*N1/2))*((yn+dtm*T1/2)-(yyn+dtm*N1/2))*
((yn+dtm*T1/2)-(yyn+dtm*N1/2)));
N2=vvn+dtm*L1/2;
L2=(1/beta)*(-2*ke_si_nes*ome_ga*((vvn+dtm*L1/2)-(vn+dtm*M1/2))-(k_nes/
mass)*((yyn+dtm*N1/2)-(yn+dtm*T1/2))*((yyn+dtm*N1/2)-(yn+dtm*T1/2))*((yyn+
dtm*N1/2)-(yn+dtm*T1/2)));

T3=vn+dtm*M2/2;
M3=(1/(1-beta))*(f_glob1[1]/mass-2*ke_si*ome_ga*(vn+dtm*M2/2)-ome_ga*ome_
ga*(yn+dtm*T2/2)-2*ke_si_nes*ome_ga*((vn+dtm*M2/2)-(vvn+dtm*L2/2))-(k_
nes/mass)*((yn+dtm*T2/2)-(yyn+dtm*N2/2))*((yn+dtm*T2/2)-(yyn+dtm*N2/2))*
((yn+dtm*T2/2)-(yyn+dtm*N2/2)));
N3=vvn+dtm*L2/2;
L3=(1/beta)*(-2*ke_si_nes*ome_ga*((vvn+dtm*L2/2)-(vn+dtm*M2/2))-(k_nes/
mass)*((yyn+dtm*N2/2)-(yn+dtm*T2/2))*((yyn+dtm*N2/2)-(yn+dtm*T2/2))*((yyn+
dtm*N2/2)-(yn+dtm*T2/2)));

T4=vn+dtm*M3;
M4=(1/(1-beta))*(f_glob1[1]/mass-2*ke_si*ome_ga*(vn+dtm*M3)-ome_ga*ome_ga
*(yn+dtm*T3)-2*ke_si_nes*ome_ga*((vn+dtm*M3)-(vvn+dtm*L3))-(k_nes/mass)*
((yn+dtm*T3)-(yyn+dtm*N3))*((yn+dtm*T3)-(yyn+dtm*N3))*((yn+dtm*T3)-(yyn+
dtm*N3)));
N4=vvn+dtm*L2;
L4=(1/beta)*(-2*ke_si_nes*ome_ga*((vvn+dtm*L3)-(vn+dtm*M3))-(k_nes/mass)*
((yyn+dtm*N3)-(yn+dtm*T3))*((yyn+dtm*N3)-(yn+dtm*T3))*((yyn+dtm*N3)-(yn+
dtm*T3)));
```

```
Yn=yn+dtm*(T1+2*T2+2*T3+T4)/6;
Vn=vn+dtm*(M1+2*M2+2*M3+M4)/6;
YYn=yyn+dtm*(N1+2*N2+2*N3+N4)/6;
VVn=vvn+dtm*(L1+2*L2+2*L3+L4)/6;

v_body1[1]=Vn;
vv_body1[1]=VVn;
b1_ctr=Yn;
bb1_ctr=YYn;
t+=dtm;

fp=fopen("ball1_x.txt","a+");
fprintf(fp,"%5f,%.16f\n",t,x_cg1[0]);
fclose(fp);
fp=fopen("ball1_y.txt","a+");
fprintf(fp,"%5f,%.16f\n",t,x_cg1[1]);
fclose(fp);
fp=fopen("ball1_y2.txt","a+");
fprintf(fp,"%5f,%.16f\n",t,bb1_ctr);
fclose(fp);
}

DEFINE_CG_MOTION(ball1,dt,vel,omega,time,dtime)
{
NV_S(vel,=,0.0);
NV_S(omega,=,0.0);
vel[0]=v_body1[0];
vel[1]=v_body1[1];
}
```

  本节基于 CFD 模型和结构动力学原理分别建立安装和未安装 T-NES 的二自由度（2DOF）柱体涡激振动模型，研究 NES 作用下的弹性支撑 2DOF 柱体涡激振动特性。图 6.10～图 6.12 分别为不同约化速度情况下的安装和未安装 T-NES 的二维柱体的运动轨迹、最大横向振幅、频率比分布图。表 6.1 为 $U_r=5$ 情况下，安装和未安装 T-NES 情况下的柱体涡量云图对比列表。图 6.10(a) 给出了未安装 T-NES 情况下柱体的运动轨迹，这些轨迹都成 "8"字形，锁定区间的范围 $U_r=5\sim 6$，在该区域内振幅较大。图 6.11(a) 也给出

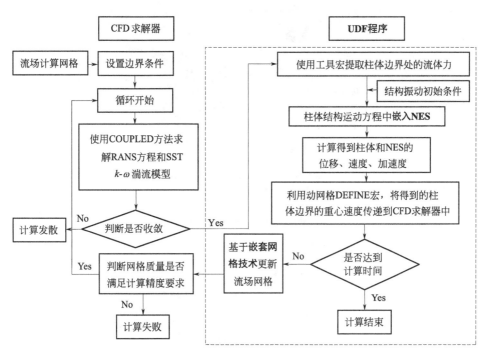

图 6.9 T-NES 作用下的二自由度弹性支撑圆柱体 VIV 计算流程图

了同样的规律。图 6.12(a) 中的未安装 T-NES 的柱体在 $U_r=5\sim6$ 区间内，频率比 $f_v/f_n\approx1$，此时柱体旋涡泄放频率接近柱体固有频率。表 6.1 的左边一列为 $U_r=5$，一个周期内的未安装 T-NES 柱体的涡量云图，从图中可以看出，旋涡以 2P 模式泄放，说明此时柱体振幅较大。

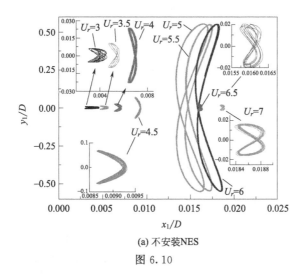

(a) 不安装NES

图 6.10

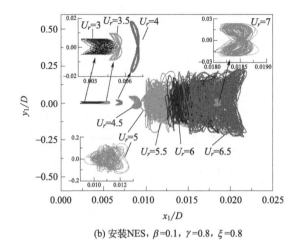

(b) 安装NES，$\beta=0.1$，$\gamma=0.8$，$\xi=0.8$

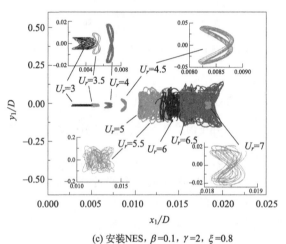

(c) 安装NES，$\beta=0.1$，$\gamma=2$，$\xi=0.8$

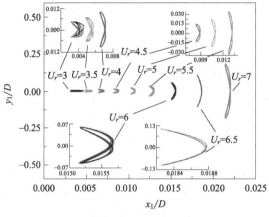

(d) 安装NES，$\beta=0.5$，$\gamma=0.8$，$\xi=0.8$

图 6.10　不同计算参数情况下的二自由度柱体 VIV 运动轨迹

第6章 柱体结构涡激振动抑制方法及仿真

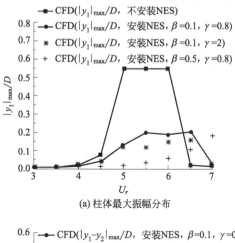

(a) 柱体最大振幅分布

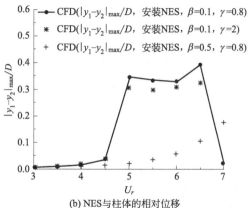

(b) NES与柱体的相对位移

图 6.11　不同约化速度情况下的柱体与 NES 振子的振幅分布（$\beta=0.1$，$\gamma=0.8$，$\xi=0.8$）

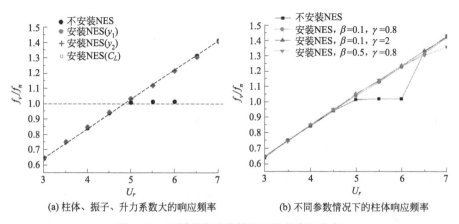

(a) 柱体、振子、升力系数大的响应频率　　(b) 不同参数情况下的柱体响应频率

图 6.12　不同约化速度情况下的频率比分布

表 6.1　不同时刻的涡量云图（$U_r=5$，$\beta=0.1$，$\gamma=0.8$，$\xi=0.8$）

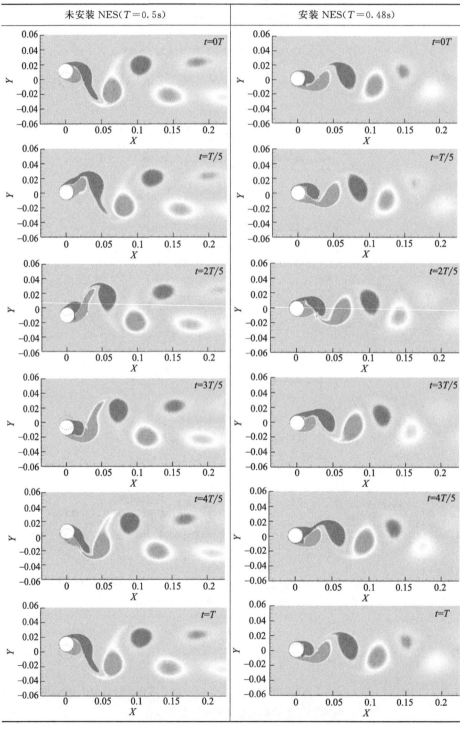

第6章 柱体结构涡激振动抑制方法及仿真

T-NES 作为吸振器的主要参数包括 T-NES 与柱体的质量比 β、T-NES 的立方刚度与柱体的支撑刚度比 γ、T-NES 与柱体的阻尼之比 ξ。文献 [81]~[84] 研究了不同 T-NES 参数对单自由度、低雷诺数情况下的弹性支撑柱体的涡激振动的影响规律,选取参数集中在 $\beta=0.1$,$\gamma=0.8$,$\xi=0.8$ 附近。本节选取三组 T-NES 参数(组Ⅰ:$\beta=0.1$,$\gamma=0.8$,$\xi=0.8$;组Ⅱ:$\beta=0.1$,$\gamma=2$,$\xi=0.8$;组Ⅲ:$\beta=0.5$,$\gamma=0.8$,$\xi=0.8$),研究这三组 NES 参数对二自由度、中等雷诺数弹性支撑柱体涡激振动的影响规律。

如图 6.10(b)~(d) 所示,计算了 3 组 T-NES 参数、不同约化速度情况下的装有 T-NES 的柱体的运动轨迹。组Ⅱ参数相比组Ⅰ参数仅增加刚度比,组Ⅲ参数相比组Ⅰ参数仅增加质量比。从图中可以看出,安装 T-NES 后,原柱体锁定区间 $U_r=5\sim6$ 内的横向振动振幅明显减小。由图 6.10(b)、(c) 中可以看出,采用组Ⅰ和组Ⅱ的参数,在 $U_r=5\sim6.5$ 内,柱体运动轨迹混乱,而在锁定区间外,柱体运动是 "8" 字形。图 6.10(d) 表明柱体在 $U_r=3\sim7$ 内运动轨迹都是 "8" 字形,横向振动振幅随 U_r 增大而缓慢增大。三组 T-NES 参数都可以大大抑制柱体的涡激振动横向振幅。从图 6.11(a) 可以看出,三组 T-NES 参数的仿真结果都使锁定区间发生了右移。增大刚度比 γ 或者增大质量比 β 都可以进一步降低横向振动振幅。如图 6.11(b) 所示,对应的振子和柱体的相对位移的最大值都小于 $0.5D$,即 T-NES 振子不会碰到柱体壁面。

对前面 3 组 T-NES 参数计算出的横向振动响应、升力系数响应做频谱分析,安装 T-NES 的柱体不同约化速度情况下频率比分布如图 6.12 所示。从图 6.12(a) 可以看出,不同约化速度下组Ⅰ参数的柱体升力系数响应、柱体横向振动响应、T-NES 振子振动响应的频率都相等。表明 T-NES 是一种没有固有频率的具有强烈非线性的被动控制装置,根据驱动力的能量和频率,T-NES 可以实现共振俘获,将柱体振动能量耗散掉。从图 6.12(b) 可以看出,3 组 T-NES 参数都使原柱体在锁定区间($U_r=5\sim6$)内的频率比不再接近 1,这也是 T-NES 能抑制柱体涡激振动横向振幅的本质原因。原柱体未安装 T-NES,$U_r=5$ 时的横向振幅最大。表 6.1 的右列给出了 $U_r=5$ 时安装 T-NES 后的弹性支撑柱体的一个周期内的涡量云图,从图中可以看出,涡脱模式为 2S 模式,说明此时柱体的振幅较小。

图 6.13 分别给出了 $U_r=3.5$、5、7,组Ⅰ参数,T-NES 作用下的柱体和质量振子的横向振动响应图。$U_r=3.5$、7 时,柱体的横向振动振幅本身就很小,因此,T-NES 起到抑制涡激振动的效果较弱。$U_r=5$ 时,安装 T-NES 的柱体相对原柱体的振幅降低了 76.4%。T-NES 振子的振幅均小于 $0.5D$,可以实现工程设计。

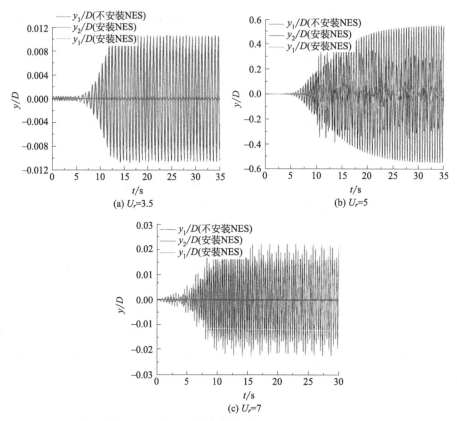

图 6.13 柱体与 NES 振子的振动响应图（$\beta=0.1$，$\gamma=0.8$，$\xi=0.8$）

综上所述，T-NES 是一种具有强烈非线性的被动控制装置，其频率带宽较大，可以捕捉到柱体的振动频率，实现共振俘获，将柱体振动能量耗散掉，从而导致锁定区间内的柱体响应频率和柱体固有频率比不再接近 1，从而抑制了柱体涡激振动的振幅。本章所建立的包含 T-NES 的 CFD 模型和仿真结果可以为海洋 Spar 平台等柱体结构的减振设计提供参考，降低海洋平台的振动也就等于降低立管顶端由平台振动引起的立管振动。同时也为涡激振动抑制装置的设计提供了新思路。

6.2.4　基于 Van der Pol 尾流振子模型的 T-NES 涡振控制

采用 NES 来抑制涡激振动时，不同参数的 NES 对柱体振动的抑制效果不同。但在实际设计中，人为选取 NES 的参数，通常设计出的 NES 往往并不能达到最优的抑制效果，同时效率较低。因此本节为了避免漫无目的地选取 NES 参数，建立了用于柱体结构涡激振动抑制的 T-NES 减振装置优化设计仿真模型，使用优化算法快速设计出合适的 T-NES 来有效抑制柱体结构的涡激振动，为实物设计提供参考设计目标。

基于尾流振子模型，建立 T-NES 作用下的柱体涡激振动模型：

$$(1-\beta)\ddot{y}_1+2\zeta\omega_0\dot{y}_1+\omega_0^2 y_1+2\zeta_{nes}\omega_0(\dot{y}_1-\dot{y}_2)+\gamma\frac{\omega_0^2}{D^2}(y_1-y_2)^3$$

$$=-\frac{1}{2m}C_D\rho_f DU\dot{y}_1+\frac{1}{4m}C_{L0}\rho_f DU^2 q(t) \tag{6.7a}$$

$$\beta\ddot{y}_2+2\zeta_{nes}\omega_0(\dot{y}_2-\dot{y}_1)+\gamma\frac{\omega_0^2}{D^2}(y_2-y_1)^3=0 \tag{6.7b}$$

$$\ddot{q}_v+\varepsilon\omega_0(q_v^2-1)\dot{q}_v+\omega_0^2 q_v=\frac{A}{D}\ddot{y}_1 \tag{6.7c}$$

式中，A、ε、C_D、C_{L0} 等系数由实验和经验确定。通过 4 阶的 Runge-Kutta 法求解该方程组，可得到柱体的振动响应。

将优化算法与 VIV 仿真模型相结合，以 T-NES 对柱体涡激振动的抑制要求作为优化目标，对 T-NES 参数进行优化设计，建立 T-NES 减振装置优化设计仿真模型。优化模块中，以 T-NES 的三个参数（无量纲质量之比 β、无量纲阻尼之比 ξ 和无量纲刚度之比 γ）为设计参数。

考虑 NES 的工程实际应用，优化设计中对 T-NES 的无量纲质量之比、阻尼之比和刚度之比进行约束。工程实际中，需要 T-NES 质量越小越好，一方面减小柱体结构的承重，另一方面便于安装在柱体结构内部，所以对 β 做出约束，令 $0<\beta<0.3$。同理，工程上也难以生产出过高阻尼和过高或者过柔刚度的 T-NES，所以对 T-NES 的 ξ 和 γ 做出限制：$0<\xi<2$，$0<\gamma<3$。这样使 T-NES 在有效抑制横向振动的同时，也符合实际情况。为防止该风速段内某一风速下出现极大振幅造成结构损坏，对该风速段内出现的最大振幅进行限制，使 T-NES 作用下的柱体在设定风速段内出现的最大无量纲振幅都在 0.2 以下，即 $(y_1/D)_{\max}<0.2$。同时为了防止放置在柱体结构内部的 NES 振动与柱体内壁发生碰撞，限制 $|y_1-y_2|/D<0.5$。

优化流程主要是基于柱体 VIV 模型对一定设计参数下的柱体振动响应进行模拟，在此基础上优化模块对设计参数进行优化，使柱体振动响应接近目标条件，最后判断 NES 对柱体涡激振动的抑制效果是否满足输出条件。满足则输出设计参数，若不满足则将优化后的设计参数再代入第一步循环，直到输出满足条件的 NES 参数。具体优化流程如图 6.14 所示。

运用上述建立的优化设计仿真模型，为质量 $m=15.708\text{kg}$、刚度 $k=2530.1\text{N/m}$、阻尼比 $\zeta=0.0013$、圆柱直径 $D=0.02\text{m}$、固有频率 $f_n=2\text{Hz}$ 的圆柱结构设计 T-NES，减小其在折减速度 $U_r=5\sim7$ 时的横向振动。编制的 MATLAB 程序如下：

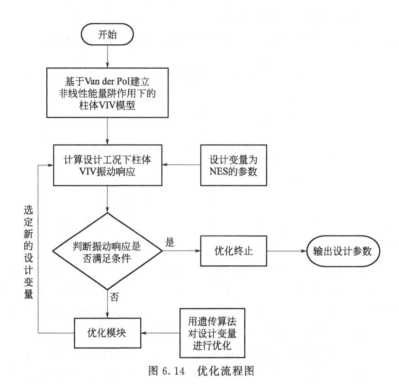

图 6.14 优化流程图

```
function gentic
x0=[0.03 1 0.7];
A=[];
B=[];
Aeq=[];
Beq=[];
ub=[0.3;2;3];
lb=zeros(3,1);
nvars=3;
[x,fval]=ga(@myfun,nvars,A,B,Aeq,Beq,lb,ub);

function CC=myfun(X)
    [m,ss]=duan(X);
    CC=ss;


function [m,ss]=duan(Q)
global Ue rou CLo P nameda CD M D omqs ome_ga ke_si beta ke_si_nes K_nes m ss
Q=Q';
```

```
zhiliangbi=Q(1);
zunibi=Q(2);
gangdubi=Q(3);
Ur=[5:0.1:7];
for i=1:length(Ur)
f0=2;
D=0.02;
Ue=Ur(i)*f0*D;
rou=1000;
CLo=0.3;
P=15;
nameda=0.24;
CD=1.2;
Mwater=rou*pi*D^2/4;
Mcylinder=50*Mwater;
M=Mcylinder+Mwater;
St=0.2;
omqs=2*pi*St*Ue/D;
ome_ga=2*pi*f0;
ke_si=0.0013;
mu=0.001003;
re=rou*Ue*D/mu;
ratio=Mcylinder/Mwater;
beta=zhiliangbi;
ke_si_nes=ke_si*zunibi;
K_nes=gangdubi*M*ome_ga^2/(D^2);
kkkkk=M*ome_ga^2;
[t,y]=ode45(@dynew,[0:0.001:100],[0.0000001 0 0 0 0 0]);
response1=y(:,1)/D;
response2=y(:,5)/D;
response3=abs(max(y(:,5)/D)-max(y(:,1)/D));
ydmax(i)=max(y(50000:end,1)/D);
end
m=max(ydmax)
for i=1:length(Ur)-1
    ss(i)=[ydmax(i)+ydmax(i+1)]/2*0.1;
end
ss=sum(ss)
```

```
disp(Q')

function dy=dynew(t,y)
  global Ue rou CLo P nameda CD M D omqs ome_ga ke_si beta ke_si_nes K_nes

    y1=y(1);
    y2=y(2);
    y3=y(3);
    y4=y(4);
    y5=y(5);
    y6=y(6);

    dy1=y2;

dy2=(-0.5*(1/M)*CD*rou*D*Ue*y2+0.25*(1/M)*CLo*rou*D*((Ue^2)*y3)-2*ke_si*ome_ga*y2-(ome_ga^2)*y1-2*ke_si_nes*ome_ga*(y2-y6)-(K_nes/M)*((y1-y5)^3))*(1/(1-beta));

    dy3=y4;

dy4=(P/D)*((-0.5*(1/M)*CD*rou*D*Ue*y2+0.25*(1/M)*CLo*rou*D*((Ue^2)*y3)-2*ke_si*ome_ga*y2-(ome_ga^2)*y1-2*ke_si_nes*ome_ga*(y2-y6)-(K_nes/M)*((y1-y5)^3))*(1/(1-beta)))-nameda*omqs*(y3^2-1)*y4-y3*(omqs^2);

    dy5=y6;

dy6=(1/beta)*(-2*ke_si_nes*ome_ga*(y6-y2)-(K_nes/M)*((y5-y1)^3));

    dy=[dy1;
        dy2;
        dy3;
        dy4;
        dy5;
        dy6];

end
```

最终优化获得 T-NES 参数 $\beta=0.1316$、$\xi=1.1356$、$\gamma=1.6496$，求得在此 T-NES 作用下折减速度 $U_r=5\sim7$ 内的柱体涡激振动最大振幅为 $y_{1\max}/D=0.1553$，此时折减速度 $U_r=6$。对该 T-NES 作用下的柱体涡激振动情况进行

验证,在该 T-NES 作用下,设计折减速度内的计算结果如图 6.15 所示。图 6.15(a)为最大振幅随折减速度变化曲线,从图中可看出,无 T-NES 情况下,折减速度 $U_r=5.5$ 时振幅接近 0.5 并达到最大值;有 T-NES 作用情况下,折减速度 $U_r=3\sim4.5$ 和 $U_r=6.5\sim7$ 时振幅都几乎为 0,而在折减速度 $U_r=4.5\sim6.5$ 区间,柱体横向振幅显著增加,并在 $U_r=6$ 时,振幅达到最大值。在折减速度 $U_r=6$ 时,柱体产生最大振幅,但此时 $y_{1\max}/D$ 依然在 0.2 以内,说明在该折减速度范围内柱体的涡激振动振幅都较小,满足设计减振要求。图 6.15(a)中增加了文献[96]中 T-NES 参数($\beta=0.05$、$\xi=0.8$、$\gamma=0.8$)下的振幅随折减速度变化曲线,文中发现在这几个参数下 T-NES 对涡激振动的抑制效果良好,故用于文中进行对比。从图 6.15(a)中可看到,该 T-NES 作用下柱体振幅略小于无 T-NES 情况下,可见减振效果尚未达到目标。图 6.15(b)为频率比随折减速度变化曲线对比图,从图中可以看出,单个柱体在折减速度 $U_r=4.5\sim5.5$ 时,发生了频率锁定现象,对应于图 6.15(a)中振幅达到较大值;而加了 T-NES 以后,频率比在 $U_r=4.5\sim5.5$ 这一区间依旧继续上升,避免了涡激共振的产生,以此达到减振效果。由此可知,通过本方法设计完成的 T-NES 对柱体涡激振动具有良好的抑制作用,可将本模型设计方法应用于柱体减振装置设计。观察到优化 T-NES 与文献[96]中 T-NES 主要区别是 β 的变化,所以同样将文献[96]中 T-NES 的 β 修改为 0.1 和 0.15 进行对比,得到如图 6.15(c)所示的最大振幅随折减速度变化曲线。从图中可以看出,随着 β 的增大,T-NES 对柱体涡激振动的抑制效果更好。优化 T-NES 的效果要优于文献[96]中 T-NES $\beta=0.15$ 的情况,同时 β 也小于 0.15,证明了本模型的优化作用。

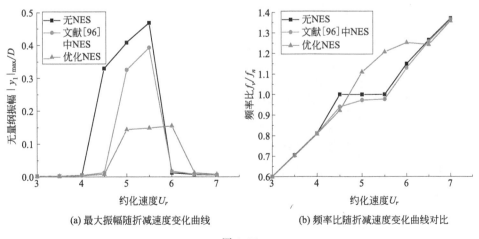

(a) 最大振幅随折减速度变化曲线　　(b) 频率比随折减速度变化曲线对比

图 6.15

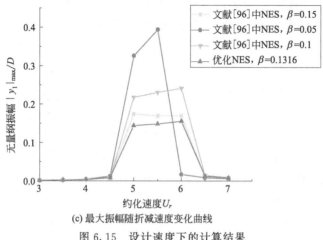

(c) 最大振幅随折减速度变化曲线

图 6.15 设计速度下的计算结果

柱体有无 T-NES 作用的振动响应对比如图 6.16 所示。图 6.16(a) 为振动位移对比图，振幅小的曲线为在设计 T-NES 作用下柱体产生最大振幅来流速度下 $U_r=6$ 的振动位移，振幅大的曲线则是单个柱体产生最大振幅来流速度下 $U_r=5.5$ 的涡激振动位移。从图中可以看出，无 T-NES 情况下的柱体最大无量纲振幅将达到 0.5，远大于有 T-NES 作用情况，说明在该折减速度范围内柱体的涡激振动得到了较好的抑制，满足了设计要求。图 6.16(b) 则是对应于图 6.16(a) 中振动位移曲线的功率谱密度，从图中可以看出，无 T-NES 情况下频谱曲线在 2Hz 处到达峰值，对应于柱体的固有频率处，代表在该折减速度下正发生着涡激共振；有 T-NES 作用情况下，频谱曲线产生了更多的波动，但频谱曲线峰值避开了柱体固有频率 2Hz，避免了频率锁定的发生，这也是 T-NES 能抑制涡激共振的主要原因。

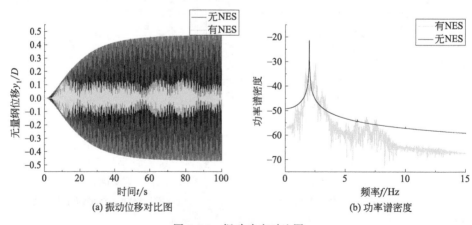

图 6.16 振动响应对比图

当 $U_r=5.5$ 时，柱体有无 NES 情况下涡激振动二维相图如图 6.17 所示，图中横坐标为柱体的横向位移，纵坐标为柱体横向振动速度，外部曲线为无 T-NES 情况下的柱体振动相图，内部曲线为有 T-NES 作用的柱体振动相图。可以从图中看出，无 T-NES 情况下的曲线相轨被限制在极限环上，此时柱体发生等幅振动；而有 T-NES 作用的相轨则在一定范围内波动，说明在 T-NES 作用

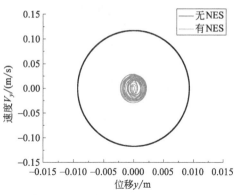

图 6.17　柱体涡激振动二维相图

下柱体横向振动变得不规律，但 T-NES 作用下的曲线最大半径远小于另一条曲线，说明此时 T-NES 对柱体振动起到了限制作用。

6.3 安装螺旋列板的三维海洋立管涡激振动减振

在第 5 章中研究了三维柱体结构的涡激振动现象和机理，同时 5.4 节基于 MSTMM/Van der Pol 尾流振子模型研究了不同条件下复合材料立管的涡激振动响应。其中，海洋立管等柱体结构的涡激振动抑制也是海洋工程领域研究的一个热点。海洋立管涡激振动的抑制方法有很多种，最常用的是螺旋列板装置。本节主要基于一种折中的办法，采用 CFD/FEM 双向耦合模型对低雷诺数的短立管安装不同结构参数的螺旋列板，并进行涡激振动仿真计算，以减小计算量，分析螺旋列板的安装位置、结构参数对立管涡激振动响应的影响规律。

6.3.1　基于 CFD/FEM 双向耦合的立管涡激振动模型验证

2.4 节和 4.3 节已经详细介绍了 CFD/FEM 双向耦合的计算模型和计算流程。本节以 Bijan Sanaati 的实验模型为研究对象[208]，立管的两端边界为铰-铰约束，同时立管顶端顶张力大小为 T，如图 6.18(a) 所示。文献 [208] 所用实验模型为 PVC 管，详细结构参数、周围流体环境参数、内部流体介质参数根据文献 [208] 换算出的参数如表 6.2 所示。

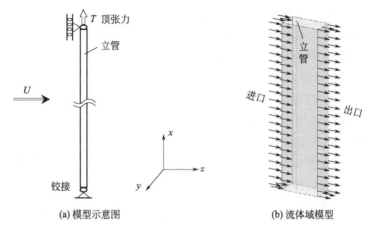

图 6.18 柔性立管模型

表 6.2 立管参数表[208]

名称	参数
PVC 管外径	18mm
PVC 管内径	13mm
PVC 管长度	3.6m
PVC 管长径比	200
PVC 管密度	1314.3kg/m^3
PVC 管弹性模量	2.5913×10^{9}Pa
PVC 管泊松比	0.3
水的密度	1000kg/m^3
PVC 管内部介质密度	711.9594kg/m^3
水的声速	1500m/s
PVC 管内部介质声速	1350m/s
雷诺数	3900
顶张力	60N,110N,200N,260N
重力加速度	10m/s^2

建立 PVC 立管的外流场，其中 PVC 管的直径为 D。入口到立管的距离为 $10D$，两边到立管的距离也为 $10D$，出口到立管的距离为 $30D$。进口处采用速度进口边界条件，出口处采用压力出口边界条件，其他面都采用对称边界条件。流体域模型如图 6.18(b) 所示。流体与壁面间相互作用，很多因变量具有较大的梯度，而且黏度对传输过程有很大的影响。采用 SST 湍流模型要求近壁处有第一层网格刚度的无量纲量 $Y+<1$。计算网格如图 6.19 所示，在沿着管长方向分布了 100 个节点，网格数量为 2776653。

第6章 柱体结构涡激振动抑制方法及仿真

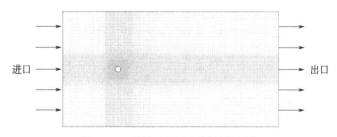

图 6.19 柔性立管流场域计算网格

基于 CFX 软件的 CEL 语言将要监测的系数、位移响应编写成 CCL 文件导入 CFX 软件。阻力系数为 $C_D = 2F_D/\rho U^2 DL$,升力系数为 $C_L = 2F_L/\rho U^2 DL$。F_L、F_D 分别为升力、阻力,L 是立管的长度。斯特鲁哈数 $St = f_s D/U$,f_s 为旋涡脱落的频率,通过对升力系数时域历程做 FFT 变换得到。约化速度 $U_r = U/f_0 D$,其中 f_0 是立管的湿模态频率。由于立管周围的尾涡具有三维特性、随机特性,采用 CFD/CSD 全三维数值模拟可以克服二维模拟或者切片法带来的误差。本节基于 CFD/CSD 双向流固耦合方法,分别计算了顶张力为 60N 和 260N 时铰-铰约束的 PVC 立管动态响应。CFD/CSD 双向耦合流程如图 6.20 所示。

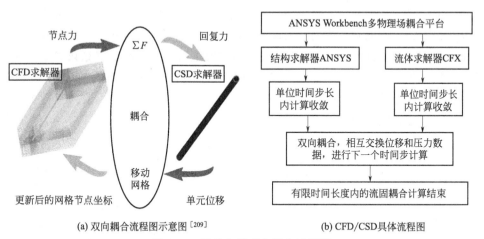

(a) 双向耦合流程图示意图[209]　　　　(b) CFD/CSD 具体流程图

图 6.20 柔性立管双向耦合流程图

图 6.21 所示为立管 Z 方向幅值均方根随约化速度变化图。从图 6.21 可以看出,立管的质量比为 1,$U_r = 4.39 \sim 12.67$ 为本节 PVC 立管的频率锁定区间,该区间内幅值相对周围区间有显著增大。本节计算了八组结果,与文献[208] 的实验数据对比,误差较小,说明基于 CFD/CSD 双向流固耦合仿真精度较高,也验证了 CFD/CSD 双向耦合计算模型的准确性。

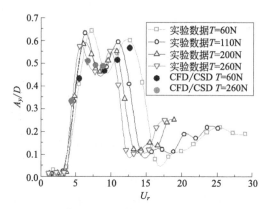

图 6.21 立管 Z 方向幅值均方根随约化速度变化图

图 6.22 为 $T=60\text{N}$、$U=0.15\text{m/s}$ 时的部分仿真结果。图 6.22(a) 为立管横向和纵向振幅值均方根沿着立管长度方向的分布，从图中可以看出，横向振幅大于来流向振幅，立管最大幅值发生在立管中部，幅值无量纲量为 0.42，与 $U_r=5.43$ 处实验数据很接近。图 6.22(b) 为立管横向振动幅值无量纲量的历时云图，从图中可以看出，该流速情况下，立管主要以第 1 阶模态振动为主。图 6.22(c) 为立管中间点处的运动轨迹，从图中可以看出，运动轨迹比较杂乱，横向和来流向的振动位移响应都比较大。图 6.22(d)、(e) 分别为沿立管长度方向横向和来流向的振动响应频率谱分析结果，横向振动频率几乎都是 1.42Hz，与文献 [208] 的实验数据 1.52Hz 接近，说明仿真结果较好。来流向振动频率几乎都为 2.7Hz，来流向振动响应频率大概是横向振动响应频率的两倍。此处采用 CFD/FEM 双向流固耦合的计算量非常大，该八组数据采用 16 核 32 线程工作站并行计算共耗时近一个月时间。

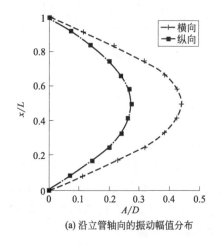

(a) 沿立管轴向的振动幅值分布

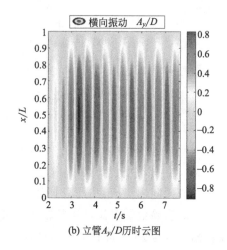

(b) 立管 A_y/D 历时云图

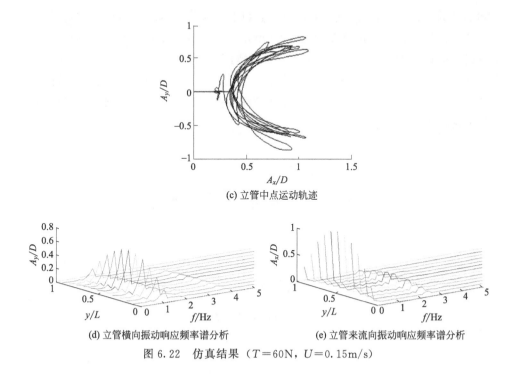

(c) 立管中点运动轨迹

(d) 立管横向振动响应频率谱分析　　(e) 立管来流向振动响应频率谱分析

图 6.22　仿真结果（$T=60\text{N}$，$U=0.15\text{m/s}$）

6.3.2　安装有螺旋列板的立管涡激振动响应

5.4 节基于 MSTMM/Van der Pol 尾流振子模型建立了海洋立管的涡激振动模型，研究了海洋立管的涡激振动特性。如果立管涡激振动现象比较严重，那么涡激振动抑制装置的设计就显得至关重要。本节研究不同结构参数的螺旋列板对立管涡激振动特性的影响规律。目前采用全三维 CFD/CSD 计算立管的涡激振动响应，计算量太大。本节从细长立管上截取一小段作为研究对象，用短立管来研究安装和不安装螺旋列板两种情况下立管的涡激振动特性。前人对螺旋列板的大量研究工作大多基于实验和二维仿真。本节提供一种可以考虑螺旋列板三维效应的方法，且计算量适中。

用参数 $U_r=5$、$Re=200$ 计算短立管，短立管两端采用固定-固定约束。因此，立管的第 1 阶固有频率 $f_0=U/U_rD=Re\mu/(\rho D)/U_rD=0.1238\text{Hz}$。当 $Re=200$ 左右时，$St=f_sD/U=0.196\sim0.2$，其中 f_s 是旋涡泄放频率，因此 $f_s=StU/D=StRe\mu/(\rho D)/D=0.1213\sim0.1238\text{Hz}$。此时，旋涡泄放频率与立管固有频率接近，发生频率"锁定"现象，立管振幅变大。在不改变立管其他尺寸的情况下，取短立管的长度为 $10D$。降低短立管的弹性模量和增加短立管的密度直到第 1 阶湿模态频率等于 0.1238Hz，且质量比等于 10。采用这样的参数，就可以保证立管的频率锁定区间较小[185]，计算更容易实现。带有螺旋列板的立管结构示意图如图 6.23 所示，螺旋列板的齿高为 h，螺距为 p。所研究的螺旋列板的列数为 1、2、3；螺距 p 为 $5D$、$10D$、$15D$；齿高为 $0.05D$、$0.1D$、$0.2D$；螺旋列板覆盖率为 100% 和 1/3（可安装在短立管的上部、中间、底部）。螺旋列板采用和立管相同的材料，表 6.3 给出了 11 组立管数值仿真工况的计算条件。

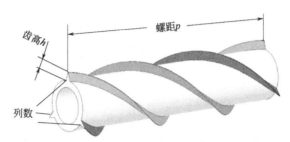

图 6.23 带螺旋列板的立管结构示意图

表 6.3 立管数值仿真工况

工况	立管状态	工况	立管状态
1	裸管	7	3列/$10D$/$0.05D$
2	1列/$10D$/$0.1D$	8	3列/$10D$/$0.2D$
3	2列/$10D$/$0.1D$	9	1/3 覆盖率（上部）
4	3列/$10D$/$0.1D$	10	1/3 覆盖率（中间）
5	3列/$5D$/$0.1D$	11	1/3 覆盖率（底部）
6	3列/$15D$/$0.1D$		

当流体绕过立管时，旋涡以固定的频率泄放。计算结果表明，螺旋列板对立管涡激振动有很好的抑制作用。图 6.24(a) 为裸管在不同约化速度情况下的立管中点运动轨迹，从图中可以看出，运动轨迹成"8"字形，锁定区间为 $U_r=6\sim9$，在此区间内振幅较大。图 6.24(b) 为不同约化速度情况下带有螺旋列板（螺旋列板覆盖率100%，3列，$p=10D$，$h=0.1D$）的立管中点运动轨迹，从图中可以看出，加装了螺旋列板后，横向振动的振幅相比裸管明显减小很多，对来流向的振动没有明显的影响。为了更好地理解带有和不带有螺旋列板的立管的动力学行为，对带有和不带有螺旋列板的立管动力学响应作频谱分析。图 6.25 为 $U_r=7$、8 情况下立管带有和不带有螺旋列板的频谱分析图，从图中可以看出，带有螺旋列板的立管主响应频率都接近于 0，次频率都小于裸管的主响应频率，因此可以得出结论，螺旋列板抑制涡激振动的机理是改变了旋涡泄放的频率。

第6章 柱体结构涡激振动抑制方法及仿真

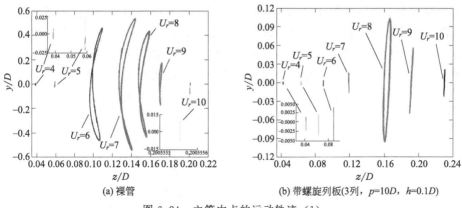

图 6.24 立管中点的运动轨迹（1）

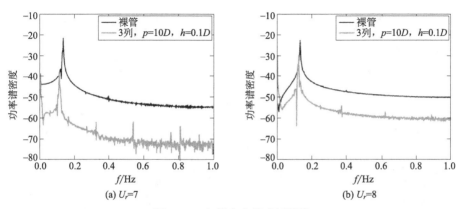

图 6.25 立管中点振动频谱图

图 6.26 给出了螺旋列板齿高、螺距、列数、不同位置的 1/3 覆盖率对立管横向和来流向的涡激振动的影响。所有计算结果都与 $U_r=7$ 裸管的结果进行对比。当齿高 $h=0.1D$ 时，不同列数对立管的涡激振动响应影响如图 6.26(a) 所示。计算结果表明增加螺旋列板的列数可以大大减小横向振动的振幅，但是增加了立管来流向的弯曲变形。2 列和 3 列螺旋列板对横向振动振幅抑制效果接近。从图 6.26(b) 可以看出 $h=0.1D$ 时不同螺距对立管涡激振动的影响，螺距越小，横向振动的振幅抑制效果越好，但同时增加了立管来流向的弯曲变形。图 6.26(c) 为 3 列、$h=0.05D$ 情况下不同齿高对立管涡激振动的影响，从图中可以看出，齿高 $h=0.1D$ 和 $h=0.2D$ 对立管横向振动的振幅抑制作用差不多，但是 $h=0.2D$ 时立管来流向的弯曲变形大大增加。综合考虑，$h=0.1D$ 时，既可以较好地抑制立管的横向振动振幅，又不会引起立管来流向太大的弯曲变形。如图 6.26(d) 所示，将 1/3 覆盖率的螺旋列板分别置于立管的上部、中间和底部，计算结果表明，将 1/3 覆盖率的螺旋列板置于立管的中

部对横向振动振幅的抑制效果相比置于立管上部和底部稍微好一点，置于立管上部，立管的来流向振幅也相对减小，综合考虑，将其置于立管上部相比置于立管中部和底部效果要好一点。图 6.27 为立管带有和不带有螺旋列板情况下的涡核和涡量云图，从图中很明显可以看到，螺旋列板破坏了旋涡结构，这对旋涡泄放频率产生了较大影响，导致了旋涡泄放频率大大减小。

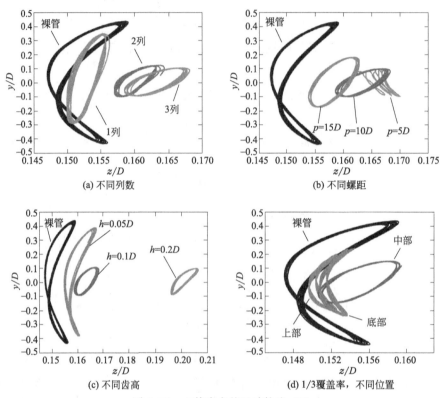

图 6.26 立管中点的运动轨迹（2）

(a) 裸管涡核图

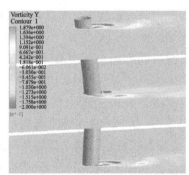

(b) 裸管涡量云图

第6章 柱体结构涡激振动抑制方法及仿真

(c) 带螺旋列板涡核图

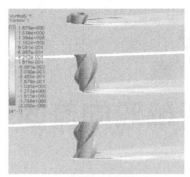
(d) 带螺旋列板涡量云图

图 6.27 涡核图和涡量云图

6.4 本章小结

本章基于第 5 章建立的 Van der Pol 尾流振子模型和 FLUENT 软件二次开发建立二维弹性支撑柱体的涡激振动模型,在柱体结构中进一步加入了 NES 被动减振装置,通过数值计算研究了 NES 对二维柱体涡激振动的抑制效果。计算结果显示,R-NES 对高质量比的柱体更能产生减振效果,而对低质量比柱体涡激振动抑制效果不明显,并且当 R-NES 质量块在一段时间内单向高速运动时,对应于这个时间段的柱体的横向振动通常有显著的减弱;而 T-NES 作用下,能使锁定区间内的柱体响应频率和柱体固有频率错开,避免共振,从而抑制了柱体涡激振动的振幅。

针对三维立管产生的涡激振动问题,本章采用 CFD/FEM 双向耦合模型对低雷诺数的短立管安装不同结构参数的螺旋列板,并进行涡激振动仿真计算,以减小计算量,分析螺旋列板的安装位置、结构参数对立管涡激振动响应的影响规律。计算结果表明,增加螺旋列板的列数、齿高、降低螺距都可以增大涡激振动抑制效果。将 1/3 覆盖率的螺旋列板置于立管上部相比置于立管的中部和底部略好。但是往往也会在降低横向振动振幅的同时增加立管的阻力,导致来流向弯曲变形加大。通过计算也揭示了螺旋列板抑制涡激振动的机理为通过螺旋列板破坏旋涡结构,降低旋涡泄放频率,使其错开立管的固有频率。本章建立的减振装置作用下的柱体涡激振动模型也可以为工程上类似问题减振设计提供参考。

第7章
弹箭单双向流固耦合仿真与分析

7.1 引言

本章研究对象主要是超声速飞行的旋转弹箭,旋转有利于弹体的稳定飞行,可以简易控制,并提高打击密集度。飞行速度范围较大、转速较低的弹箭气动力设计是弹箭滚转控制的关键,也是设计难度较大的部分。尤其是在跨声速飞行阶段,由于弹箭飞行速度与声速接近,此阶段会发生音爆现象,气流不稳定导致滚转力矩等特性变化较大并且不明确。旋转弹箭的滚转力矩及其滚转阻尼力矩决定了平衡转速的大小,对滚转力矩和滚转阻尼进行准确的数值计算是很关键的一步[210],因此对于旋转的弹箭,准确计算其滚转气动特性参数十分必要。弹丸、导弹、旋转/不旋转的火箭弹等飞行器在飞行过程中可能会经历超声速、高超声速阶段,针对飞行器高速飞行阶段进行计算研究时,除了气动布局设计等常规设计之外,另一项重要任务就是对飞行器进行气动加热计算。当代细长火箭弹飞行速度越来越快,计算气动载荷和弹性力之间的耦合,甚至是气动载荷、热载荷、弹性力之间的耦合影响也变得越来越重要。在航空航天工程中,计算流固耦合力学方法在火箭弹的气动弹性、气动热弹性设计中极为重要。

在现实中,假设模型为刚体会带来许多工程问题,很多情况下,模型需要假设为柔性体,流固耦合的方法在工程实际运用中显得越来越重要。随着材料科学的发展和加工水平的提高,复合材料以及许多轻质合金被广泛应用于飞行器的结构设计当中,使飞行器的壳体越来越薄。对于细长的飞行器,如火箭、导弹、火箭弹,它们的推力和质量的比值越来越大,并且长细比也越来越大,这就使"高柔性""大长细比"等词成为这些细长飞行器设计当中的关键词。

由于长细比变大，柔性也变大，火箭弹在空中飞行时往往会发生弹性变形，弹体以及尾翼的变形会改变周围流场的分布，也就导致了气动力重新分布。同时，气动力的重新分布又会使弹体的结构变形位移重新分布，这样的流体和结构之间的相互作用就是所谓的气动弹性现象。因此，火箭弹设计的前期工作中往往需要考虑火箭弹的气动弹性问题。采用计算气动弹性的方法可以大大减少风洞实验和飞行试验的次数，从而大大节省成本。随着 CFD 技术和计算机计算能力的不断进步和提高，集成 CFD 流动分析[211~215]和计算结构力学（CSD）分析的计算机辅助工程（CAE）分析[216~220]在飞行器气动弹性设计领域得到了迅速的发展。

随着航天科技的发展，当今弹箭的速度越来越高。气动加热导致弹箭的头部和舵翼前缘产生高温和热应力，且是不可忽略的[221,222]。在以往的火箭弹气动弹性设计中，无法获得更加准确的分析数据和结论往往是由于忽略了气动热载荷和旋转对火箭弹的影响。静气动热弹性问题涉及流场、温度场、应力场等多学科问题，工程上一般采用解耦的方式来处理[223~225]。另外，旋转会使弹体表面的边界层发生畸变，对流传热现象比不旋转的弹箭更加复杂。因此，对于旋转弹箭，对其气动力和气动热计算分析就显得十分必要。飞行器飞行时大都处于湍流状态，流体微团的不规则运动将导致能量耗散，从而也就导致了摩擦阻力增加以及气动加热产生。在高速流动中，存在激波和湍流边界层相互作用以及激波诱导边界层分离等复杂现象，因此，精确高效的数值模拟对飞行器气动特性设计至关重要。

7.2 旋转弹箭空气动力学计算

7.2.1 M910 和 F4 旋转弹箭计算参数

M910 弹的尺寸如图 7.1 所示，弹径参考长度为 $D=1.62\text{cm}$。在旋转弹箭的空气动力学特性计算中，M910 弹和 F4 弹都设定为刚体，不考虑它们的受力变形。图 7.2(a) 为亚声速和跨声速计算流场区域，$Ma<1.4$，根据远场应该取足够远为原则，远场前端距离弹头约 $15D$，后端距离弹尾约 $20D$，周向距弹体约 $12D$。图 7.2(b) 为超声速计算流场区域，$Ma>1.4$，远场前端距弹头约 $1.5D$，后端距弹尾约 $8D$，周向距弹身约 $5D$。气体都假设为理想气体，黏度和温度之间的变化关系符合 Surthland 三系数公式，来流的条件是标准大气条件（101.325kPa，288K），Ma=0.6、0.9、1.2、2、2.5、3.5、4.5，攻角为3°，弹丸旋转速度为1431～16100rad/s不等，详细参数见文献[215]。

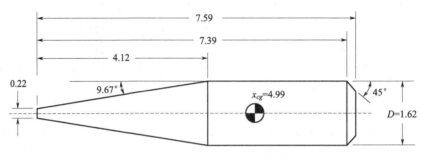

图 7.1 M910 TPDS-T 弹[215]

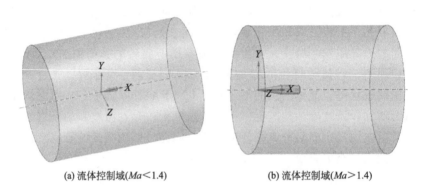

(a) 流体控制域(Ma<1.4)　　　　(b) 流体控制域(Ma>1.4)

图 7.2 M910 TPDS-T 弹几何模型和流体控制域

F4弹的几何模型尺寸详见文献[226]。图7.3(a)为亚声速和跨声速计算流场区域，Ma<1.4，远场前端距离弹头约10D，后端距离弹尾约15D，周向距弹体约12D。图7.3(b)为超声速计算流场区域，Ma>1.4，远场前端距弹头约1D，后端距弹尾约8D，周向距弹身约5D。同样，设定F4弹为刚体，不考虑受力变形。F4弹流场条件及转速见表7.1。远场自由来流同样采用标准大气条件，攻角0°～5°不等。

表 7.1　F4 弹来流速度与转速关系

马赫数 Ma	来流速度 u_∞/(m/s)	转速/(rad/s)
0.8	272	62.8
1.2	408	62.8
2	680	62.8

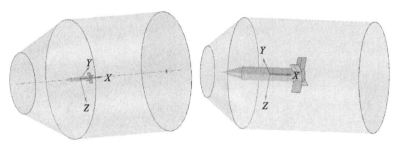

(a) 流体控制域($Ma<1.4$)　　　　(b) 流体控制域($Ma>1.4$)

图 7.3　F4 弹几何模型和流体控制域

7.2.2　计算流场设置

本章研究的对象是旋转弹箭的气动特性问题，因此可以在旋转坐标系下求解流体控制方程，通过添加附加的加速度项来完成对动量方程的处理。对于光弹体 M910 弹，本章采用 moving wall 来处理；对于翼身组合体 F4 弹模型，采用单一的旋转坐标系模型（SRF）来处理弹的旋转问题[227,228]。在旋转的参考坐标系下，靠近壁面的单元区域是移动的，需要指定相对旋转域的旋转速度。如果选择的是绝对速度，那么速度为零就意味着壁面在绝对坐标系中是静止的。本章都是指定为相对速度，相对速度为零就代表在相对坐标系中壁面是静止的。因此，选择在绝对坐标系中以相对于邻近单元的速度计算，就相当于壁面固定在旋转的参考坐标系上，优点是修改邻近单元区域的速度时不需要对壁面的速度做任何修改。

计算中选用涡黏模型（EVM）中的 SST k-ω 湍流模型，采用隐式时间推进法。隐式时间推进法具有很好的稳定性，并且可以取较大的时间步长，迭代次数少。特别是对于超声速黏性流动，飞行器近壁面处的流场会产生急剧的变化，在近壁面处和激波处需要很密的网格的情况下，隐式方法具有突出的优势。

图 7.4 所示为 M910 弹的流场 Multi-Block 拓扑图。图 7.5 是包围 M910 弹生成的外 O-Block 拓扑结构图。定义节点在边界层内和有激波处适当加密，生成六面体网格，流场的计算网格如图 7.6 所示，纵截面图和横截面图如图 7.7 所示。可以看到，在边界层区域网格较密，在可能生出激波和膨胀波的地方网格也进行了加密，同时网格过度均匀。为了降低六面体网格的扭曲度，在 M910 弹的头部和底部都进行了内 O 处理，如图 7.8 所示。此处，生成的网格数量为 1500000 左右，需要选用内存较大（4G 以上），多 CPU（4 核以上）的计算机并行计算。

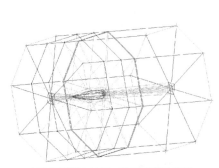 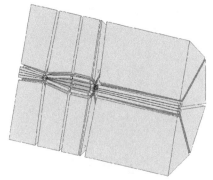

(a) M910弹Multi-Block拓扑图的边线图　　(b) M910弹流场Multi-Block拓扑图的半截面图

图 7.4　M910 弹流场拓扑结构图

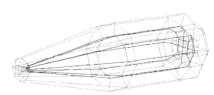 

(a) 外O-Block拓扑图的边线图　　(b) 外O-Block拓扑图的半截面图

图 7.5　包围 M910 弹的外 O-Block 拓扑结构图

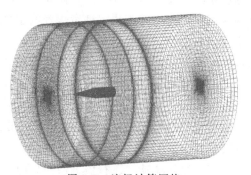

图 7.6　流场计算网格

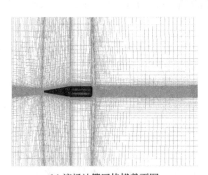 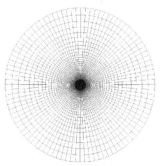

(a) 流场计算网格横截面图　　(b) 流场计算网格纵截面图

图 7.7　流场计算网格的截面图

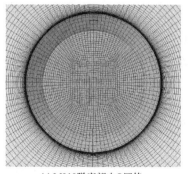
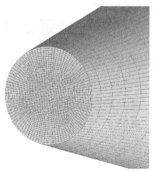

(a) M910弹底部内O网格　　　　　　　(b) M910弹头部内O网格

图 7.8　M910 弹头部和底部内 O 网格

对于 M910 弹和 F4 弹模型，流体与壁面间相互作用，很多因变量具有较大的梯度，而且黏度对传输过程有很大的影响。为了准确模拟滚转阻尼等系数以及流场与固体交接面附近的温度梯度，在边界层内进行网格加密，保证 $Y+\leqslant 0.5$，保证有十层以上的网格在边界层内；在激波处也进行加密，保证一定计算精度下，能够较好预测激波和边界层相互作用带来的影响。本章采用多 Block 生成流场拓扑结构，外 O-Block 生成弹体边界层的方法，生成了高质量的结构化网格。M910 弹和 F4 弹的流场计算网格如图 7.9 所示。

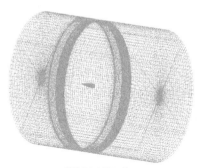
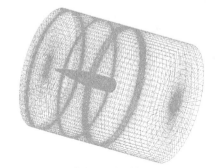

(a) M910弹流场计算网格($Ma<1.4$)　　　(b) M910弹流场计算网格($Ma>1.4$)

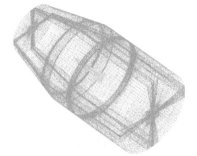
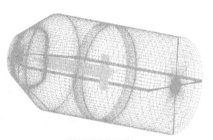

(c) F4弹流场计算网格($Ma<1.4$)　　　　(d) F4弹流场计算网格($Ma>1.4$)

图 7.9　流场计算网格

7.2.3 气动特性计算公式

在计算流体力学中,求解气动力系数的原理是:先对流场域求解,计算得到流场上每一个网格上的密度、速度、压力等,然后根据气动力计算公式求出气动系数。以下列出本章中气动力计算公式:

法向力系数 C_N 和法向力系数导数 $C_{N\alpha}$ (本节的计算都是基于小攻角、定常情况的线性假设)的计算公式:

$$F_N = C_N \times \left(\frac{1}{2}\rho_\infty V_\infty^2\right) \times S \tag{7.1}$$

$$C_N = C_{N\alpha}\alpha \tag{7.2}$$

轴向力系数 C_A 的计算公式:

$$F_A = C_A \times \left(\frac{1}{2}\rho_\infty V_\infty^2\right) \times S \tag{7.3}$$

根据式(7.1)、式(7.3)计算出来的法向力系数和轴向力系数,可以计算出阻力系数和升力系数。

升力系数:

$$C_L = C_N \cos\alpha - C_A \sin\alpha \tag{7.4}$$

阻力系数:

$$C_D = C_N \sin\alpha + C_A \cos\alpha \tag{7.5}$$

侧向力系数计算公式:

$$F_Y = C_Y q_\infty S \tag{7.6}$$

俯仰力矩系数和俯仰力矩系数导数计算公式:

$$M_z = C_m q_\infty Sl \tag{7.7}$$

$$C_{m\alpha} = \frac{C_m}{\sin\alpha} \tag{7.8}$$

滚转力矩系数计算公式:

$$M_x = C_l q_\infty Sl \tag{7.9}$$

偏航力矩系数计算公式:

$$M_y = C_n q_\infty Sl \tag{7.10}$$

压心位置计算公式:

$$x_{cp} = x_{cg} - \frac{C_m}{C_N} \tag{7.11}$$

式中,$q_\infty = 0.5\rho v^2$ 为动压;S 为截面积;l 为参考长度;C_N 为法向力系数;$C_{N\alpha}$ 为法向力系数导数;C_D 为阻力系数;C_Y 为侧向力系数;C_L 为升力系数;C_m 为俯仰力矩系数;$C_{m\alpha}$ 为俯仰力矩系数导数;C_l 为滚转力矩系数;

C_n 为偏航力矩系数；x_{cp} 为压心位置；x_{cg} 为重心位置。

对于本章研究的弹箭外形简单、小攻角的飞行，可以采用 CFD 与经验公式相结合的方法[229~232]计算出旋转弹箭的滚转阻尼、马格努斯力矩、俯仰阻尼等系数。与风洞自由滚转技术原理公式类似，假设弹箭绕 x 轴以指定角速度 ω_x 做匀角速度旋转，则：

$$C_l \times \frac{1}{2}\rho v^2 Sl - C_{l_0} \times \frac{1}{2}\rho v^2 Sl - \frac{1}{4}C_{lp}\omega_x \rho v Sl^2 = J_x \frac{d\omega_x}{dt} = 0 \quad (7.12)$$

式中，C_l 为平衡力矩，以保证弹体做匀角速度旋转，由定常的 CFD 方法求出；C_{l_0} 为弹箭无滚转时的滚转力矩。

由公式(7.12)推导出：

$$C_{lp} = -\frac{C_l - C_{l_0}}{\overline{\omega}_x} \quad (7.13)$$

式中，$\overline{\omega}_x = \omega_x l/(2v_\infty)$；$l$ 为参考长度；v_∞ 为无穷远处来流速度。

同理可以推导出俯仰阻尼力矩系数：

$$C_{mp} = -\frac{C_m - C_{m_0}}{\overline{\omega}_z} \quad (7.14)$$

马格努斯力矩系数：

$$C_{np} = -\frac{C_n - C_{n_0}}{\overline{\omega}_y} \quad (7.15)$$

马格努斯力系数导数：

$$C_{Yp\alpha} = \frac{C_Y}{\omega_x \sin\alpha} \quad (7.16)$$

马格努斯力矩系数导数：

$$C_{np\alpha} = \frac{C_{np}}{\sin\alpha} \quad (7.17)$$

7.2.4　M910 和 F4 旋转弹箭气动特性分析

图 7.10～图 7.13 给出了 $Ma=2$、攻角为 3°时，流场压力云图、速度云图、密度云图和绕弹体的流线图。从图 7.10～图 7.12 可以看到弹丸头部和尾部形成了清晰的斜激波，在弹肩和弹底部区域形成了低压区。

由于攻角的存在，模型周围的密度和压力在弹体两侧呈现不对称分布，弹体下方的密度值和压力值高于弹体上方。图 7.13 所示为绕弹体周围速度流线图，从图中可以看到在弹底部有许多涡旋。这些激波和涡旋形成的波阻和涡阻给弹丸的飞行增加了阻力。同时，数值模拟计算结果与气动力学规律相符合。

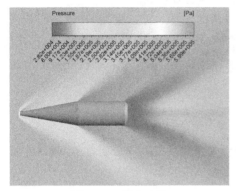

图 7.10 压力云图　　　　　　　　图 7.11 速度云图

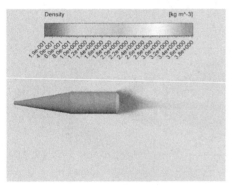

图 7.12 密度云图　　　　　　　　图 7.13 流线图

图 7.14～图 7.16 为 $Ma=2$、攻角为 3°时，$x=0.05\mathrm{m}$ 处横截面上的压力等值线云图、速度矢量云图和纵截面上的速度矢量云图。

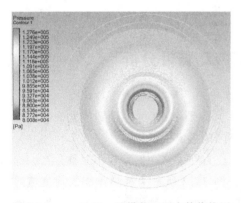
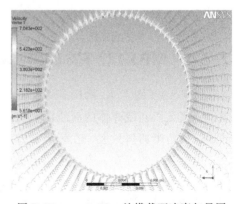

图 7.14　$x=0.05\mathrm{m}$ 处横截面压力等值线图　　图 7.15　$x=0.05\mathrm{m}$ 处横截面速度矢量图

从图 7.14、图 7.15 可以看到，边界层内横截面压力等值线和速度矢量分布分布不对称，这是由有攻角飞行且高速旋转造成的，这也是产生马格努斯力的原因。从图 7.16 看到，贴近壁面处的速度矢量是弹体旋转的方向，然后渐变为轴向方向，这符合高速旋转弹丸的气动特性规律，也说明了计算方法的计算精度较高。

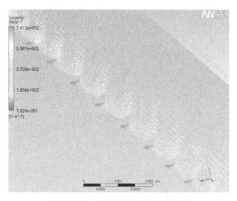

图 7.16　纵截面速度矢量图

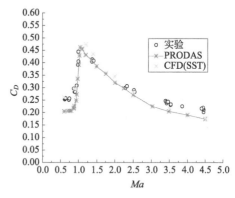

图 7.17　M910 弹丸阻力系数与马赫数

M910 旋转弹丸的实验数据来自文献 [214]、[215]，翼身组合体 F4 弹模型实验数据来自文献 [226]。基于 SST k-ω 湍流模型，此处采用稳态的 CFD 和工程经验公式相结合的方法，对弹丸 M910 和翼身组合体 F4 弹进行数值模拟计算。从结果可知，法向力系数导数、阻力系数、俯仰力矩系数、俯仰力矩系数导数的误差均在 10% 以内，滚转阻尼系数误差在 20% 以内，误差都在工程误差范围内。但对于马格努斯力矩系数导数，在超声速部分模拟结果略好，在亚声速和跨声速部分计算结果误差较大，采用稳态的 CFD 和两方程涡黏模型已经不能满足数值模拟的要求。因此，对亚声速部分的马格努斯力矩系数导数数值模拟计算，需要采用滑移网格模型或者湍流模型，选用雷诺应力模型、大涡模拟或者分离涡湍流模型来模拟，误差相对较小[214,215,233]。但是，这些计算方法所需的网格必须足够精密，数量很多，所需的计算机资源也过大，计算时间太长，且需要较好的计算机硬件性能和内存资源，不适合工程中高效计算。

从图 7.17~图 7.22 可以看出，SST k-ω 湍流模型的 CFD 数值模拟比 PRODAS 软件模拟结果更好。从图 7.23~图 7.25 可以看到，选用 SST k-ω 湍流模型的计算结果和文献 [226] 选用的可实现的 k-ε（rke）模型的计算结果精度相当。在跨声速和超声速部分，选用 SST k-ω 湍流模型的计算结果略好一点。

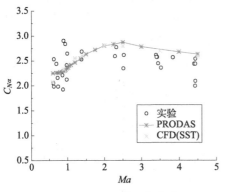

图 7.18 M910 弹丸法向力系数导数与马赫数

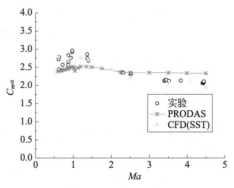

图 7.19 M910 弹丸俯仰力矩系数导数与马赫数

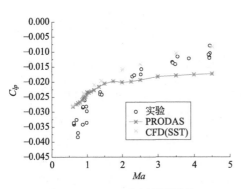

图 7.20 M910 弹丸滚转阻尼系数与马赫数

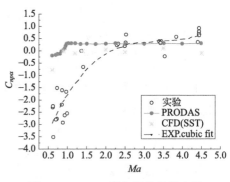

图 7.21 M910 弹丸马格努斯力矩系数导数与马赫数

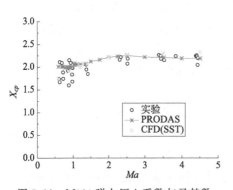

图 7.22 M910 弹丸压心系数与马赫数

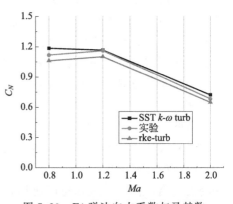

图 7.23 F4 弹法向力系数与马赫数

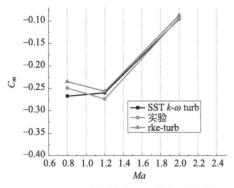
图 7.24　F4 弹俯仰力矩系数与马赫数

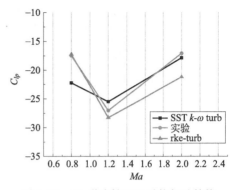
图 7.25　F4 弹滚转阻尼系数与马赫数

从图 7.17 看出，阻力系数在跨声速处为极值。从图 7.18、图 7.19、图 7.23、图 7.24 可以看出法向力系数、法向力系数导数、俯仰力矩系数、俯仰力矩系数导数的绝对值的变化规律是一致的，这些都符合空气动力学特性规律。从图 7.20 和图 7.25 可以看出，由于平衡状态下模型滚转阻尼力矩与给定 CFD 计算出来的平衡力矩的方向是相反的，所以滚转阻尼系数的值为负值，从图 7.20 还可以看到，滚转阻尼系数随马赫数和转速的增加，滚转阻尼系数的绝对值减小。M910 弹计算时，压心系数计算时选取弹径为参考长度，压心系数和马赫数的关系如图 7.22 所示，计算结果和实验数据相比，误差较小。

当攻角不是零攻角时，不旋转的轴对称弹箭壁面周围的附面层关于攻角所在平面是左右对称的，当弹箭旋转时，由于气体黏性的影响，攻角所在平面和横截面的附面层都呈不对称分布[234]。同时，附面层是否发生畸变和转捩位置是否提前或者退后对飞行器的气动热也有很大影响。由于湍流更易传热，因此湍流区的气动加热远大于层流区[235]。如图 7.26 所示，亚声速状态下，旋转与不旋转、有无攻角，弹箭下表面中心线上的温度分布几乎相同，说明低速飞行一般不考虑气动热的影响，旋转不旋转、有无攻角也不会对气动热产生影响。如图 7.27 所示，随着攻角的增大，迎风面壁面中心线上的温度上升，并且攻角为 4°时旋转弹箭迎风面中心线温度比不旋转迎风面中心线温度要稍微高一点。当马赫数增加时，计算结果的差距更加明显，这是因为有攻角的旋转弹箭附面层会发生畸变，使层流提前转为湍流，即转捩提前，湍流区变大，也就导致了弹头高温区变大，温度变高。攻角为零时，旋转弹箭的附面层上下是不对称的，但左右是对称的，使弹箭上表面的边界层变厚，摩擦阻力增加[234]，所以上表面的壁温将高于下表面的壁温，旋转弹箭下表面壁面的中心线壁温要比不旋转的低，与理论分析相符。

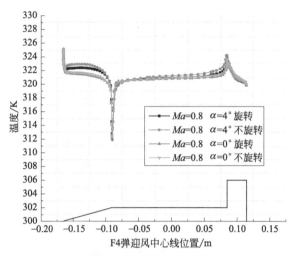

图 7.26　Ma 为 0.8 时不同攻角、旋转状态下 F4 弹迎风面中心线上温度分布

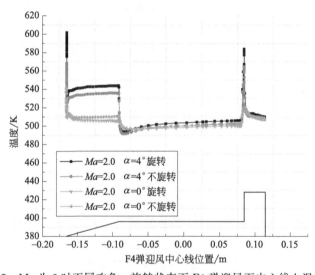

图 7.27　Ma 为 2 时不同攻角、旋转状态下 F4 弹迎风面中心线上温度分布

如图 7.28～图 7.31 所示，翼身组合体模型 F4 弹在弹头部由于超声速来流的作用形成了较强的附体斜激波，弹肩处不对气流压缩，被弹头压缩的气流在弹肩处发生膨胀，从而形成了膨胀波，膨胀波形成后速度变大，压力变小，因此弹头部的压力高，弹肩后的压力低。从模型 F4 的温度云图上也可以看出，弹肩处温度明显降低。模型 F4 迎风面的激波在攻角为 4°时比攻角为 0°时强些，这是因为攻角大的情况弹头部迎风面的气流压缩相对比较厉害，所以迎风面的压力高于背风面。如图 7.29 所示，弹体零攻角并且旋转，下表面区温

度低于图 7.31 所示的弹体零攻角并且不旋转的下表面区域的温度。如图 7.28 所示，有攻角并且旋转的弹头部高温区范围比图 7.30 所示的不旋转的高温区范围大。

图 7.28　Ma 为 2、攻角为 4°时旋转的 F4 弹温度分布和马赫数云图

图 7.29　Ma 为 2、攻角为 0°时旋转的 F4 弹温度分布和马赫数云图

图 7.30　Ma 为 2、攻角为 4°时不旋转的 F4 弹温度分布和马赫数云图

图 7.31　Ma 为 2、攻角为 0°时不旋转的 F4 弹温度分布和马赫数云图

7.3 火箭弹静气动弹性仿真计算

7.3.1 弹箭法向力分布数值计算

为了验证火箭弹的变形和法向力分布存在一定的关系，本节选用文献[236]中的多节火箭作为计算模型。采用 7.2 节中的数值计算方法，忽略其旋转，计算得到火箭弹的法向力系数分布。

计算中的轴对称多节火箭[236]的几何模型的分段图如图 7.32 所示，火箭由四部分组成，第一部分的半锥角 $\theta_N = 15°$，第二部分的圆柱的直径 $D_1 = 1.67\text{m}$，第三部分的锥角 $\theta_F = 5°$，第四部分的圆柱直径 $D_2 = 2.4\text{m}$，沿着轴向将多节火箭按照表 7.2 切成 22 段，每一个小段的中间点作为法向力的作用点。多节火箭三维几何模型和流场控制域如图 7.33 所示，远场边界距离火箭头部尖端处约 $2D_2$，距离火箭底部约 $8D_2$，远场边界的周向距离火箭轴线约 $6D_2$。多节火箭飞行攻角为 3°，来流条件是标准大气条件，$Ma = 2.36$。此处多节火箭为刚体模型，不考虑它的受力变形。

表 7.2 多节火箭的分段方法

部位	比例								
部位 1(x/D_1)	0	0.5	1	1.5	1.8563				
部位 2(x/D_1)	0.5	1	1.5	2	2.5	3	3.5	4	4.5	4.7126
部位 3(x/D_2)	0.5	1	1.5	1.721					
部位 4(x/D_2)	0.5	1	1.5	1.7146					

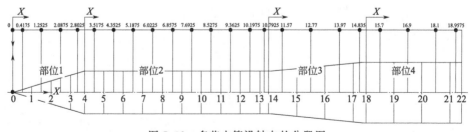

图 7.32 多节火箭沿轴向的分段图

第7章 弹箭单双向流固耦合仿真与分析

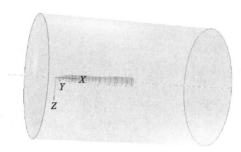

图 7.33 多节火箭的几何模型和流场控制域

采用和 7.2 节同样的流体域控制方程、边界条件以及离散格式。此处多节火箭不旋转，因此不设置单一的旋转坐标系模型（SRF）。生成的网格 Block 如图 7.34 所示，共 708 个块。生成的流场计算网格如图 7.35 所示，$Y+=5$，共 1209828 个节点，1193790 个六面体单元。

图 7.34 Multi-Block 图

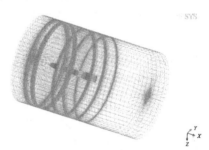

图 7.35 流场计算网格

多节火箭的升力系数、阻力系数的收敛曲线如图 7.36、图 7.37 所示。当计算 2000 步以后升力系数和阻力系数不再变化，可视为收敛。图 7.38、图 7.39 分别为多节火箭的压力等值线云图和速度等值线云图，可以看到激波和膨胀波分布合理，符合空气动力学规律。

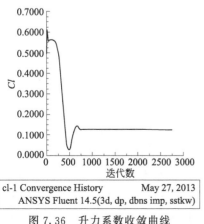

图 7.36 升力系数收敛曲线

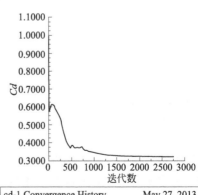

图 7.37 阻力系数收敛曲线

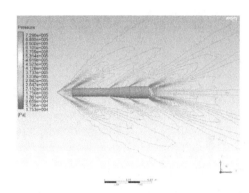
图 7.38　压力等值线云图

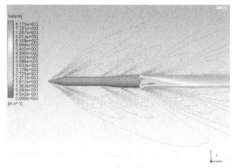
图 7.39　速度等值线云图

图 7.40 为计算出的多节火箭法向力系数导数沿轴向的分布图，与图 7.41 的经验公式计算值和实验数据对比，误差较小，说明本章对于多节火箭采用分段的方法计算其法向力分布是可行的、合理的。在下面计算火箭弹的气动弹性中，将采用本节的分段方法，计算火箭弹的法向力分布，以便研究法向力分布对火箭弹变形的影响。

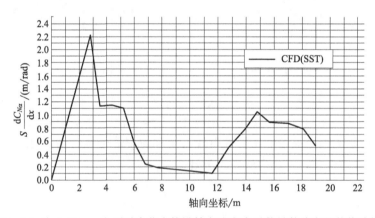

图 7.40　Ma 为 2.36、α 为 3° 时多节火箭沿轴向法向力系数导数分布的数值计算结果

7.3.2　静气动弹性计算

气动弹性是一门研究空气和结构相互作用及应用的学科。大长细比的轻质火箭弹往往容易遇到严重的气动弹性问题。大长细比火箭弹结构的初期设计中，需要考虑气动弹性问题。飞行试验和风洞实验代价太高，因此在火箭弹的设计过程中，一般先采用计算气动弹性的方法，最后采用风洞实验或者飞行实验来验证火箭弹是否合格。本节中，为了计算线性攻角情况下的大长细比卷弧

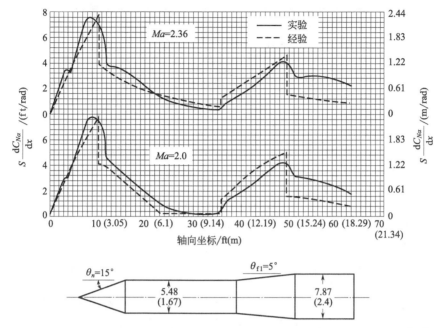

图 7.41　多节火箭延轴向的法向力系数导数分布实验数据和经验公式计算值[236]

翼火箭弹的静气动弹性问题,采用双向耦合和惯性释放[237,238]的方法进行数值模拟。计算结果和单向耦合的数值计算结果做了对比。

7.3.2.1　基于 CFD/CSD 的双向流固耦合计算流程

计算中不考虑结构变形对流场的影响,采用 CFD 计算出整个火箭弹表面的压力分布,然后将这些压力插值到用于计算结构力学（CSD）计算的单元节点上,最后通过 CSD 程序求解出火箭弹的变形和应力分布,该方法称为单向耦合。

既考虑流场计算出的压力对结构场的影响,又考虑结构变形对流场的影响,先通过稳态的 CFD 计算获得火箭弹表面压力分布,并作为 CSD 分析的初始边界条件,然后通过数据交换平台把 CSD 计算出来的位移传递到 CFD 计算的流场网格上,并采用动网格技术使网格变形,再通过 CFD 计算出压力分布,相互迭代直到火箭弹结构不再发生变形,认为结果收敛。该方法称为双向耦合,双向流固耦合流程图如图 7.42 所示。

旋转和不旋转情况下的大长细比卷弧翼火箭弹的数值模拟步骤如下：
① 利用 SPACECLAIM 三维建模软件生成三维几何模型和流体控制域；
② 利用 ICEM-CFD 网格划分软件对流场计算域生成高质量的结构化网格；
③ 利用 FLUENT 解算器获得火箭弹的气动特性参数；

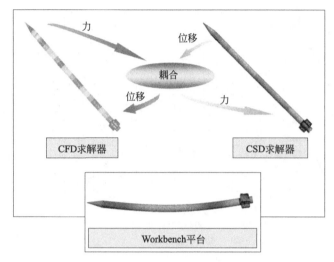

图 7.42　CAE 多物理场耦合平台 AWB 下双向流固耦合流程

④ 通过 System coupling 数据交换平台将气动载荷参数传递到用于有限元分析的 ANSYS Mechanical 解算器中的火箭弹表面单元上；

⑤ 将 CFD 计算出来的节点压力值插值到 CSD 的单元网格节点上；

⑥ 通过 ANSYS Mechanical 解算器计算出火箭弹表面每个单元网格节点的位移；

⑦ 通过 System coupling 数据交换平台将 CSD 计算出的单元网格节点的位移传递到用于 CFD 计算的火箭弹表面网格上；

⑧ 利用动网格技术使流场网格变形；

⑨ 利用流体解算器 FLUENT 计算出变形后火箭弹的气动特性参数；

⑩ 重复步骤④～⑨，直到 CSD 计算出的单元节点位移和 CFD 计算出的气动特性参数不再改变为止。

7.3.2.2　火箭弹静气弹计算模型

本节研究的大长细比火箭弹长细比超过 25，按照表 7.3 将火箭弹沿轴向分割成 31 段，以便计算出每一段上的气动力参数，每一个小段上的中心点作为每一段上气动力的作用点。如图 7.43 所示，把火箭弹分成三部分，为了便于研究，每一段假设成不同材料，材料参数见表 7.4。火箭弹三维几何模型和流场控制域见图 7.44，远场边界需要离火箭弹足够远。对于火箭弹只计算超声速部分，远场边界距离火箭弹头部尖端处约 $5D$，距离火箭弹底部约 $30D$。远场边界的周向距火箭轴线约 $15D$。此处的火箭弹为弹性体，计算攻角为 $2°$ 和 $4°$，来流条件也是标准大气条件，$Ma=1.5$、2、2.5、3。

第7章 弹箭单双向流固耦合仿真与分析

表7.3 火箭弹分段方法

部位	比例										
部位1(x_1/D)	1	2	2.3								
部位2(x_2/D)	0.2	0.4	0.6	0.8	1	1.5	2	3	4	5	6	7	8
	9	10	11	12	13	14	15	16	17	18	19	20	21
部位3(x_3/D)	2										

表7.4 火箭弹的材料参数

部位	密度/(kg/m³)	杨氏模量	泊松比
部位1	7850	2×10^{11}	0.3
部位2	2770	7.1×10^{10}	0.33
部位3	7850	2×10^{11}	0.3

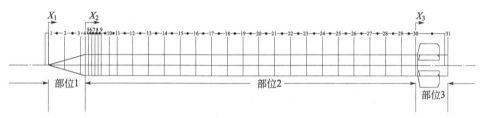

图7.43 细长火箭弹沿轴向的分段图

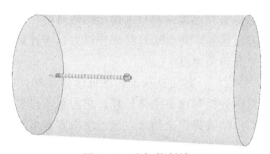

图7.44 流场控制域

本节流体域流体流动控制方程以及湍流模型和7.2节中的相同,分别计算不旋转和旋转两种情况下的静气动弹性,计算旋转时使用单一的旋转坐标系模型(SRF),计算不旋转的情况不使用SRF模型。采用基于有限体积法的AUSM格式进行空间离散,采用隐式时间离散格式。对于超声速黏性流动,物体近壁面处的流场会产生急剧变化,因此在近壁面处和激波处加密网格。网格数量为80万,第一层网格刚度的无量纲量$Y+=30\sim100$[239],为了获得沿着弹身的法向力分布情况,火箭弹被切分为31段,计算可以得到每一小段上面的法向力,流场计算网格如图7.45和图7.46所示。

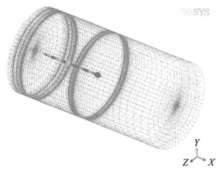

图 7.45 流场计算网格

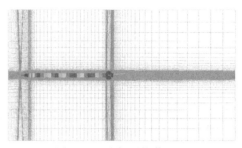

图 7.46 流场网格截面图

对于静气动弹性计算，结构静力学方程可以写为：

$$K\delta = F \tag{7.18}$$

式中，K 是刚度矩阵；δ 是位移矢量；F 是由 CFD 计算出来的压力。采用十节点四面体（solid187）和二十节点六面体（solid186）两种单元划分网格，如图 7.47 所示。

图 7.47 固体域网格

如表 7.4 所示，弹头和尾翼两部分采用结构钢材料，弹体部分设置为铝合金材料。接触面为绑定接触，并且通过接触传递力。当计算旋转的情况时，需要对火箭弹设置一个旋转角速度。

模型中惯性释放[237,238]方法是基于达朗贝尔原理的，以保证自由飞行的火箭弹在做结构静力学分析时没有刚体位移。它的基本思想是：首先，在结构中设置一个虚支座，为结构提供全约束，这也使得方程可解；然后，外力作用下的结构单元上每个节点在每个方向上的加速度由程序计算得到，每个节点上的惯性力由计算出的加速度转换并反向施加得到，因此也就构造出了一个平衡力系，此时的支座反力为零；最后，求解方程，得到相对虚支座的位移。此方法对位移的显示值会产生影响，但是相对值不变。惯性释放的核心计算公式为：

$$F_t^a + M_t a_t^1 = 0 \tag{7.19}$$

$$F_r^a + M_r a_r^1 = 0 \tag{7.20}$$

式中，F_t^a 是加载到结构上的载荷矢量；F_r^a 是加载到结构上的力矩矢量；a_t^1 是通过惯性释放计算程序计算出来的直线加速度；a_r^1 是通过惯性释放计算程序计算出来的旋转加速度；$r = [x, y, z]^T$；M_t 是质量矩阵；M_r 是转动惯量矩阵；F_t^a 和 F_r^a 由 CFD 程序计算得出；M_t 和 M_r 是材料参数，通过式(7.19) 和式(7.20) 计算可得到 a_t^1、a_r^1。

计算中采用基于单元体积的网格扩散光顺方法。通过扩散方程(7.21) 来计算网格节点的运动速度，利用速度更新网格节点的位移。

$$\nabla \cdot (\gamma \nabla \overline{u}) = 0 \quad (7.21)$$

式中，$\overline{u}$ 是网格节点运动速度；γ 是扩散系数。扩散系数是通过求解方程(7.22) 得到的，其中，α 是扩散参数，此处设置 $\alpha=1.9$，V 是正则体积。

$$\gamma = 1/V^\alpha \quad (7.22)$$

然后，节点位置更新，根据方程(7.23) 求出。

$$\overline{x}_{new} = \overline{x}_{old} + \overline{u} \Delta t \quad (7.23)$$

此处，Δt 代表一个耦合步，包括了 1~3 次迭代，每次迭代是计算 30 次流体解算器迭代步，以保证每一个耦合步内都是收敛的。这种方法允许将边界运动扩散至内部区域定义为单元尺寸的函数。在大网格上减小扩散有利于使这些网格吸收更多的网格变形，能更好地保持小体积单元的网格质量。

流固耦合交界面上需要满足以下条件：

$$\boldsymbol{d}_f = \boldsymbol{d}_s \quad (7.24)$$

$$\boldsymbol{n} \cdot \boldsymbol{\tau}_f = \boldsymbol{n} \cdot \boldsymbol{\tau}_s \quad (7.25)$$

式中，d 是位移场；τ 是应力场；n 代表法向方向；下标 f 和 s 分别代表流体和固体。

7.3.2.3　火箭弹静气弹分析

首先进行了不旋转情况下的火箭弹静气动弹性仿真，将刚体火箭弹的气动系数与实验数据对比，结果较好。如图 7.48(a)~(c) 所示，误差均在 15% 以内。

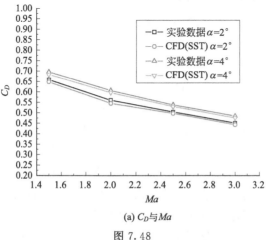

(a) C_D 与 Ma

图 7.48

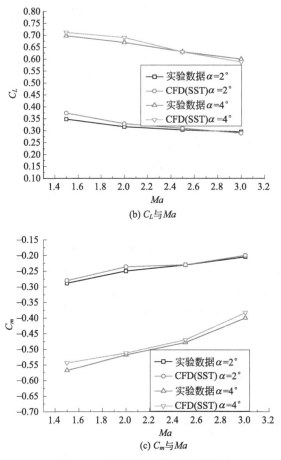

图 7.48 空气动力系数与马赫数

图 7.49 为弹性火箭弹 $Ma=2$、$Ma=3$ 且攻角为 $4°$ 时的法向力沿着弹身的分布图。从图中可以看出，弹头和尾翼处的法向力明显大于其他位置的法向力。按照惯性释放原理，以火箭弹内某一节点构造虚支座，通过程序计算出相应的惯性力来平衡掉外力，从而计算出所有节点相对于虚支座的位移。火箭弹 Y 方向的变形是由法向力决定的，此时两头法向力大、中间小，火箭弹将向上弯曲。从图 7.50(a)、(b) 可以看出，火箭弹 Y 方向变形都是向上弯曲的。

图 7.50(a) 是 $Ma=1.5$ 时火箭弹采用单向耦合和双向耦合计算的 Y 方向弹身变形分布图，攻角为 $2°$ 时，变形十分微小，攻角为 $4°$ 时，变形明显变大。单向耦合和双向耦合的计算结果在一个数量级上，双向耦合计算出的变形结果比单向耦合计算出的结果略小，这是由于弹性变形后火箭弹法向力变小。与单向耦合的计算结果相比，验证了双向耦合计算结果的合理性。图 7.50(b) 是攻角为 $4°$ 时，火箭弹弹身分别在 $Ma=1.5$、2、3 时 Y 方向的变形分布图。随

第 7 章　弹箭单双向流固耦合仿真与分析

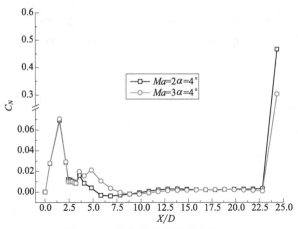

图 7.49　法向力系数沿弹身分布

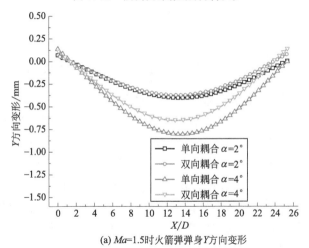

(a) $Ma=1.5$ 时火箭弹弹身 Y 方向变形

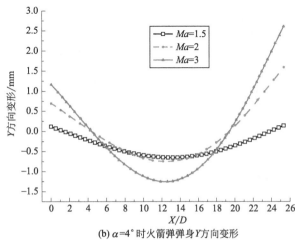

(b) $\alpha=4°$ 时火箭弹弹身 Y 方向变形

图 7.50　火箭弹弹身 Y 方向的变形

着马赫数变大，火箭弹弹身变形程度也变大。最大总变形一般发生在火箭弹弹身中部或者卷弧翼上。图 7.51 为 $Ma=1.5$、攻角为 $2°$ 时火箭弹在流场中的总变形云图。

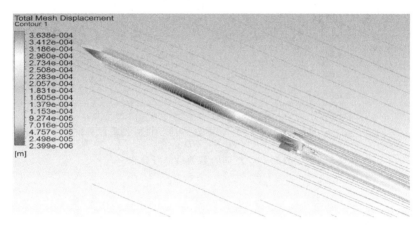

图 7.51　$Ma=1.5$、$\alpha=2°$ 时火箭弹总变形和流线云图

图 7.52 为刚体火箭弹和弹性火箭弹的气动系数随马赫数变化的对比图。从图 7.52(a)～(c) 可以看出，不管攻角等于 $2°$ 还是 $4°$，弹性变形都使得火箭弹阻力、升力系数减小，俯仰力矩系数变大。同时可以看出，即使在攻角为 $2°$、变形很小的情况下，弹性变形也会对火箭弹气动参数产生影响。

图 7.52(d) 为刚体火箭弹和弹性火箭弹压心系数对比图。攻角为 $2°$ 时，微小的弹性变形对火箭弹压心位置影响较小。弹性变形使火箭弹压心前移，也就说明弹性变形使火箭弹稳定性降低。随着攻角变大，马赫数变大，压心位置前移程度越大。本节以弹顶为参考点，即重心位置系数为 0。从图中可以看

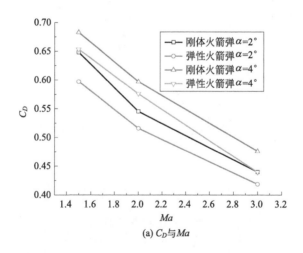

(a) C_D 与 Ma

第 7 章 弹箭单双向流固耦合仿真与分析

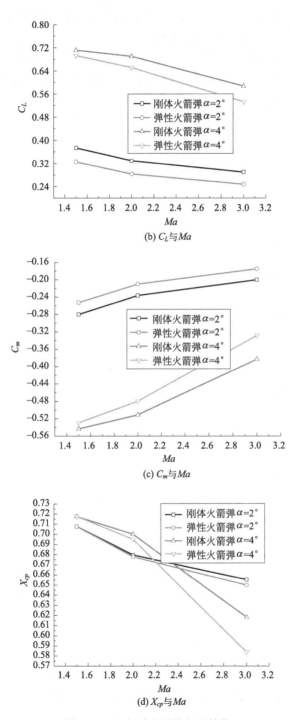

图 7.52 空气动力系数与马赫数

出，压心位置系数越来越小，当压心位置系数和重心位置系数相等（即等于0）时，意味着火箭弹将发生弯曲发散。

进一步采用双向耦合方法计算 $Ma=2$、3 且 $\alpha=4°$ 的旋转和非旋转情况下火箭弹静气动弹性，然后获得火箭弹法向力系数分布，并与刚体火箭弹情况下的法向力系数分布做了比较，如图 7.53 所示。

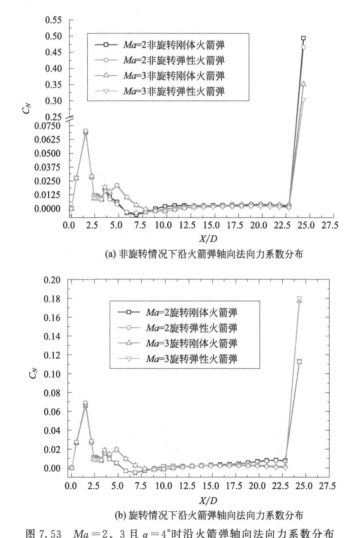

(a) 非旋转情况下沿火箭弹轴向法向力系数分布

(b) 旋转情况下沿火箭弹轴向法向力系数分布

图 7.53　$Ma=2$、3 且 $\alpha=4°$ 时沿火箭弹轴向法向力系数分布

从图中可以看到法向力分布都是两头数值大，中间数值小。根据惯性释放原理，解释了火箭弹的弯曲变形是向上弯曲的原因。由于是向上弯曲，所以卷弧翼的攻角相对刚体火箭弹的卷弧翼的攻角变小了，所以升力系数也就变小了。从图 7.53(a) 可以看到，非旋转情况下，在卷弧翼处，刚体火箭弹的法

第7章 弹箭单双向流固耦合仿真与分析

向力系数比弹性体火箭弹的要大一点,旋转情况下,效果不明显。$Ma=3$、$\alpha=4°$时,旋转情况和非旋转情况下火箭弹的总变形云图如图 7.54(a)、(b) 所示。最大变形都发生在卷弧翼的翼片上,这是由于卷弧翼翼片很薄,再加上较大的气动载荷造成的。火箭弹分别为刚体和弹性体时卷弧翼中心截面线上的压力分布如图 7.55 所示,说明弹性火箭弹的变形对卷弧翼上的气动载荷分布产生了较大的影响。

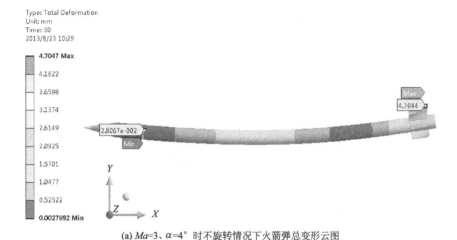

(a) $Ma=3$、$\alpha=4°$ 时不旋转情况下火箭弹总变形云图

(b) $Ma=3$、$\alpha=4°$ 时旋转情况下火箭弹总变形云图

图 7.54 $Ma=3$、$\alpha=4°$时火箭弹总变形云图

旋转情况下火箭弹变形云图如图 7.56(a)、(b) 所示,火箭弹在 Z 方向上也产生了变形,但是 Z 方向上的变形相对 Y 方向的变形要小很多,这是由旋转产生的侧向载荷所导致的。因此,火箭弹的设计中应当考虑旋转和双向耦合的方法。

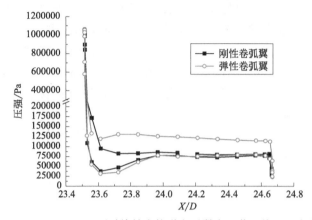

图 7.55 $Ma=3$、$\alpha=4°$时旋转火箭弹卷弧翼中心截面线上压力分布

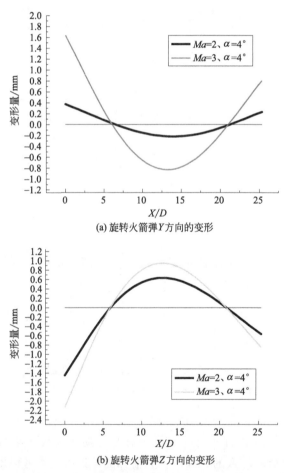

(a) 旋转火箭弹Y方向的变形

(b) 旋转火箭弹Z方向的变形

图 7.56 旋转火箭弹弹身Y方向和Z方向的变形

表 7.5 给出了刚体火箭弹和弹性体火箭弹的气动系数。通过双向耦合的方法计算了旋转和不旋转情况下的弹性体火箭弹的气动系数，并和刚体火箭弹的气动系数做了对比，结果表明火箭弹变形给气动特性参数带来了一定的影响。其中，升力和阻力系数分别下降了 1.8%～7.6% 和 0.06%～9.3%，俯仰力矩系数增加了 0.2%～14.3%。同时，弹性火箭弹的压心系数提前了 0.4%～5.8%，这就说明其他参数不变的情况下，火箭弹的稳定性下降了 0.4%～5.8%。计算结果表明弹性变形导致了火箭弹的稳定性下降。

表 7.5 火箭弹气动系数

马赫数	火箭弹	C_D	C_L	C_m	X_{cp}
$Ma=2$	不旋转刚体火箭弹	0.5967	0.6902	−0.5112	0.700
	不旋转弹性体火箭弹	0.5764	0.6517	−0.4799	0.695
	旋转刚体火箭弹	0.5673	0.3209	−0.1654	0.459
	旋转弹性体火箭弹	0.5567	0.3207	−0.1650	0.457
$Ma=3$	不旋转刚体火箭弹	0.4759	0.5877	−0.3831	0.618
	不旋转弹性体火箭弹	0.4396	0.5332	−0.3285	0.582
	旋转刚体火箭弹	0.4608	0.4009	−0.2101	0.486
	旋转弹性体火箭弹	0.4467	0.4001	−0.2096	0.484

7.4 火箭弹静气动热弹性仿真计算

7.4.1 静气动热弹性单向耦合计算方法

火箭弹的静气动热弹性仿真基于包含流体解算器、热分析解算器、结构分析解算器的 AWB 多物理场耦合平台进行。计算中首先利用计算流体力学（CFD）方法对刚体火箭弹进行气动力计算。在一定海拔高度对以一定速度持续飞行一段时间的火箭弹，利用稳态的 CFD 方法，选用旋转坐标系方法设置弹体旋转，考虑结构热传导，计算获得弹体表面温度分布和压力分布。再利用有限元热分析方法，将弹体表面温度重新插值到用于有限元计算的弹体表面网格上，通过热分析计算准确获得结构内部温度场分布。同时，也将气动压力载荷插值到用于有限元计算的弹体表面网格上，最后进行静气动热弹性单向耦合仿真计算，单向耦合流程如图 7.57 所示。

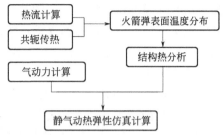

图 7.57　静气动热弹性单向耦合流程

计算中流体域控制方程、湍流模型以及离散格式选择与 7.1 节相同。边界条件不再是绝热壁面模型，而需要考虑共轭传热，因此补充固体计算域的能量方程：

$$\frac{\partial}{\partial t}(\rho h)+\nabla \cdot (v\rho h)=\nabla \cdot (k\nabla T)+S_h \qquad (7.26)$$

式中，ρ 为密度；h 为显焓；k 为热导率；T 为温度；S_h 为体积热源，此处瞬态项和体积热源为 0。

计算流场网格拓扑图、流场计算网格和卷弧翼处的流场截面网格分别如图 7.58~图 7.60 所示，网格数量为 1500000，$Y+\leqslant 1$。

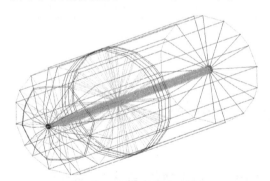

图 7.58　流场网格拓扑图

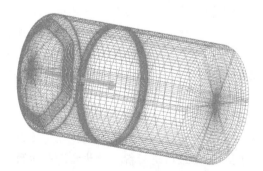

图 7.59　流场计算网格

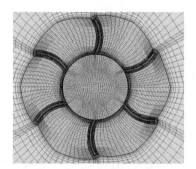

图 7.60　流场截面网格

由于火箭弹存在气动加热问题，因此需要补充结构热分析方程：

$$K(T)T=Q(T) \quad (7.27)$$

式中，K 是热传导矩阵，可以是常量或者温度的函数；Q 是热流率载荷向量，也可以是常量或者温度的函数。

实体采用十节点四面体单元（solid87）和二十节点六面体单元（solid90），通过热分析获得结构温度场，然后把温度场加载到结构单元中，变为热载荷，进而进行结构分析。约束方法采用惯性释放方法，耦合面上的边界条件如下：

$$d_f=d_s \quad (7.28)$$
$$n·\tau_f=n·\tau_s \quad (7.29)$$
$$q_f=q_s \quad (7.30)$$
$$T_f=T_s \quad (7.31)$$

式中，d 是位移场；τ 是应力场；q 是热流；T 是温度场；n 代表法向方向；下标 f 和 s 分别代表流体和固体。

固体区域及内部区域的网格如图 7.61、图 7.62 所示。

图 7.61 固体区域网格

图 7.62 内部区域网格

7.4.2 火箭弹静气动加热数值计算

本节中研究的火箭弹几何尺寸与 7.3 节中的相同，只是在材料假设部分有所不同。假设火箭弹弹壳厚度为 5mm，其材料为 30CrMnSi。将火箭弹内部分成多段，定义每一段上材料的密度、泊松比、弹性模量，使其接近真实火箭弹。气动系数验证计算时，采用标准大气条件为远场自由来流条件，攻角为 0°、4°、8°，计算马赫数为 1、1.2、1.5、2、2.5、3、3.5、4。静气动热弹性计算时，自由来流条件为海拔高度为 1300m 处的大气条件（82.8225kPa、277K），攻角为 0.58°、4°和 8°，马赫数为 3.4，转速超过 130rad/s。计算中假设气体为理想气体，黏度和温度的变化关系符合 Surthland 三系数公式。火箭弹进行气动计算时假设为刚体，在静气动热弹性计算时则为弹性体。

为了验证 CFD 计算气动加热的准确性，采用文献 [240] 中的 NASA LANGLEY 8-fit 高温风洞中的实验模型进行计算，实验模型[241] 如图 7.63 所示。来流条件是 $Ma=6.47$、$Re=1.312336×10^6$、$P=648.13$Pa、$T=241.52$K。圆柱壳体的材料是不锈钢 321 系列，$\rho=8030$kg/m^3，比热容 $c_p=$

502.48J/(kg·K)，导热系数 $k=16.27\mathrm{W/(m\cdot K)}$。由于实验模型是完全对称的圆柱体，所以计算模拟只需采用 1/4 的 2D 圆柱模型，大大减少计算量。数值方法与 7.2 节、7.3 节中的相同，即求解 RANS 方程和共轭传热方程，边界条件也是远场边界，物面边界条件是无滑移。为了较好地模拟热流，网格划分时对边界层进行加密。此处计算为了和实验数据对比，采用非定常 CFD 计算。因为固体的热容量相对于流体的要大很多，因此可以近似地认为流场的温度分布在初始时刻达到稳态了，固体域导热还没开始。此处采用等温壁面的物面边界条件先求得稳态流场，然后以稳态流场计算结果为初始条件进行非定常耦合传热计算，以降低收敛难度，流体域和固体域计算网格如图 7.64 所示。

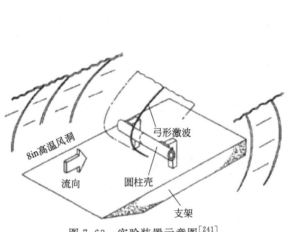

图 7.63　实验装置示意图[241]

图 7.64　计算网格

图 7.65 为圆柱壳体在 2s、3s、4s、5s 时的结构温度分布云图，其结构的最大温度均发生在结构的驻点位置，并且驻点温度也随时间的增加而增大，符合物理现象。5s 时的流场速度云图和流场温度云图见图 7.66、图 7.67。

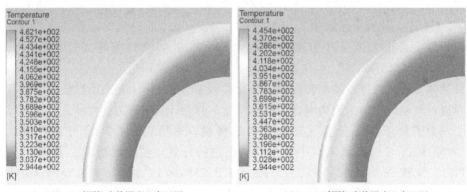

(a) $t=5$s 时圆柱壳体温度分布云图　　　　　(b) $t=4$s 时圆柱壳体温度分布云图

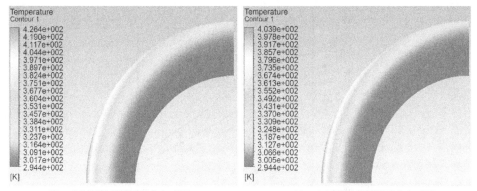

(c) $t=3$s时圆柱壳体温度分布云图　　　　(d) $t=2$s时圆柱壳体温度分布云图

图 7.65　圆柱壳体温度分布云图

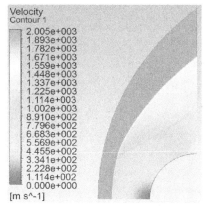

图 7.66　$t=5$s 时流场速度云图

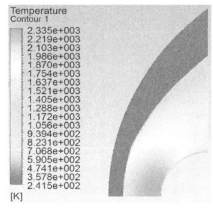

图 7.67　$t=5$s 时流场温度云图

图 7.68、图 7.69 为圆柱壳体的壁面温度和热流分布曲线。其中，θ 是圆柱的表面和对称面的夹角，q_0 是驻点热流密度，q 是圆柱壁面热流密度。从图中看出，圆柱壳体温度分布计算结果和实验数据[240] 对比，误差较小。壁面热流密度计算中出现一些振荡，但是整体趋势和实验数据[240] 相符。说明 CFD 方法模拟计算气动加热具有一定的准确性。

火箭弹气动加热计算时，为了减小网格划分工作量、计算量和收敛难度，采用薄壁模型模拟耦合传热，即不需要对固体域划分网格，只需定义壁面厚度和弹体初始温度。计算可以得到弹体表面温度分布，通过热分析解算器可以得到结构温度场分布，最后通过结构解算器可以得到热载荷分布。图 7.70(a)～(c) 分别是旋转火箭弹在 $\alpha=0.58°$ 时的弹头温度云图、弹头部流场温度云图和卷弧翼前缘温度云图。图 7.70(d) 是旋转火箭弹在 $\alpha=8°$ 时的弹头部温度云图。从图中可以看到火箭弹上弹头温度最高，卷弧翼前缘温度最高。攻角较大时，弹头由于下表面受气流压缩更加严重，下表面的温度高于上表面。

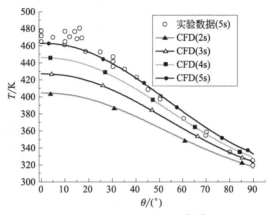

图 7.68 壁面温度分布[240]

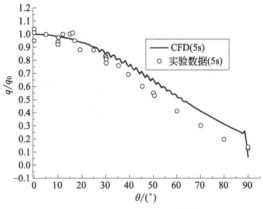

图 7.69 壁面热流分布[240]

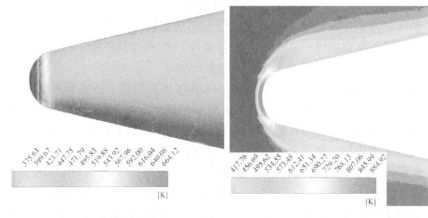

(a) $\alpha=0.58°$ 时弹头温度云图 (b) $\alpha=0.58°$ 时弹头部流场温度云图

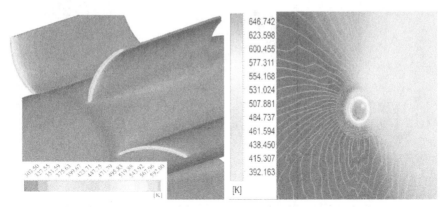

(c) $\alpha=0.58°$时卷弧翼前缘温度云图　　　(d) $\alpha=8°$时弹头部温度云图

图 7.70　旋转火箭弹温度云图

7.4.3　火箭弹静气动热弹性分析

图 7.71 是不旋转情况下火箭弹的流体-结构耦合的计算结果,而图 7.72 是旋转情况下火箭弹热-结构耦合的计算结果。从图 7.71(a) 和图 7.72(a) 可以看到,由气动热引起的结构应力要比气动载荷引起的结构应力大很多。从图图 7.71(b) 和图 7.72(b) 也可以看到,气动热引起的结构最大总变形比受到气动载荷导致的结构总变形要大。

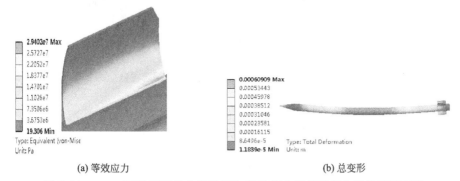

(a) 等效应力　　　　　　　　　　　(b) 总变形

图 7.71　$\alpha=0.58°$的不旋转火箭弹流体-结构耦合时等效应力和总变形云图

图 7.73 和图 7.74 分别是 $\alpha=0.58°$ 时旋转火箭弹流体-热-结构耦合等效应力和总变形云图。最大应力发生在卷弧翼前缘,最大变形一般发生在火箭弹中部和卷弧翼上。由于火箭弹的卷弧翼比较薄,又需要承受巨大热载荷,火箭弹头部也要承受巨大的热载荷,这将影响火箭弹内部工作元件的正常工作,因此对火箭弹的卷弧翼前缘和弹头进行热防护很有必要。旋转火箭弹的气动热弹性

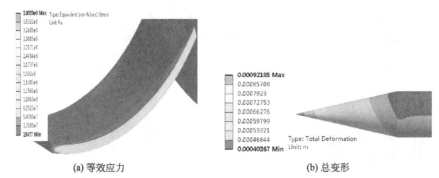

(a) 等效应力　　　　　　　　　　(b) 总变形

图 7.72　$\alpha=0.58°$ 的旋转火箭弹热-结构耦合时等效应力和总变形云图

多场耦合引起的结构等效应力和最大总变形的数值模拟计算结果见表 7.6。结果显示，最大变形和最大等效应力随攻角的增大而增大。30CrMnSi 的屈服极限 $\sigma_s \geqslant 885\mathrm{MPa}$，攻角为 8°时，最大应力为 725MPa，小于材料的屈服极限，因此在此种飞行条件下，不会发生结构破坏。

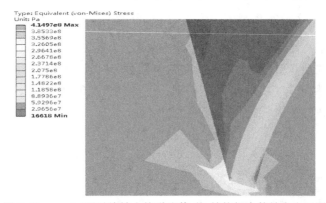

图 7.73　$\alpha=0.58°$ 时旋转火箭弹流体-热-结构耦合等效应力云图

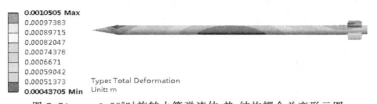

图 7.74　$\alpha=0.58°$ 时旋转火箭弹流体-热-结构耦合总变形云图

表 7.6　旋转火箭弹最大等效应力和总变形云图

	$\alpha=0.58°$	$\alpha=4°$	$\alpha=8°$
最大等效应力	415MPa	470MPa	725MPa
最大总变形	1.05mm	4.82mm	6.01mm

7.5 本章小结

本章主要围绕超声速飞行的旋转弹箭的空气动力学特性和流固耦合计算展开研究，介绍了旋转弹箭气动特性及流固耦合数学模型的建立和数值求解方法。本章通过数值模拟旋转弹丸、旋转的翼身组合体的复杂流场，获得气动参数并与实验数据对比，验证本章数值方法对旋转弹箭气动参数计算的准确性，并对旋转弹箭的气动特性进行了比较全面的研究。然后，采用同样的计算方法并结合流固耦合计算方法，计算了大长细比旋转火箭弹的静气动弹性问题。通过模拟计算热风洞实验模型的气动加热，验证了本章对火箭弹气动加热模拟的准确性，并对气动热的具体计算方法进行了具体阐述。最后，基于前面数值方法的准确性，再结合气动加热数值模拟的准确性，对大长细比卷弧翼旋转火箭弹的静气动热弹性进行了数值模拟计算。

参 考 文 献

[1] Heller S R, Abramson H N. Hydroelasticity: a new naval science [J]. Journal of America Society of Naval Engineers, 1959, 71 (2): 205-209.

[2] Bishop R E D, Price W G. Hydroelasticity of Ships [M]. Oxford: Cambridge University Press, 1979.

[3] Chen X J, Wub Y S, Cui W C, Jensen J J. Review of hydroelasticity theories for global response of marine structures [J]. Ocean Engineering, 2006, 33 (3-4): 439-457.

[4] Fung Y C. An introduction to the theory of aeroelasticity [M]. New York: Courier Dover Publications, 2008.

[5] Marshall J, et al. A review of aeroelasticity methods with emphasis on turbomachinery applications [J]. Journal of fluids and structures, 1996, 10 (3): 237-267.

[6] Dowell E, et al. Nonlinear aeroelasticity [J]. Journal of aircraft, 2003, 40 (5): 857-874.

[7] Garrick I E, Reed III W H. Historical development of aircraft flutter [J]. Journal of Aircraft, 1981, 18 (11): 897-912.

[8] 沈克杨. 气动弹性力学原理 [M]. 上海: 上海科学技术文献出版社, 1982.

[9] 陈文俊, 尹传家. 气动弹性力学现代教程 [M]. 北京: 宇航出版社, 1991.

[10] Watkins C E, Runyan H L, Woolston D S. On the Kernel function of the integral equation relating the lift and downwash distributions of oscillating finite wings in subsonic flow [J]. Technical Report Archive & Image Library, 1956, 96 (3131): 1070-1075.

[11] Albano E, Rodden W P. A doublet-lattice method for calculating lift distributions on oscillating surfaces in subsonic flows [J]. Aiaa Journal, 2015, 7 (11): 279-285.

[12] Rodden W P, Giesing J P, Kalman T P. Refinement of the nonplanar aspects of the subsonic doublet-lattice lifting surface method [J]. Journal of Aircraft, 2012, 9 (1): 69-73.

[13] Rodden W P, Taylor P F, Mcintosh S C. Further Refinement of the Subsonic Doublet-Lattice Method [J]. Journal of Aircraft, 2015, 35 (5): 720-727.

[14] 陆志良, 郭同庆, 管德. 跨音速颤振计算方法研究 [J]. 航空学报, 2004, 25 (3): 214-217.

[15] Guo T Q, Lu Z L. A CFD/CSD model for transonic flutter [J]. Computers Materials & Continua, 2005, 2 (2): 105-111.

[16] 管德. 非定常空气动力计算 [M]. 北京: 北京航空航天大学出版社, 1991.

[17] Wiggert D C, Tijsseling A S. Fluid transients and fluid-structure interaction in flexible liquid-filled piping [J]. Applied Mechanics Reviews, 2001, 54 (5): 455-481.

[18] 杨林. 非线性流固耦合问题的数值模拟方法研究 [D]. 青岛: 中国海洋大学, 2011.

[19] Jewell D A, McCormick M E. Hydroelastic instability of a control surface [R]. DAVID TAYLOR MODEL BASIN WASHINGTON DC, 1961.

[20] Mccormick M E, Caracoglia L. Hydroelastic Instability of Low Aspect Ratio Control Surfaces [J]. Journal of Offshore Mechanics & Arctic Engineering, 2004, 126 (1): 84-89.

[21] 陈东阳. 海洋柔性结构流固耦合动力学研究 [D]. 南京: 南京理工大学, 2018.

[22] Giurgiutiu V. Active-materials induced-strain actuation for aeroelastic vibration control [J]. Shock and Vibration Digest, 2000, 32 (5): 355-368.

[23] Bairstow L and Fage A. Oscillations of the Tailplane and Body of an Aeroplane in Flight [R]. ARC R. & M. 276 Part II, 1916.

[24] Wright J R, Cooper J E. Introduction to Aeroelasticity and Loads [M]. England: Wiley Publications, 2007.

[25] Theodorsen T, Garrick I E. General Potential Theory of Arbitrary Wing Sections [J]. Technical Report Archive & Image Library, 1979, 37 (5): 1415-1421.

[26] Theodorsen T, Garrick I E. Mechanism of Flutter-A Theoretical and Experimental Investigation of the Flutter Problem [R]. NACA Technical Report No: 685, 1938.

[27] 张效慈, 司马灿, 吴有生. 潜艇舵低速颤振现象及其预报 [J]. 船舶力学, 2001, 5 (1): 70-72.

[28] 余志兴, 刘应中, 缪国平. 二维机翼弹簧系统的涡激振动 [J]. 船舶力学, 2002, 6 (5): 25-32.

[29] 余志兴. 黏性流场中的水弹性计算 [D]. 上海: 上海交通大学, 1999.

[30] 刘晓宙, 缪国平, 余志新, 等. 流体通过涡激振动机翼的声辐射研究 [J]. 声学学报: 中文版, 2005 (1): 55-62.

[31] Zhang L, Guo Y, Wang W. Large eddy simulation of turbulent flow in a true 3D Francis hydro turbine passage with dynamical fluid structure interaction [J]. International Journal for Numerical Methods in Fluids, 2010, 54 (5): 517-541.

[32] Amromin E, Kovinskaya S. Vibration of cavitating elastic wing in a periodically perturbed flow: excitation of subharmonics [J]. Journal of Fluids & Structures, 2000, 14 (5): 735-751.

[33] Young Y L. Fluid-structure interaction analysis of flexible composite marine propellers [J]. Journal of Fluids & Structures, 2008, 24 (6): 799-818.

[34] Akcabay D T, Chae E J, Yin L Y, et al. Cavity induced vibration of flexible hydrofoils [J]. Journal of Fluids & Structures, 2014, 49 (8): 463-484.

[35] Chae E J. Dynamic Response and Stability of Flexible Hydrofoils in Incompressible and Viscous Flow [J]. Dissertations & Theses - Gradworks, 2015.

[36] Taner B B. Flutter analysis and simulated flutter test of wings [D]. Natural and applied sciences of middle east technical university, 2012.

[37] Marzocca P, Librescu L, Chiocchia G. Aeroelastic response of 2-D lifting surfaces to gust and arbitrary explosive loading signatures [J]. International Journal of Impact Engineering, 2001, 25 (1): 41-65.

[38] Scanlan R H, Rosenbaum R A. Introduction to the study of aircraft vibration and flutter [M]. New York: Dover Publications, 1951.

[39] Dimitriadis G, Cooper J E. Flutter Prediction from Flight Flutter Test Data [J]. Journal of Aircraft, 2001, 38 (38): 355-367.

[40] 赵婧. 海洋立管涡致耦合振动 CFD 数值模拟研究 [D]. 青岛: 中国海洋大学, 2012.

[41] 黄旭东, 张海, 王雪松. 海洋立管涡激振动的研究现状、热点与展望 [J]. 海洋学研究, 2009, 27 (4): 95-101.

[42] 张友林. 海洋立管涡激振动抑制方法研究 [D]. 镇江: 江苏科技大学, 2011.

[43] 郭海燕, 傅强, 娄敏. 海洋输液立管涡激振动响应及其疲劳寿命研究 [J]. 工程力学, 2005, 22 (4): 220-224.

[44] 陈伟民, 付一钦, 郭双喜, 等. 海洋柔性结构涡激振动的流固耦合机理和响应 [J]. 力学与实践, 2016, 47 (5): 25-91.

[45] 韩翔希. 柔性立管流固耦合特性数值模拟研究 [D]. 广州: 华南理工大学, 2014.

[46] 刘昊. 深海复合材料立管力学特性分析与优化设计研究 [D]. 上海: 上海交通大学, 2013.

[47] 陈东阳，ABBAS L K，王国平，等.复合材料立管涡激振动数值计算[J].上海交通大学学报，2017，51（4）：495-503.

[48] 高薇薇，张玉，段梦兰，等.深海复合材料立管有限元分析与研究[J].石油机械，2015（4）：64-68.

[49] 张学志，黄维平，李华军.考虑流固耦合时的海洋平台结构非线性动力分析[J].中国海洋大学学报：自然科学版，2005，35（5）：823-826.

[50] 刘昊，杨和振.基于多岛遗传算法的深海复合材料悬链线立管优化设计[J].哈尔滨工程大学学报，2013（7）：819-825.

[51] 沈钦雄，杨和振，朱云.深海复合材料悬链线立管基于可靠度的优化设计[J].中国舰船研究，2014，9（5）：77-84.

[52] Beyle A I, Gustafson C G, Kulakov V L, et al. Composite risers for deep-water offshore technology: Problems and prospects. 1. Metal-composite riser [J]. Mechanics of Composite Materials, 1997, 33 (5): 403-414.

[53] Rakshit T, Atluri S, Dalton C. VIV of a composite riser at moderate Reynolds number using CFD [J]. Journal of Offshore Mechanics & Arctic Engineering, 2005, 130 (1): 853-865.

[54] Kruijer M P, Warnet L L, Akkerman R. Analysis of the mechanical properties of a reinforced thermoplastic pipe (RTP) [J]. Composites Part A Applied Science & Manufacturing, 2005, 36 (2): 291-300.

[55] Bai Y, Ruan W, Cheng P, et al. Buckling of reinforced thermoplastic pipe (RTP) under combined bending and tension [J]. Ships & Offshore Structures, 2014, 9 (5): 525-539.

[56] Bai Y, Tang J, Xu W, et al. Collapse of reinforced thermoplastic pipe (RTP) under combined external pressure and bending moment [J]. Ocean Engineering, 2015, 94: 10-18.

[57] Bai Y, Liu T, Cheng P, et al. Buckling stability of steel strip reinforced thermoplastic pipe subjected to external pressure [J]. Composite Structures, 2016, 152: 528-537.

[58] Sun X S, Tan V B C, Chen Y, et al. An Efficient Analytical Failure Analysis Approach for Multilayered Composite Offshore Production Risers [J]. Materials Science Forum, 2015, 813: 3-9.

[59] Post N L, Case S W, Lesko J J. Modeling the variable amplitude fatigue of composite materials: A review and evaluation of the state of the art for spectrum loading [J]. International Journal of Fatigue, 2008, 30 (12): 2064-2086.

[60] 张玉川，王德禧，吴念.增强热塑性塑料（RTP）复合管材的发展[J].上海建材，2007（1）：20-22.

[61] 王大鹏，孙岩，张友强，等.增强热塑性塑料复合管的现状及进展[J].塑料，2017（4）：69-72.

[62] 张玉川.高压增强热塑性塑料管[J].国外塑料，2008，26（10）：42-45.

[63] Mathelin L, Langre E D. Vortex-induced vibrations and waves under shear flow with a wake oscillator model [J]. European Journal of Mechanics - B/Fluids, 2005, 24 (4): 478-490.

[64] 蔡杰，尤云祥，李巍，等.均匀来流中大长径比深海立管涡激振动特性[J].水动力学研究与进展，2010，25（1）：50-58.

[65] 秦伟.涡激振动的非线性振子模型研究[D].哈尔滨：哈尔滨工程大学，2011.

[66] 唐世振，黄维平，刘建军，等.不同频率比时立管两向涡激振动及疲劳分析[J].振动与冲击，2011，30（9）：124-128.

[67] Srinil N. Analysis and prediction of vortex-induced vibrations of variable-tension vertical risers in

linearly sheared currents [J]. Applied Ocean Research, 2011, 33 (1): 41-53.
[68] 王艺. 均匀来流条件下的圆柱涡激振动研究 [D]. 北京: 中国科学院研究生院, 2010.
[69] Williamson C H K, Govardhan R. Vortex-induced vibrations [J]. Annu. Rev. Fluid Mech, 2004, 36: 413-455.
[70] Khalak A, Williamson C H K. Dynamics of a hydroelastic cylinder with very low mass and damping [J]. Journal of Fluids and Structures, 1996, 10 (5): 455-472.
[71] Wang E, Xiao Q, Zhu Q, et al. The effect of spacing on the vortex-induced vibrations of two tandem flexible cylinders [J]. Physics of Fluids, 2017, 29 (7): 077103.
[72] Chen D Y, Abbas L K, Rui X T, et al. Dynamic modeling of sail mounted hydroplanes system-Part II: Hydroelastic behavior and the impact of structural parameters and free-play on flutter [J]. Ocean Engineering, 2017 (131): 322-337.
[73] 娄敏. 海洋输流立管涡激振动试验研究及数值模拟 [D]. 青岛: 中国海洋大学, 2007.
[74] Hartlen R T, Currie I G. Lift-oscillator model of vortex-induced vibration [J]. Journal of the Engineering Mechanics Division, 1970, 96 (5): 577-591.
[75] Skop R A, Griffin O M. On a theory for the vortex-excited oscillations of flexible cylindrical structures [J]. Journal of Sound & Vibration, 1975, 41 (3): 263-274.
[76] Facchinetti M L, Langre E D, Biolley F. Vortex-induced travelling waves along a cable [J]. European Journal of Mechanics, 2004, 23 (1): 199-208.
[77] 陈伟民, 张立武, 李敏. 采用改进尾流振子模型的柔性海洋立管的涡激振动响应分析 [J]. 工程力学, 2010, 27 (5): 240-246.
[78] 秦伟. 双自由度涡激振动的涡强尾流振子模型研究 [D]. 哈尔滨: 哈尔滨工程大学, 2013.
[79] 李骏, 李威. 基于 SST k-ω 湍流模型的二维圆柱涡激振动数值仿真计算 [J]. 舰船科学技术, 2015, 37 (2): 30-34.
[80] 赵婧, 郭海燕. 两自由度不同截面形式柱体涡激振动的 CFD 数值模拟 [J]. 船舶力学, 2016, 20 (5): 530-539.
[81] 龚慧星. 大跨度桥梁主梁涡激振动展向效应试验研究 [D]. 长沙: 湖南大学, 2016.
[82] 赵宗文. 立管模型涡激振动的数值模拟研究 [D]. 舟山: 浙江海洋大学, 2016.
[83] 刘勇, 陈炉云. 涡激振动对管道液固两相流流场的影响 [J]. 上海交通大学学报, 2017, 51 (4): 485-489.
[84] Liu J W, Guo H Y, Zhao J, et al. Design and CFD Analysis of the Flow Field of the VIV Experiment of Marine Riser in Deepwater [J]. Periodical of Ocean University of China, 2013, 43 (4): 106-111.
[85] Kamble C, Chen H C. 3D VIV fatigue analysis using CFD simulation for long marine risers [C]. The 26th International Ocean and Polar Engineering Conference, 2016.
[86] How B V E, Ge S S, Choo Y S. Active control of flexible marine risers [J]. Journal of Sound and Vibration, 2009, 320 (4): 758-776.
[87] Wang C, Tang H, Yu S C M, et al. Active control of vortex-induced vibrations of a circular cylinder using windward-suction-leeward-blowing actuation [J]. Physics of Fluids, 2016, 28 (5): 053601.
[88] Muddada S, Patnaik B S V. Active flow control of vortex induced vibrations of a circular cylinder subjected to non-harmonic forcing [J]. Ocean Engineering, 2017, 142: 62-77.
[89] Kang L, Ge F, Wu X, et al. Effects of tension on vortex-induced vibration (VIV) responses of a

long tensioned cylinder in uniform flows [J]. Acta Mechanica Sinica, 2017, 33 (1): 1-9.

[90] Zhu H, Yao J, Ma Y, et al. Simultaneous CFD evaluation of VIV suppression using smaller control cylinders [J]. Journal of Fluids and Structures, 2015, 57: 66-80.

[91] Song Z, Duan M, Gu J. Numerical investigation on the suppression of VIV for a circular cylinder by three small control rods [J]. Applied Ocean Research, 2017, 64: 169-183.

[92] Holland V, Tezdogan T, Oguz E. Full-scale CFD investigations of helical strakes as a means of reducing the vortex induced forces on a semi-submersible [J]. Ocean Engineering, 2017, 137: 338-351.

[93] Zheng H, Wang J. Numerical study of galloping oscillation of a two-dimensional circular cylinder attached with fixed fairing device [J]. Ocean Engineering, 2017, 130: 274-283.

[94] Tumkur R K R, Domany E, Gendelman O V, et al. Reduced-order model for laminar vortex-induced vibration of a rigid circular cylinder with an internal nonlinear absorber [J]. Communications in Nonlinear Science and Numerical Simulation, 2013, 18 (7): 1916-1930.

[95] Tumkur R K R, Calderer R, Masud A, et al. Computational study of vortex-induced vibration of a sprung rigid circular cylinder with a strongly nonlinear internal attachment [J]. Journal of Fluids and Structures, 2013, 40: 214-232.

[96] Mehmood A, Nayfeh A H, Hajj M R. Effects of a non-linear energy sink (NES) on vortex-induced vibrations of a circular cylinder [J]. Nonlinear Dynamics, 2014, 77 (3): 667-680.

[97] Dai H L, Abdelkefi A, Wang L. Vortex-induced vibrations mitigation through a nonlinear energy sink [J]. Communications in Nonlinear Science and Numerical Simulation, 2017, 42: 22-36.

[98] Wiser R, Millstein D. Evaluating the economic return to public wind energy research and development in the United States [J]. Applied Energy, 2020, 261: 1-14.

[99] Veers P, Dykes K, Lantz E, et al. Grand challenges in the science of wind energy [J]. Science, 2019, 366 (6464): 1-10.

[100] Lennie M, Selahi-Moghaddam A, Holst D, et al. Vortex Shedding and Frequency Lock in on Stand Still Wind Turbines—A Baseline Experiment [J]. Journal of Engineering for Gas Turbines and Power, 2018, 140 (11): 1-13.

[101] Mohammadi E, Fadaeinedjad R, Moschopoulos G. Implementation of internal model based control and individual pitch control to reduce fatigue loads and tower vibrations in wind turbines [J]. Journal of Sound and Vibration, 2018, 421: 132-152.

[102] Huo T, Tong L. An approach to wind-induced fatigue analysis of wind turbine tubular towers [J]. Journal of Constructional Steel Research, 2020, 166: 105917.

[103] Chou J S, Ou Y C, Lin K Y, et al. Structural failure simulation of onshore wind turbines impacted by strong winds [J]. Engineering Structures, 2018, 162: 257-269.

[104] 李本立. 风力机结构动力学 [M]. 北京: 北京航空航天大学出版社, 1999.

[105] Dimitrios L. Investigation of Vortex Induced Vibrations in Wind Turbine Towers [D]. Delft: Delft University of Technology, 2018.

[106] 姜贵庆, 杨希霓. 气动防热理论的某些发展与应用 [M]. 北京: 国防工业出版社, 1997: 267-287.

[107] Perelman T L. On conjugated problems of heat transfer [J]. International Journal of Heat and Mass Transfer, 1961, 3 (4): 293-303.

[108] 吕红庆. 乘波体结构热响应及防护问题研究 [D]. 哈尔滨: 哈尔滨工程大学, 2010.

[109] 杨琼梁. 超声速飞行器烧蚀与结构热耦合计算及气动伺服弹性分析 [D]. 上海：复旦大学，2011.

[110] 王华毕，黄晓鹏，吴甲生. 大长径比旋转火箭弹气动弹性数值计算 [J]. 弹箭与制导学报，2006 (S5)：242-245.

[111] 夏刚，刘新建，程文科，等. 钝体高超声速气动加热与结构热传递耦合的数值计算 [J]. 国防科技大学学报，2003 (01)：35-39.

[112] 黄唐，毛国良，姜贵庆，周伟江. 二维流场、热、结构一体化数值模拟 [J]. 空气动力学学报，2000 (01)：115-119.

[113] 苏大亮. 高超音速飞行器热结构设计与分析 [D]. 西安：西北工业大学，2006.

[114] 杨荣，王强. 高超声速旋转体气动加热、辐射换热与结构热传导的耦合数值分析 [J]. 上海航天，2009，26 (04)：25-29+64.

[115] 李国曙，万志强，杨超. 高超声速翼面气动热与静气动弹性综合分析 [J]. 北京航空航天大学学报，2012，38 (01)：53-58.

[116] Gupta K, Voelker L, Bach C, et al. CFD-based aeroelastic analysis of the X-43 hypersonic flight vehicle [C]//39th Aerospace Sciences Meeting and Exhibit. 2001：712.

[117] Rasmussen M L, Boyd D R. Hypersonic flow [M]. New York：John Wiley & Sons，1994.

[118] McNamara J J. Aeroelastic and aerothermoelastic behavior of two and three dimensional lifting surfaces in hypersonic flow [M]. University of Michigan，2005.

[119] Van Dyke M D. A study of second-order supersonic-flow theory [R]. US Government Printing Office，1952.

[120] Nydick I, Friedmann P, Zhong X. Hypersonic panel flutter studies on curved panels [C]//36th structures, structural dynamics and materials conference. 1995：1485.

[121] SPAIN C, ZEILER T, BULLOCK E, et al. A flutter investigation of all-moveable NASP-like wings at hypersonic speeds [C]//34th Structures, Structural Dynamics and Materials Conference. 1993：1315.

[122] Thuruthimattam B, Friedmann P, McNamara J, et al. Modeling approaches to hypersonic aerothermoelasticity with application to reusable launch vehicles [C]//44th AIAA/ASME/ASCE/AHS/ASC Structures, Structural Dynamics, and Materials Conference. 2003：1967.

[123] Lauten Jr W T, Levey G M, Armstrong W O. Investigation of an All-moveable Control Surface at a Mach Number of 6.86 for Possible Flutter [J]. 1958.

[124] Doggett Jr R V. Experimental Flutter Investigation of Some Simple Models of a Boost Glide Vehicle Wing at Mach Numbers of 3.0 and 7.3 [J]. 1959.

[125] Nydick I, Friedmann P. Aeroelastic analysis of a trimmed generic hypersonic vehicle [C]//39th AIAA/ASME/ASCE/AHS/ASC Structures, Structural Dynamics and Materials Conference and Exhibit. 1999：1807.

[126] Thornton E A, Dechaumphai P. Coupled flow, thermal, and structural analysis of aerodynamically heated panels [J]. Journal of aircraft，1988，25 (11)：1052-1059.

[127] Shahrzad P, Mahzoon M. Limit cycle flutter of airfoils in steady and unsteady flows [J]. Journal of Sound and Vibration，2002，256 (2)：213-225.

[128] Librescu L, Chiocchia G, Marzocca P. Implications of cubic physical/aerodynamic non-linearities on the character of the flutter instability boundary [J]. International Journal of Non-Linear Mechanics，2003，

38（2）：173-199.

[129] Yang Z C, Zhao L C. Analysis of limit cycle flutter of an airfoil in incompressible flow [J]. Journal of sound and vibration, 1988, 123（1）：1-13.

[130] Zhao L C, Yang Z C. Chaotic motions of an airfoil with non-linear stiffness in incompressible flow [J]. Journal of Sound and Vibration, 1990, 138（2）：245-254.

[131] Knight D. RTO WG 10-Test cases for CFD validation of hypersonic flight [C]//40th AIAA Aerospace Sciences Meeting & Exhibit. 2002：433.

[132] Cockrell, Jr C, Engelund W, Dilley A, et al. Integrated aero-propulsive CFD methodology for the Hyper-X flight experiment [C]//18th Applied Aerodynamics Conference. 2000：4010.

[133] Wang W L, Boyd I, Candler G, et al. Particle and continuum computations of hypersonic flow over sharp and blunted cones [C]//35th AIAA Thermophysics Conference. 2001：2900.

[134] William T T. Theory of vibration with applications [M]. Englewood：Prentice Hall，4th edition, 1992.

[135] Abbas L K, Rui X. Free Vibration Characteristic of Multilevel Beam Based on Transfer Matrix Method of Linear Multibody Systems [J]. Advances in Mechanical Engineering, 2014, 2014（1）：792478.

[136] 芮筱亭. 多体系统传递矩阵法及其应用 [M]. 北京：科学出版社, 2008.

[137] Rui X, Wang G, Lu Y, et al. Transfer matrix method for linear multibody system [J]. Multibody System Dynamics, 2008, 19（3）：179-207.

[138] Abbas L K, Li M J, Rui X T. Transfer Matrix Method for the Determination of the Natural Vibration Characteristics of Realistic Thrusting Launch Vehicle-Part I [J]. Mathematical Problems in Engineering, 2013, 2013（2）：388-400.

[139] Rui X T, Lu Y Q, Wang G P, et al. Simulation and test methods of launch dynamics of multiple launch rocket system [M]. Beijing：National Defence Industry Press, 2003.

[140] Bestle D, Abbas L, Rui X. Recursive eigenvalue search algorithm for transfer matrix method of linear flexible multibody systems [J]. Multibody System Dynamics, 2014, 32（4）：429-444.

[141] Rui X, Zhang J, Zhou Q. Automatic Deduction Theorem of Overall Transfer Equation of Multibody System [J]. Advances in Mechanical Engineering, 2014, 2014（2）：1-12.

[142] Rui X, Wang G, Zhang J, et al. Study on automatic deduction method of overall transfer equation for branch multibody system [J]. Advances in Mechanical Engineering, 2016, 8（6）：1-16.

[143] He B, Rui X, Zhang H. Transfer Matrix Method for Natural Vibration Analysis of Tree System [J]. Mathematical Problems in Engineering, 2012, 2012（1）：59-63.

[144] Tang W, Rui X, Wang G, et al. Dynamics design for multiple launch rocket system using transfer matrix method for multibody system [J]. Proceedings of the Institution of Mechanical Engineers, Part G：Journal of Aerospace Engineering, 2016, 230（14）：2557-2568.

[145] 刘飞飞, 芮筱亭, 于海龙, 等. 自行火炮行进间发射动力学研究 [J]. 振动工程学报, 2016, 29（3）：380-385.

[146] 王勖成, 邵敏. 有限单元法基本原理和数值方法 [M]. 2版. 北京：清华大学出版社, 1997.

[147] 主伯芬. 有限单元法原理与应用 [M]. 北京：水利电力出版社, 1979.

[148] 王新敏. ANSYS 工程结构数值分析 [M]. 北京：人民交通出版社, 2007.

[149] 龚曙光. ANSYS 参数化编程与命令手册 [M]. 北京：机械工业出版社, 2009.

[150] 赵永辉. 气动弹性力学与控制 [M]. 北京：科学出版社, 2007.

[151] 张杰. 深海立管参激-涡激联合振动与疲劳特性研究 [D]. 天津：天津大学，2014.

[152] 宋芳，林黎明，凌国灿. 圆柱涡激振动的结构-尾流振子耦合模型研究 [J]. 力学学报，2010，42 (3)：357-365.

[153] Iwan W D. The vortex-induced oscillation of non-uniform structural systems [J]. Journal of Sound & Vibration，1981，79 (2)：291-301.

[154] Blevins R D, Saunders H. Flow-induced vibration [M]. New York：Van Nostrand Reinhold Co. 1977.

[155] 于勇，张俊明，姜连田. FLUENT 入门与进阶教程. 北京：北京理工大学出版社，2008.

[156] 温正，石良辰，任毅如. FLUENT 流体计算应用教程. 北京：清华大学出版社，2009.

[157] Sahu J, Heavey K R. Progress in Simulations of Unsteady Projectile Aerodynamics [C]. 2010th High PERFORMANCE Computing Modernization Program Users Group Conference. IEEE, 2010：123-132.

[158] Watts M, Tu S, Aliabadi S. Numerical Simulation of a Spinning Projectile Using Parallel and Vectorized Unstructured Flow Solver [J]. Lecture Notes in Computational Science & Engineering，2009，67：1-8.

[159] 赵国庆，招启军，吴琪. 旋翼非定常气动特性 CFD 模拟的通用运动嵌套网格方法 [J]. 航空动力学报，2015，30 (3)：546-554.

[160] 李鹏，招启军. 倾转旋翼典型飞行状态气动特性的 CFD 分析 [J]. 航空动力学报，2016，31 (2)：421-431.

[161] Huang K. Riser VIV and its numerical simulation [J]. Engineering Sciences，2013 (4)：55-60.

[162] Zhu H, Yao J. Numerical evaluation of passive control of VIV by small control rods [J]. Applied Ocean Research，2015，51：93-116.

[163] 谢龙汉，赵新宇，张炯明，等. ANSYS CFX 流体分析及仿真 [M]. 北京：电子工业出版社，2012：12-23.

[164] 陈东阳. 超音速旋转弹箭气动特性及流固耦合计算分析 [D]. 南京：南京理工大学，2014.

[165] Menter F R. Two-equation eddy-viscosity models for engineering applications. AIAA Journal，1994，32 (8)：1598-1605.

[166] Bisplinghoff R L. Aeroelasticity [M]. New Jersey：Addison-Wesley，1955.

[167] Chen D, Abbas L K, Rui X, et al. Aerodynamic and static aeroelastic computations of a slender rocket with all-movable canard surface [J]. Proceedings of the Institution of Mechanical Engineers Part G Journal of Aerospace Engineering，2018，232 (6)：1103-1119.

[168] Abbas L K, Chen D, Rui X. Numerical Calculation of Effect of Elastic Deformation on Aerodynamic Characteristics of a Rocket [J]. International Journal of Aerospace Engineering，2014，2014 (3-4)：1-11.

[169] Yates E C. AGARD Standard Aeroelastic Configurations for Dynamic Response [J]. European Psychiatry，1987，25 (10)：1596-1597.

[170] Theodorsen T. General Theory of Aerodynamic Instability and the Mechanism of Flutter [R]. Technical Report Archive & Image Library，1949.

[171] Theodorsen T, Garrick I E. Mechanism of flutter a theoretical and experimental investigation of the flutter problem [R]. National Aeronautics and Space Administration Washington DC，1940.

[172] Abramson H N. Hydroelasticity review of hydrofoil flutter [J]. Applied Mechanics Reviews，1969，22 (2)：115-121.

[173] Besch P K, Liu Y N. Hydroelastic design of subcavitating and cavitating hydrofoil strut systems [R]. David W Taylor Naval Ship Research and Development Center, Bethesda MD, 1974.

[174] Ducoin A, Yin L Y. Hydroelastic response and stability of a hydrofoil in viscous flow [J]. Journal of Fluids & Structures, 2013, 38 (3): 40-57.

[175] Chae E J, Akcabay D T, Yin L Y. Dynamic response and stability of a flapping foil in a dense and viscous fluid [J]. Physics of Fluids, 2013, 25 (10): 115-121.

[176] Abbas L K, Chen Q, Marzocca P, et al. Aeroelastic behavior of lifting surfaces with free-play, and aerodynamic stiffness and damping nonlinearities [J]. International Journal of Bifurcation and Chaos, 2008, 18 (4): 1101-1126.

[177] Li D, Guo S, Xiang J. Study of the conditions that cause chaotic motion in a two-dimensional airfoil with structural nonlinearities in subsonic flow [J]. Journal of Fluids and Structures, 2012, 33 (5): 109-126.

[178] Shin W H, Lee S J, Lee I, et al. Effects of actuator nonlinearity on aeroelastic characteristics of a control fin [J]. Journal of Fluids and Structures, 2007, 23 (7): 1093-1105.

[179] Beran P S, Strganac T W, Kim K, et al. Studies of Store-Induced Limit-Cycle Oscillations Using a Model with Full System Nonlinearities [J]. Nonlinear Dynamics, 2004, 37 (4): 323-339.

[180] MSC. Flight Loads and Dynamics User's Guide. 1994, Version 68.

[181] Jacobs E N, Sherman A. Airfoil section characteristics as affected by variations of the Reynolds number [J]. Technical Report Archive & Image Library, 1937, 8 (2): 286-290.

[182] Feng C. The measurement of vortex induced effects in flow past stationary and oscillating circular and d-section cylinders [D]. Vancouver: University of British Columbia, 1968.

[183] Bearman P W. Vortex shedding from oscillating bluff bodies [J]. AnRFM, 1984, 16: 195-222.

[184] Khalak A, Williamson C H K. Fluid forces and dynamics of a hydroelastic structure with very low mass and damping [J]. Journal of Fluids and Structures, 1997, 11 (8): 973-982.

[185] Stappenbelt B, Lalji F, Tan G. Low mass ratio vortex-induced motion [C]. The 16th Australasian Fluid Mechanics Conference, Australasian, 2007: 1491-1497.

[186] Pan Z Y, Cui W C, Miao Q M. Numerical simulation of vortex-induced vibration of a circular cylinder at low mass-damping using RANS code [J]. Journal of Fluids & Structures, 2007, 23 (1): 23-37.

[187] 陈文礼, 李惠. 基于 RANS 的圆柱风致涡激振动的 CFD 数值模拟 [J]. 西安建筑科技大学学报 (自然科学版), 2006, 38 (4): 509-513.

[188] 何长江, 段忠东. 二维圆柱涡激振动的数值模拟 [J]. 海洋工程, 2008, 26 (1): 57-63.

[189] Xu J L, Zhu R Q. Numerical simulation of VIV for an elastic cylinder mounted on the spring supports with low mass-ratio [J]. 船舶与海洋工程学报 (英文版), 2009, 8 (3): 237-245.

[190] Chen G L, Rui X T, Yang F F, et al. Study on the Natural Vibration characteristics of Flexible Missile with Thrust by Using Riccati Transfer Matrix Method [J]. Journal of Applied Mechanics, 2016, 83 (3): 031006.

[191] Li M J, Rui X T, Abbas L K. Elastic Dynamic Effects on the Trajectory of a Flexible Launch Vehicle [J]. Journal of Spacecraft & Rockets, 2015, 52 (6): 1-17.

[192] Wang E, Xiao Q. Numerical simulation of vortex-induced vibration of a vertical riser in uniform and linearly sheared currents [J]. Ocean Engineering, 2016, 121: 492-515.

［193］ Dai H L，Wang L，Qian Q，et al. Vortex-induced vibrations of pipes conveying fluid in the subcritical and supercritical regimes［J］. Journal of Fluids & Structures，2013，39（5）：322-334.

［194］ Li J，Hua H，Shen R. Dynamic stiffness analysis for free vibrations of axially loaded laminated composite beams［J］. Composite Structures，2008，84（1）：87-98.

［195］ Chandrashekhara K，Bangera K M. Free vibration of composite beams using a refined shear flexible beam element［J］. Computers & structures，1992，43（4）：719-727.

［196］ Carberry J，Sheridan J，Rockwell D. Forces and wake modes of an oscillating cylinder［J］. Journal of Fluids and Structures，2001，15（3-4）：523-532.

［197］ Sadowski A J，Camara A，Málaga-Chuquitaype C，et al. Seismic analysis of a tall metal wind turbine support tower with realistic geometric imperfections［J］. Earthquake Engineering & Structural Dynamics，2017，46（2）：201-219.

［198］ Zhao Z，Dai K，Camara A，et al. Wind Turbine Tower Failure Modes under Seismic and Wind Loads［J］. Journal of Performance of Constructed Facilities，2019，33（2）：04019015.

［199］ Rui X，Wang X，Zhou Q，et al. Transfer matrix method for multibody systems（Rui method）and its applications［J］. Science China Technological Sciences，2019，62（5）：712-720.

［200］ Qu Y，Metrikine A V. A single van der pol wake oscillator model for coupled cross-flow and in-line vortex-induced vibrations［J］. Ocean Engineering，2020，196：106732.

［201］ Dai K，Huang Y，Gong C，et al. Rapid seismic analysis methodology for in-service wind turbine towers［J］. Earthquake Engineering and Engineering Vibration，2015，14（3）：539-548.

［202］ Revannasiddaiah R K T. Modal interactions and targeted energy transfers in laminar vortex-induced vibrations of a rigid cylinder with strongly nonlinear internal attachments［M］. Urbana：University of Illinois at Urbana-Champaign，2013.

［203］ Pipes L. Analysis of a nonlinear dynamic vibration absorber［J］. Journal of Applied Mechanics-transactions of the ASME，1953，20（4）：515-518.

［204］ Haris A，Motato E，Mohammadpour M，et al. On the effect of multiple parallel nonlinear absorbers in palliation of torsional response of automotive drivetrain［J］. International Journal of Non-Linear Mechanics，2017，96：22-35.

［205］ Yang K，Zhang Y-W，Ding H，et al. Nonlinear energy sink for whole-spacecraft vibration reduction［J］. Journal of Vibration and Acoustics，2017，139（2）.

［206］ Zhang Y-W，Zhang H，Hou S，et al. Vibration suppression of composite laminated plate with nonlinear energy sink［J］. Acta Astronautica，2016，123：109-115.

［207］ Saeed A S，Al-Shudeifat M A，Vakakis A F. Rotary-oscillatory nonlinear energy sink of robust performance［J］. International Journal of Non-Linear Mechanics，2019，117.

［208］ Sanaati B，Kato N. Vortex-induced vibration（VIV）dynamics of a tensioned flexible cylinder subjected to uniform cross-flow［J］. Journal of Marine Science & Technology，2013，18（2）：247-261.

［209］ Chen D Y，Abbas L K，Wang G P，et al. Suppression of vortex-induced vibration features of a flexible riser by adding helical strakes［J］. Journal of Hydrodynamics，2018：1-10.

［210］ 宋丕极. 枪炮与火箭外弹道学［M］. 北京：兵器工业出版社，1993：227-230.

［211］ Kleb W L，Wood W A，Gnoffo P A，et al. Computational aeroheating predictions for X-34［J］. Journal of spacecraft and rockets，1999，36（2）：179-188.

[212] 吴军，谷正气，钟志华. SST 湍流模型在汽车扰流仿真中的应用 [J]. 汽车工程, 2003, 25 (4)：326-329.

[213] Sahu J, Edge H L, Heavey K R, et al. Computational fluid dynamics modeling of multi-body missile aerodynamic interference [R]. ARMY RESEARCH LAB ABERDEEN PROVING GROUND MD, 1998.

[214] DeSpirito J, Plostins P. CFD prediction of M910 projectile aerodynamics: unsteady wake effect on magnus moment [C]//AIAA atmospheric flight mechanics conference and exhibit. 2007: 6580.

[215] DeSpirito J, Heavey K. CFD computation of magnus moment and roll-damping moment of a spinning projectile [C]//AIAA atmospheric flight mechanics conference and exhibit. 2004：4713.

[216] Baum J D, Luo H, Mestreau E L, et al. Recent developments of a coupled CFD/CSD methodology [C]//International Conference on Computational Science. Springer, Berlin, Heidelberg, 2001：1087-1097.

[217] Danowsky B, Thompson P, Farhat C, et al. A complete aeroservoelastic model: incorporation of oscillation-reduction-control into a high-order CFD/FEM fighter aircraft model [C]//AIAA atmospheric flight mechanics conference. 2009：5708.

[218] Cai J, Liu F, Tsai H, et al. Static aero-elastic computation with a coupled CFD and CSD method [C]//39th Aerospace Sciences Meeting and Exhibit. 2000：717.

[219] Sinn T, Hilbich D, Vasile M. Inflatable shape changing colonies assembling versatile smart space structures [J]. Acta Astronautica, 2014, 104 (1)：45-60.

[220] Başkut E, Akgül A. Development of a coupling procedure for static aeroelastic analyses [J]. Scientific Technical Review, 2011, 61 (3-4)：39-48.

[221] 李松年. 航天结构热力学的任务和应用 [J]. 力学进展, 1994, 24 (1)：1-22.

[222] 胡训传，李松年，赵天惠. 复合材料弹翼结构热力学分析 [J]. 北京航空航天大学学报, 1996, 22 (3)：374-378.

[223] Kleb W L, Wood W A, Gnoffo P A, et al. Computational aeroheating predictions for X-34 [J]. Journal of spacecraft and rockets, 1999, 36 (2)：179-188.

[224] 耿湘人，张涵信，沈清. 高速飞行器流场和固体结构温度场一体化计算新方法的初步研究 [J]. 空气动力学学报, 2002, 20 (4)：423-427.

[225] 夏刚，刘新建，程文科. 钝体高超音速气动加热与结构热传递耦合的数值计算 [J]. 国防科技大学学报, 2003, 25 (1)：35-39.

[226] 周德娟. 不同尾翼结构形式的翼身组合体的滚转阻尼导数及其他气动特性的研究 [D]. 南京：南京理工大学, 2012.

[227] 于勇，张俊明，姜连田. FLUENT 入门与进阶教程 [M]. 北京：北京理工大学出版社, 2008.

[228] 温正，石良辰，任毅如. FLUENT 流体计算应用教程 [M]. 北京：清华大学出版社, 2009.

[229] 邓帆. 栅格翼气动外形设计及其翼身组合体滚转特性的研究 [D]. 南京：南京理工大学, 2011.

[230] 孙智伟，程泽荫，白俊强，等. 基于准定常的飞行器动导数的高效计算方法 [J]. 飞行力学, 2010, 28 (2)：28-30.

[231] 卢学成，叶正寅，张伟伟. 超音速、高超音速飞行器动导数的高效计算方法 [J]. 航空计算技术, 2008, 38 (3)：28-31.

[232] 蒋胜矩，刘玉琴，党明利. 基于定常 NS 方程的飞行器滚转阻尼力矩系数导数计算方法 [J]. 弹箭与制导学报, 2008, 28 (1)：180-182.

参考文献

[233] 宋琦,杨树兴,徐勇,等.滚转状态下卷弧翼火箭弹气动特性的数值模拟 [J].固体火箭技术,2008,31 (6):552-560.

[234] 韩子鹏.弹箭外弹道学 [M].北京:北京理工大学出版社,2008.

[235] 苏彩虹.高超音速圆锥边界层的转捩预测及 e-N 方法的改进 [D].天津:天津大学,2008.

[236] Madden R B. Computing Program for Axial Distribution of Aerodynamic Normal-Force Characteristics for Axisymmetric Multistage Launch Vehicles [M]. National Aeronautics and Space Administration,1968.

[237] 陈召涛,孙秦.惯性释放在飞行器静气动弹性仿真中的应用 [J].飞行力学.2008:26 (5):71-74.

[238] Liao L. A study of inertia relief analysis [C]//52nd AIAA/ASME/ASCE/AHS/ASC Structures, Structural Dynamics and Materials Conference 19th AIAA/ASME/AHS Adaptive Structures Conference 13t. 2011:2002.

[239] F. M. White, F. M. Viscous Fluid Flow 2nd edition [M]. New York:McGraw-Hill Book Co.,1991.

[240] Wieting A R. Experimental study of shock wave interference heating on a cylindrical leading edge [J]. 1987.

[241] 赵晓利,孙振旭,安亦然.高超声速气动热的耦合计算方法研究 [J].科学技术与工程,2010,10 (22):5450-5456.